转速过渡过程直升机旋翼瞬态气弹响应及其控制研究

Transient Aeroelastic Response and Control of Helicopter Rotors During Rotor Speed Transition

韩 东　赵嘉琛　著

科 学 出 版 社

北 京

内 容 简 介

本书主要开展了旋翼转速变化过程直升机旋翼瞬态气弹响应方面的研究。常规直升机旋翼起动和停转过程会经历转速过渡的瞬态过程，高速、高性能和低噪声等先进直升机已采用或将采用旋翼变转速技术，前飞时旋翼也会经历转速变化瞬态过渡过程。在这些典型的应用场景中，旋翼有可能产生过大的瞬态响应或者载荷，严重威胁直升机的飞行安全。全书主要包括旋翼动力学建模、舰面和海上钻井平台旋翼瞬态气弹响应及其控制、前飞状态转速过渡过程旋翼瞬态气弹响应及其控制等方面内容。本书理论联系实际、内容丰富、论述严谨，力求探索旋翼转速变化给直升机动力学带来的新问题，从而为旋翼变转速技术发展奠定理论基础。

本书可作为直升机及其相关方面科研人员的参考用书。

图书在版编目（CIP）数据

转速过渡过程直升机旋翼瞬态气弹响应及其控制研究 / 韩东，赵嘉琛著. -- 北京 : 科学出版社, 2025. 6. -- ISBN 978-7-03-081180-6

Ⅰ. V275；V211.41

中国国家版本馆 CIP 数据核字第 2025NB7476 号

责任编辑：惠 雪 高慧元 曾佳佳 / 责任校对：郝璐璐
责任印制：张 伟 / 封面设计：许 瑞

科 学 出 版 社 出版

北京东黄城根北街 16 号
邮政编码：100717
http://www.sciencep.com

北京九州迅驰传媒文化有限公司印刷
科学出版社发行 各地新华书店经销

*

2025 年 6 月第 一 版 开本：720 × 1000 1/16
2025 年 6 月第一次印刷 印张：14
字数：285 000

定价：129.00 元
（如有印装质量问题，我社负责调换）

序

21世纪以来，我国直升机技术呈井喷趋势迅速发展，新技术、新方法、新材料、新设想在我国直升机上不断得到应用和实现。旋翼技术是直升机技术的核心和关键，高性能旋翼是先进直升机的保障。直升机的特长是能悬停、低空、低速和向任意方向机动飞行，特别是能在狭小场地垂直起降。与固定翼飞机相比，不足之处是速度、航时、航程和升限等性能指标不高。提升直升机旋翼性能是过去、现在和未来直升机技术发展中之重中之重。常规直升机旋翼转速保持在较小的范围内以避免可能出现的动力学问题，随着直升机技术的快速发展，高速直升机、长航时直升机、低噪声直升机等能超越常规直升机飞行性能的新型直升机应运而生，旋翼转速不再限定在一个很小的变化范围内。转速的大范围变化会带来一系列动力学问题，例如，舰载直升机起动和停转过程就曾出现过多次旋翼与机体或甲板相碰的事故，转速变化过程旋翼动力学问题是绕不过去的难题。该书的出版对加深该方面问题的认识大有益处。

韩东教授毕业于南京航空航天大学直升机旋翼动力学国家级重点实验室，在国外求学多年，2010年回到重点实验室任教，一直从事直升机动力学及其控制方面的相关研究和教学。合作者是他指导的博士生，2024年4月毕业于我校，研究方向为直升机动力学及其控制。他们的专著《转速过渡过程直升机旋翼瞬态气弹响应及其控制研究》总结了近20年来他们在转速变化相关旋翼动力学及其控制方面的研究成果，该书对舰面和钻井平台旋翼瞬态气弹响应及其控制以及前飞转速过渡过程旋翼瞬态气弹响应及其控制进行了深入且细致的研究。

相信该书的出版将会有助于我国直升机变转速旋翼技术的发展，将对直升机科研人员认识、理解和掌握变转速旋翼技术发挥重要作用。

南京航空航天大学直升机动力学全国重点实验室

李建波研究员

2025年2月

前　　言

　　提升直升机飞行性能一直是直升机技术发展的重点，高速直升机前飞时需降低旋翼转速以延缓前行侧激波的影响进而提高最大飞行速度，长航时直升机飞行过程通过优化旋翼转速可显著提高直升机的航时和航程等性能指标，降低旋翼转速也是一种有效降低旋翼气动噪声的方法，由此可见，旋翼变转速技术是一种极具潜力的提升直升机飞行性能的方法。常规直升机正常飞行时旋翼转速基本保持不变，只有在起飞和降落时旋翼转速才会经历从零到额定转速或由额定转速到零的过程。直升机起动或停转过程，旋翼转速较低，如遇突风或者复杂气象条件，很容易出现桨叶因过大挥舞与机体、地面或舰船甲板相碰的事故，威胁飞行安全。由此可见，直升机正常前飞时转速过渡过程也有可能出现因载荷或响应过大威胁直升机飞行安全的潜在问题。

　　本书主要探讨转速变化过程旋翼瞬态气弹动力学及其控制。首先，介绍了转速变化过程旋翼瞬态气弹响应及其控制国内外研究进展；其次，构建了分析瞬态过程旋翼气弹响应的动力学模型并进行了相关模型验证；再次，开展了舰面旋翼瞬态气弹响应研究，探讨了跷跷板和铰接式旋翼起动过程瞬态气弹响应的特性，进而分析舰船运动、舰面流场、起动位置等关键参数对旋翼瞬态气弹响应的影响；接着，开展了舰面旋翼瞬态气弹响应的主被动控制研究，主要采用在桨叶上加装格尼襟翼、在舰船上安装流动被动控制装置和主动控制装置等方法，并对方法的控制效果进行深入探讨；随后，开展了海上钻井平台起动过程旋翼的瞬态气弹响应分析，讨论了上层建筑、起动位置和来流方向等参数影响；然后，开展了前飞状态高速直升机转速过渡过程旋翼的瞬态气弹响应研究，探讨了通过增加旋翼桨叶阻尼和优化旋翼转速策略的方法降低瞬态气弹响应；最后，开展了基于液弹阻尼器的变速旋翼通过摆振共振区时瞬态载荷抑制研究，并分析了调谐频率、损耗因子、调谐面积比、调谐质量、桨叶挥舞运动、过渡时间和飞行状态等关键参数对阻尼器性能的影响。

　　本书第 1 章、第 3 章和第 4 章主要由韩东和赵嘉琛共同完成，第 2 章、第 6 章和第 7 章主要由韩东完成，第 5 章主要由赵嘉琛完成。本研究团队中多位研究生参与了本书的编写、绘图、校正等方面工作，由于人数众多，不一一列举。正是有了他们的付出，才有了本书的顺利出版，在此表示衷心的感谢！本书的研究得到国家自然科学基金项目（No. 11972181 和 No. 11472129）以及航空科学基金项目等的资助，在此表示衷心的感谢！

由于作者水平有限，书中难免会有疏漏之处，还望读者批评指正！如有问题，请将相关问题发送至电子邮箱 donghan@nuaa.edu.cn，我们将在后续进行修订和完善。

作　者

2025 年 2 月

符 号 表

参数	中文名称	英文名称
a	位移	displacement
A	面积	area
	幅值	magnitude
c	弦长	chord length
C	阻尼	damping
C_d	阻力系数	drag coefficient
C_l	升力系数	lift coefficient
C_m	力矩系数	moment coefficient
C_{la}	升力线斜率	lift-curve slope
C_T	拉力系数	rotor thrust coefficient
d	距离	distance
e	铰偏置量	hinge offset
E	弹性模量	elastic modulus
F	力	force
G	剪切模量	shear modulus
	调谐面积比	tuning port area ratio
H	高度	height
	形函数	shape function
I_b	桨叶转动惯量	blade moment of inertia
K	刚度	stiffness
k_β	挥舞铰弹簧刚度系数	flap hinge spring constant
k_ζ	摆振铰弹簧刚度系数	lag hinge spring constant
L	长度	length
	升力	lift
m	质量	mass
M	质量	mass
N	谐波数	harmonic number
N_b	桨叶片数	number of blades
q	广义坐标	generalized coordinate
P	压力	pressure

续表

参数	中文名称	英文名称
Q	广义力	generalized force
$\boldsymbol{R}$	位置矢量	position vector
t	时间	time
T	动能	kinetic energy
	周期	period
	转换矩阵	transformation matrix
u	轴向位移	axial displacement
U	势能	potential energy
	速度	velocity
U_P	垂直于桨盘平面的速度	out-of-plane velocity normal to rotor disk plane
U_R	沿桨叶径向速度	radial velocity along blade at disk plane
U_T	桨盘平面内切向速度	in-plane velocity parallel to rotor disk plane
v	摆振方向位移	displacement in lagwise direction
v_i	诱导速度	induced velocity
V	前飞速度	forward speed
w	挥舞方向位移	displacement in flapwise direction
W	外力功	external force work
x	轴向坐标	axial coordinate
x_c	气动中心坐标	coordinate of aerodynamic center
α	迎角	angle of attack
β	桨叶挥舞角	blade flapping angle
β_{DS}	挥舞限动角	flap stop angle
β_0	预坠角	precone angle
β_{1c}	纵向挥舞角	longitudinal flapping angle
β_{1s}	横向挥舞角	lateral flapping angle
γ	剪切应变	shear strain
ε	轴向应变	axial strain
	湍流耗散率	turbulent dissipation rate
ζ	摆振角	lag angle
	阻尼比	damping ratio
η	剖面坐标	sectional coordinate
	损耗因子	loss factor
θ_p	桨距角	blade pitch angle
θ_{tw}	桨叶预扭角	blade pretwist
θ_0	总距角	collective pitch angle

续表

参数	中文名称	英文名称
θ_{1c}	横向周期变距	lateral cyclic pitch
θ_{1s}	纵向周期变距	longitudinal cyclic pitch
κ	阵风因子	gust factor
λ	旋翼入流比	rotor inflow ratio
λ_0	均匀入流	uniform inflow
λ_c	入流余弦分量	cosine component of inflow
λ_s	入流正弦分量	sine component of inflow
μ	动力黏度	dynamic viscosity
	旋翼前进比	rotor advance ratio
ν_β	挥舞频率比	frequency ratio of flap frequency
ν_ζ	摆振频率比	frequency ratio of lag frequency
ρ	密度	density
ς	剖面坐标	sectional coordinate
σ	湍流强度	turbulence intensity
	旋翼实度	rotor solidity
	应力	stress
ϕ	弹性扭转角	elastic torsion
	相位角	phase angle
φ	转角矢量	rotational angle vector
ψ	方位角	azimuth angle
	翘曲函数	warping function
ω	频率	frequency
Λ	斜流角	skew angle
Ω	旋翼转速	rotor speed

上标

$\overline{()}$	$()/R$
$()'$	$\partial()/\partial x$
$\dot{()}$	$\mathrm{d}()/\mathrm{d}t$

下标

0	傅里叶级数第 0 阶分量	0th order of Fourier series
nc	傅里叶级数第 n 阶余弦量	nth cosine harmonic of Fourier series
ns	傅里叶级数第 n 阶正弦量	nth sine harmonic of Fourier series

目　　录

第1章 绪　　论

1.1　旋翼转速变化过程

地面停放的直升机在起动或者停转时，旋翼转速会由零转速过渡到额定转速或相反过程，此时旋翼转速较低、桨叶离心刚度小，在突风作用下会出现旋翼桨叶扬起下坠的现象，桨叶因变形太大有可能与机体或者地面发生相碰，导致直升机桨叶或机体结构受损。为避免事故的发生，地面停放直升机常采用绳索固定旋翼桨叶，如图 1.1 所示。海上气象条件复杂，海风的影响再加上舰船的摇晃，更容易导致舰载直升机旋翼在起动和停转过程中，桨叶因过大挥舞与机体或者甲板相碰，导致直升机桨叶或者机体结构失效。1964~1989 年，CH-46"海上骑士"纵列式直升机就出现过 100 余次旋翼桨叶与机身相碰的事故（Keller and Smith，1999a），其中大部分发生在 20%额定旋翼转速以下；在冬季，直升机平均只有 10%的时间可以在北海的护卫舰上起降，以避免类似事故的发生。这类旋翼低转速时直升机桨叶特有的气弹动力学问题，被英国学者称为"桨帆"（blade sailing）现象（Newman，1999），美国学者称纵列式双旋翼直升机这类问题为"机体碰撞"（tunnel strike）现象（Smith et al.，1998），常规单旋翼带尾桨直升机则为"尾梁碰撞"（tailboom strike）现象。

图 1.1　地面停放的 CH-46"海上骑士"直升机

资料来源：https://www.defencetalk.com/

正常飞行过程中，直升机旋翼转速通常需保持恒定，以避免转速过大幅度的波动。受前行桨叶压缩性和后行桨叶失速限制，飞行过程中的高速直升机不得不降低旋翼转速以提高最大前飞速度，XH-59A 高速直升机、X-3 复合式高速直升机、V-22 倾转旋翼机等高速旋翼飞行器在高速飞行时都会降低旋翼转速（Blackwell and Millott，2008；Maisel et al.，2000；Öhrle et al.，2021）。理论分析和试验均已确认，优化旋翼转速可显著降低直升机旋翼功率消耗并大幅提高航时（Prouty，2004），A160 无人直升机通过采用最优转速旋翼技术大幅增加了其航时（DiOttavio and Friedmann，2010）。降低旋翼转速是降低旋翼噪声最有效的方法之一（Polyzos et al.，2020），试验确认了麦道直升机公司 MD500E 直升机旋翼转速由 103%额定转速降低至 90%后远场噪声可降低 6.1dB（Mueller et al.，1987），新型 Bell 407 直升机可在巡航时降低旋翼转速以缓和旋翼噪声（Chandrasekaran and Hodges，2022）。旋翼转速变化也有可能带来桨叶变形过大和旋翼载荷水平过高等问题。

由此可见，直升机旋翼转速变化不仅会发生在地面起动和停转过程，在正常飞行过程中，高速、长航时、低噪声等先进直升机的旋翼也会改变旋翼转速。研究转速变化过程旋翼的瞬态气弹动力学，不仅有助于降低平台上停放直升机的损伤概率，也有助于提升空中飞行直升机安全性能。

1.2　起动或停转过程舰面旋翼瞬态气弹响应及其控制研究进展

直升机起动或者停转过程，旋翼桨叶因过大挥舞与机身或平台相碰更容易发生在舰载直升机，国内外在直升机起动或者停转过程旋翼瞬态气弹响应及其控制方面的研究主要集中于该类直升机。

1.2.1　舰面旋翼瞬态气弹响应及其控制国外研究进展

早在 1963 年，英国的 Willmer（1963）就开展了低转速旋翼动力学行为研究，构建了低转速时旋翼动力学模型，当时就认识到，稳态时，地面上的直升机旋翼桨叶不大可能出现过大的桨叶挠度，然而，当直升机位于着陆平台上时，舰面"陡壁"效应很有可能导致旋翼桨叶过大挥舞，特别是对旋翼相对于甲板宽度较大的直升机，垂直阵风也会带来类似问题。Leone（1964）开展了桨叶与挥舞限动块接触瞬态响应动力学理论和试验研究，受限于当时的技术条件，对问题的认识和研究水平相对不高，但已认识到起降平台上的低转速旋翼会面临桨叶挥舞过大的问题。随着舰载直升机的应用日益广泛，近些年，国内外学者相继进行了较为深入且细致的研究。

英国南安普顿大学的 Newman 团队较早地开展了舰面旋翼瞬态气弹响应方面的研究。20 世纪 80 年代，Hurst 和 Newman（1985）开展了模型和真实舰船舰面流场测试，并将流场实测数据以入流方式引入旋翼桨叶响应预测模型，采用线性叠加的挥舞模态模拟桨叶挥舞运动，气动建模采用 Kirchoff 模型并考虑了后缘气流分离的影响，理论分析表明，50 节阵风耦合舰船 7.5°的中等横摇运动会导致旋翼桨叶的疲劳问题，更为严重的 60 节阵风耦合舰船 15°的横摇运动会导致桨叶因过大挥舞与直升机尾梁相碰的问题。

在上述研究基础上，Newman（1989）发展了该旋翼桨叶"桨帆"效应预测模型，开展了半刚硬式舰面旋翼气弹响应研究，同样考虑了舰船横摇运动，引入了两种简单的阵风模型以高效地开展参数影响研究。分析表明，桨叶扭转运动影响明显，桨尖挠度最多可增大 30%，转速变化时间对桨尖挠度影响有限。随后，Newman（1992）将该半铰接式旋翼模型拓展用于铰接式旋翼"桨帆"效应预测，将挥舞限动块处理成高值线性弹簧，如图 1.2 所示。分析表明，铰接式旋翼桨叶挠度明显增大，桨叶与尾梁相碰的可能性随之增大，气弹响应计算需考虑桨叶的高阶模态。

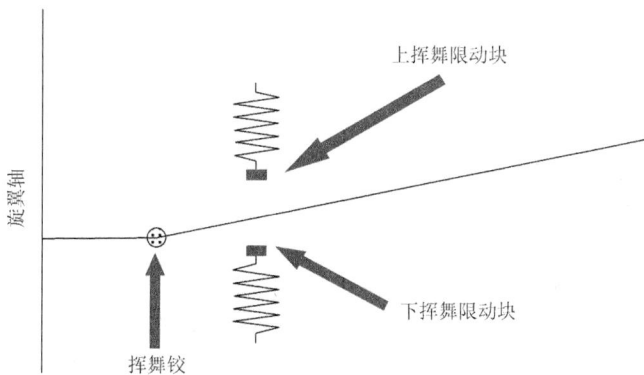

图 1.2 线弹性挥舞限动块模型（Newman，1992）

在理论研究基础上，Newman（1995）开展了模型跷跷板旋翼在模型舰船上的风洞试验研究，如图 1.3 所示，测试模型舰船上方 5 处（A、B、C、D、E）旋翼瞬态气弹响应，如图 1.4 所示，试验观测到直升机甲板上方流场显著的梯度变化以及旋翼在该流场中起动和停转时的大范围挥舞运动。试验结果表明，直升机所处甲板位置对旋翼桨叶挥舞挠度影响明显，该试验数据被广泛用于验证舰面旋翼瞬态气弹响应计算模型的正确性。

为抑制过大的舰面旋翼瞬态气弹响应，Jones 和 Newman（2007）采用了桨叶加装后缘襟翼的方法。分析表明，后缘襟翼与桨尖挥舞速度相反时可明显减小桨

图 1.3 "桨帆"现象试验装置（Newman，1995）

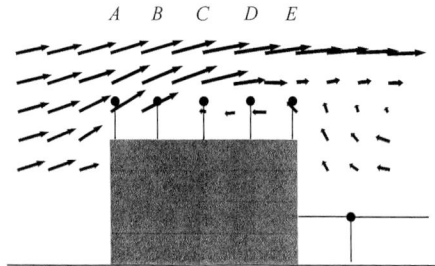

图 1.4 "桨帆"现象试验测试位置（Newman，1995）

尖挥舞挠度和结构弯矩，最大化襟翼尺寸、襟翼位于桨叶外侧、最大化襟翼偏转角度有利于提高响应抑制效果，后缘襟翼仅有必要工作于 50%额定转速以下。

　　Newman（1999）总结了舰面旋翼瞬态气动弹性动力学问题的研究进展，主要阐述了问题产生的原因、建模方法，并进行了起动和停转过程旋翼动力学分析等，指出舰载直升机的设计必须考虑起降过程中的舰面旋翼瞬态气动弹性动力学问题。Newman（2004）还指出，需特别注意舰载直升机起降过程中的旋翼瞬态气弹响应问题。

　　20 世纪 90 年代，美国宾夕法尼亚州立大学的 Smith 教授团队在舰面旋翼瞬态气弹动力学方面开展了一系列的深入研究。

　　Geyer 等（1996）构建了较为精细的舰面旋翼瞬态气弹响应预测模型，最早考虑了桨叶挥舞和扭转自由度之间的耦合以及旋翼非定常气动力，挥舞限动块按条件弹簧进行模拟，如图 1.5 所示，考虑了舰体横摇运动对旋翼气动方面的影响，采用有限元方法求解桨叶挥舞/扭转耦合动力学方程。采用 Newman 开发的模型旋翼试验对理论模型进行验证，迎风侧旋翼响应计算结果与试验数据一致性较好，背风侧较差。研究表明：旋翼处于迎风方位时，准定常和非定常气动力模型预测的桨叶响应存在差异；上挥舞限动角较小时，桨叶挥舞阻尼器对响应影响的效果不明显；桨叶初始方位角对响应影响明显；旋翼操控有可能带来相反的效果；快速提油门可减小桨叶负向挠度；旋翼停转过程，何时开启旋翼刹车对桨叶最大负向挠度影响不敏感。在此基础上，Geyer 等（1998）开展了进一步的深入研究，研究确认低转速时旋翼起动和停转过程桨叶响应特征相同，气动力功和动能到势能的转换导致了桨叶变形。分析表明：挥舞/变距耦合较小时，没必要考虑桨叶扭转运动；准定常气动模型可用于预测较低风速时桨叶气弹响应，较高风速时有必要采用非定常气动模型；均匀来流时，旋翼总距和横向周期变距对起动安全包线有一定影响；提高上挥舞限动角有助于提升挥舞阻尼、减少桨尖位移的效果；旋翼起动过程，舰船横摇运动的幅值和相位对桨尖最大挠度影响明显，而横摇周期对桨尖最大负向位移的影响相对不明显。

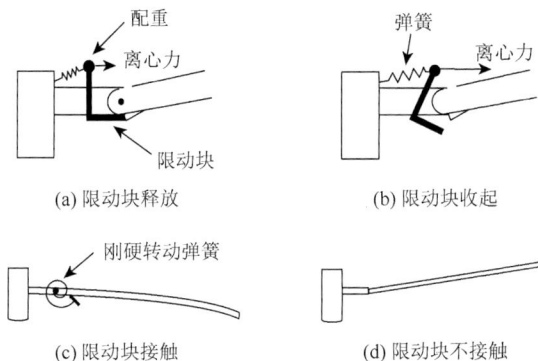

图 1.5　条件弹簧挥舞限动块模型（Geyer et al.，1996）

　　为深入探讨桨叶与挥舞限动块间接触碰撞动力学问题，Keller 和 Smith 等开展了 1/8 弗劳德数相似的模型桨叶扬起下坠碰撞动响应试验及其理论研究（Keller et al.，1997；Keller，1997；Keller and Smith，1999b），试验原理如图 1.6 所示，测试了桨叶不同下坠角度时桨尖挥舞位移、挥舞铰角度和桨叶表面动态应变随时间变化的历程，该试验数据后被广泛用于验证桨叶与挥舞限动装置碰撞动力学模型的正确性。所建立的桨叶扬起下坠动力学模型的预测结果与试验数据吻合较好，线性梁与非线性梁模型的预测结果较为一致，考虑桨叶的结构阻尼有利于提高预测精度，在模态空间中考虑铰支和固支边界条件的变化，比仅考虑铰支边界条件和在物理空间直接积分求解，计算效率显著提高。

　　Smith 等（1998）详细和深入地总结了 1995 年以来美国宾夕法尼亚州立大学开展的舰面直升机起动和停转过程旋翼瞬态气弹响应方面研究，对该方向未来的发展趋势也进行了相应探讨。

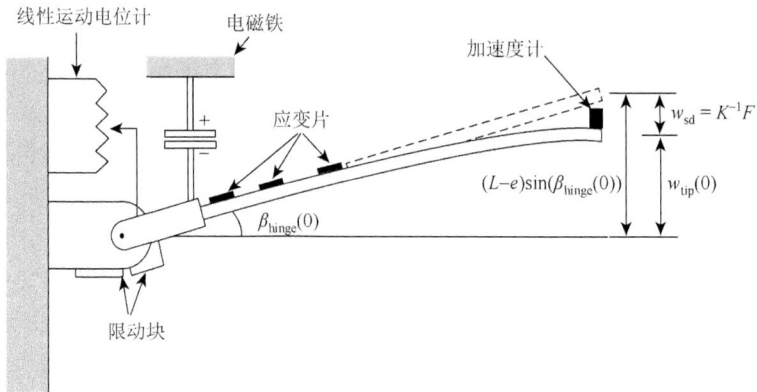

图 1.6　桨叶扬起下坠动力学试验原理图（Keller，1997）

前述研究主要是基于半刚硬旋翼和铰接式旋翼，Kang 和 Smith（1998，1999）则开展了舰面万向铰倾转旋翼瞬态气弹响应研究，构建了基于刚体桨叶和弹性桨叶动力学模型，弹性桨叶模型考虑了挥舞/摆振/扭转/拉伸运动之间的耦合，基于1/5 气弹相似倾转模型旋翼的分析表明，两模型均预测到大风速会增加桨叶与万向铰约束之间的碰撞次数，桨叶弯矩极值也随之增大，两者间的碰撞会诱发过高的桨叶和桨毂瞬态载荷。

为了探讨舰面流场对旋翼瞬态气弹响应的影响，Keller 和 Smith（1999a）将CFD 方法预测的舰面流场引入旋翼动力学模型，结果对比表明，采用 CFD 方法预测的流场计算的桨叶挠度明显高于确定阵风模型所得的结果。为抑制过大的舰面旋翼挥舞，提出了增大旋翼总距的方法，将摆振刚度引入挥舞刚度，通过挥舞刚度的增大降低桨叶挠度。分析表明，桨尖负向最大挠度的减少高达一半，源于过度的旋翼桨叶上挥，桨叶弯矩反而不会减小。

在此之前的研究主要以舰面旋翼瞬态气弹动力学建模和响应计算为主，也有学者提出通过增加挥舞阻尼以及旋翼总距操纵降低桨尖负向最大挠度的方法，鲜见专门针对该问题进行响应控制方面研究。Keller 和 Smith（2000）提出了在桨叶前缘加装可收放扰流片的方法控制旋翼瞬态气弹响应，扰流片可减小旋翼桨叶升力、增大桨叶阻尼，进而抑制过大的旋翼瞬态气弹响应，如图 1.7 所示。分析表明，扰流片布置于桨叶外侧 15%处且在 25%额定旋翼转速以上时收回，可显著减小桨叶挥舞响应。

Keller（2001）对在宾夕法尼亚州立大学开展的直升机起降过程旋翼瞬态气弹响应及其控制问题进行了深入和系统的研究和总结。采用中等变形梁模型处理桨叶弹性，用根部位移对轴向坐标的一阶导数来处理挥舞铰和摆振铰的刚性运动，采用非线性准定常和 Leishman-Beddoes 非定常气动模型处理气动力，舰船尾流采用

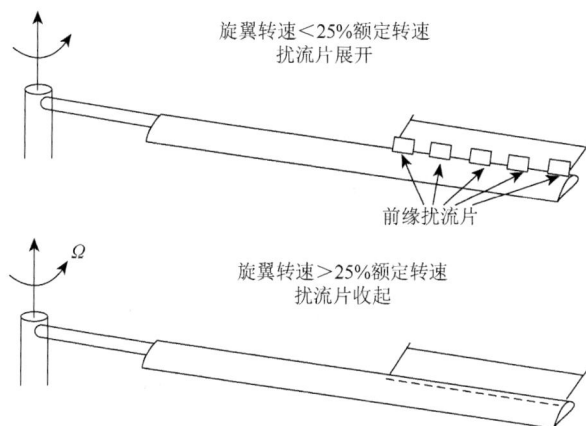

图 1.7　桨叶前缘加装扰流片（Keller and Smith，2000）

基于试验测试或者 CFD 方法的简单确定阵风模型，分析中考虑了舰船横摇运动对旋翼气动力的影响。该研究开展了多个参数影响分析，主要包括积分算法、摆振自由度、舰面位置、来流方向、紊流和初始条件等，并开展了响应控制方面的研究，分析了如旋翼操纵、桨叶前缘加装扰流片、挥舞方向加装阻尼器和引入反馈控制等对控制效果的影响。该研究不仅对前人的研究做了很好的总结，也是宾夕法尼亚州立大学 Smith 团队该方向相关研究很好的总结和发展。

为控制起动过程舰面倾转旋翼瞬态气弹响应，Keller 和 Smith（2003）提出了将万向铰运动作为反馈引入旋翼操纵对自动倾斜器进行控制以减小旋翼挥舞响应的主动控制方法。分析表明，在目前控制系统受物理限制的条件下，挥舞响应的减小可达 56%，如释放该限制，减小可达 70%。

海上直升机起降平台不限于舰船，直升机还广泛用于海上钻井平台的人员和物资运送。Zhang 等（2017）在 Keller（2001）建立的旋翼动力学模型基础上结合 CFD 方法，开展了海上钻井平台直升机的起动和停转过程旋翼瞬态气弹响应研究，如图 1.8 所示。分析表明，钻井平台脱出的尾流和机体阻塞导致的上下洗对桨叶挥舞运动影响明显，考虑尾流中的非定常分量可使得桨尖最大挠度增大 70%，桨叶相对来流的初始方位角对桨叶挥舞运动影响适中。

加拿大卡尔顿大学也在"桨帆"现象动力学及其控制方面开展了较为深入和细致的研究。

Wall 等（2007）构建了应用于"桨帆"动力学研究的舰船/直升机/旋翼耦合多刚体平面动力学模型，如图 1.9 所示，将柔性桨叶处理成多桨段刚体，直升机机体按刚体处理，考虑旋翼悬挂系统的刚度和阻尼特性，未考虑气动的影响。研究表明，该多刚体模型可用于描述柔性桨叶的动力学行为，舰船运动对不旋转桨

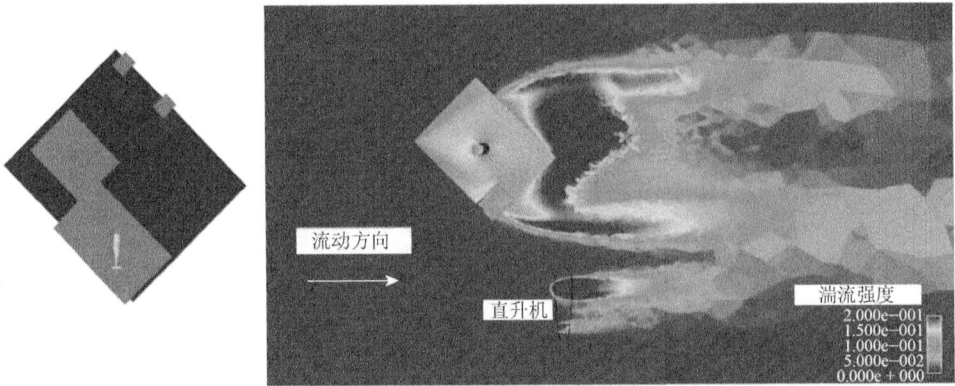

图 1.8   钻井平台起降直升机（Zhang et al.，2017）

叶的运动影响明显。随后，Wall 等联合航空航天研究所的研究人员将旋翼/机体/
舰船耦合系统处理为离散刚体组成的三维系统（Wall et al.，2008），刚体间通过弹
簧和阻尼等柔性单元相连，舰船运动通过旋翼悬挂系统引入，同样未考虑气动的
影响。分析表明，桨尖挠度和挥舞铰角度响应与桨叶扬起下坠碰撞响应试验数据
吻合较好，表明该模型可用于旋翼"桨帆"现象动力学研究。

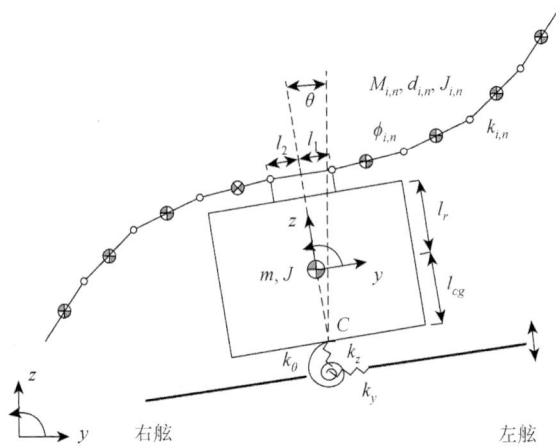

图 1.9   多刚体平面动力学模型

Khouli 等（2008）提出将增大旋翼总距的被动方法与桨叶智能扭转的主动方
法相耦合进行直升机起降过程旋翼瞬态气动弹性响应控制，如前面所述，增加旋
翼桨距虽会增大桨叶挥舞刚度，但会带来桨叶升力的增加，而桨叶主动扭转可降
低旋翼升力，两方法相耦合可充分发挥各自的优势。分析表明，桨叶主动扭转方
法有潜力将过大的桨尖挠度和惯性载荷减小至危险状况以下。

Wall 等（2008）开展了较为系统的"桨帆"现象动力学试验研究，如图 1.10
所示，试验表明，"桨帆"现象复杂，舰船甲板角度、风速、接触时间、桨距角和
桨叶方位角等诸多操作参数对旋翼桨叶挠度影响明显，该试验有力地支撑了前人
在该方向的理论研究结果。

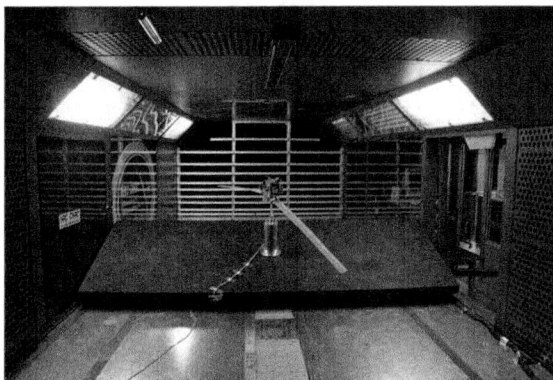

图 1.10 "桨帆"现象动力学试验装置

Khouli 等（2012）开展了舰船运动对旋翼瞬态气弹响应影响的理论和试验研
究，构建了置于六自由度运动平台上弗劳德相似模型旋翼风洞试验系统，如图 1.11
所示。试验和理论分析均确认，即使不考虑舰船尾流的影响，特定组合的舰船纵
摇/横摇/桨毂运动也会导致超过可接受安全范围的桨叶挠度，进而出现桨叶与机体
或者甲板碰撞危险，试验数据检验了两种多体系统动力学模型的正确性。在此基
础上，庞巴迪公司的 Khouli 联合卡尔顿大学的 Afagh 和 Langlois 进一步开展了该

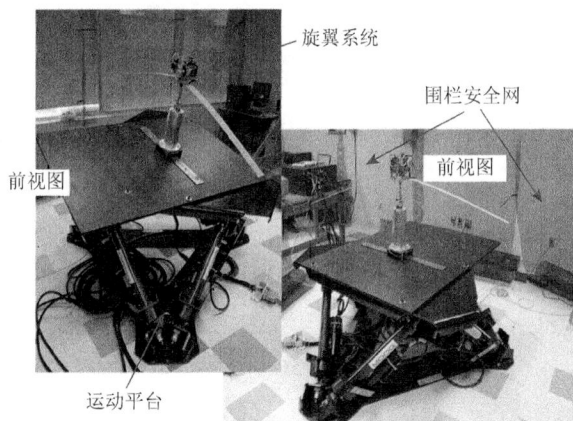

图 1.11 六自由度运动平台上弗劳德相似模型旋翼

方面的研究（Khouli et al.，2016）。分析表明，旋翼起动和停转过程的持续时间长短对桨叶挥舞运动影响相对不大，风速及舰船横摇运动的影响明显，相较于非定常气动模型，尤其是在更高风速来流时，非线性准定常气动模型对"桨帆"现象研究足够且更准确。

Riazi 等（2013）构建了基于几何精确非线性梁模型的面向"桨帆"现象的旋翼减缩动力学模型，以主动扭转驱动桨叶变形进行旋翼控制，采用伽辽金谱离散（Galerkin spectral discretization）方法对系统进行求解，得到了标准形式的非线性系统常微分方程，这对于设计反馈控制器以开展桨叶挥舞响应控制是非常理想的。

国外其他大学和相关科研机构在舰面旋翼瞬态气弹动力学及其控制方面也开展了较为深入和细致的研究。

前述的动力学模型通常是针对特定问题的，为提升模型的通用性和适用性，意大利米兰理工大学的 Bottasso 和美国佐治亚理工学院的 Bauchau 采用柔性多体系统动力学的方法开展了直升机旋翼起动和停转过程动力学研究（Bottasso and Bauchau，2001），如图 1.12 所示，采用了更精细的桨叶与限动块接触模型，考虑了接触过程中的能量耗散，碰撞响应理论预测与桨叶扬起下坠试验数据吻合较好，并开展了 CH-46 直升机起动和停转过程舰面旋翼瞬态气弹响应研究。

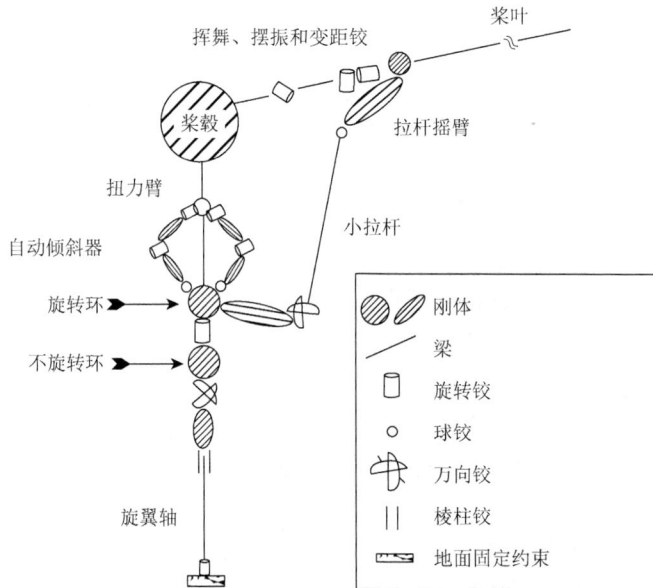

图 1.12　旋翼多体动力学模型（Bottasso and Bauchau，2001）

美国 ART 公司的 Kang 和 He 联合海军航空作战中心的 Carico 构建了高置信

度的起动和停转过程旋翼飞行器/舰船耦合动力学模型（Kang et al.，2004），采用 CFD 方法模拟舰船尾流，考虑了起落装置对舰面旋翼瞬态气弹响应的影响，指出起落架和旋翼间存在强烈的动力学耦合，舰船运动周期越短、桨尖挠度越大，舰面位置对旋翼气弹响应影响明显，建议采用全耦合直升机/舰船动力学模型进行舰载直升机起动和停转过程动力学研究。

意大利米兰理工大学的 Fancello 等（2014）将协同仿真（co-simulation）方法应用于旋翼飞行器动力学"桨帆"现象研究，主问题为求解一组微分代数方程，子问题以非光滑动力学问题为特征，基于赫兹接触模型给出的结果与所提出方法的预测对比表明了该协同仿真方法的有效性。

巴西航空理工学院的 Da Cunha Barroso Ramos 等（2009）将桨叶绕挥舞铰的角度和角速度作为状态反馈引入桨叶独立桨距控制，通过改变桨叶升力对舰面旋翼瞬态气弹响应进行控制。分析表明，即使处于恶劣的舰面环境，所提出的主动控制方法可使桨叶挥舞减少近 30%，如释放作动器的限制，控制效果将进一步提升。

澳大利亚悉尼大学的 Groom 等联合国防科技集团的 Widjaja 开展了舰面孤立旋翼起动和停转过程瞬态气弹响应（Groom et al.，2016），采用基于 FLIGHTLAB 的旋翼模型耦合基于 OpenFOAM 的 CFD 方法，重点探讨了基于 SFS 的舰面流场对旋翼气弹响应的影响，确认了旋翼平面外气流速度较大时桨叶会出现最大挥舞挠度，表明开展空气尾流精确建模的必要性。

由此可见，上述国家相关大学和科研机构在舰面旋翼瞬态气弹响应及其控制方面已经开展了深入和细致的理论和试验研究，摸清了形成机制及关键参数的影响。

1.2.2 舰面旋翼瞬态气弹响应及其控制国内研究进展

随着直升机技术的快速发展，国内也逐步开展了舰面旋翼瞬态气弹动力学及其控制方面的研究。

孙传伟等（1999）较早就认识到，直升机机库等钝体后方存在的"陡壁"效应引起的垂向气流及其分布对舰载直升机悬停操纵特性影响较大，而侧向分量影响较小。

康浩和高正（2000）采用中等变形梁模型描述桨叶运动，分析了入流形状、旋翼操纵和桨叶刚度等参数对舰面旋翼瞬态气弹响应的影响。

韩东等（2006）开展了直升机桨叶扬起下坠碰撞动响应计算，采用中等变形梁描述桨叶弹性变形，引入有限转角模拟桨叶绕铰的刚性运动，针对定步长方法计算响应出现的时间长且响应延迟问题，在碰撞前后设置了一碰撞缓冲区，采用变步长方法强制计算点在跳过此缓冲区时必须进入该区，该方法能较好地解决计算延迟问题，计算效率明显提高，计算结果与试验数据吻合较好。

随后，韩东等（2006）在前述结构模型的基础上耦合非线性准定常气动模型，构建了舰面跷跷板旋翼瞬态气弹响应分析模型并对其进行了验证，分析了多种潜在的响应抑制方法以减小桨叶过大的挥舞，挥舞限动装置和转速控制能较好地抑制桨叶过大的挥舞，增大旋翼总距的效果适得其反，周期变距能在一定范围内有效。

接着，韩东等（2007）将舰面跷跷板旋翼瞬态气弹响应分析方法拓展至铰接式旋翼，确认了舰面旋翼与机体发生碰撞的主要原因，分析了离心式限动块脱开时间、挥舞铰限动角和桨叶挥舞刚度等参数对铰接式旋翼瞬态气弹响应的影响。

为探讨舰船运动对旋翼瞬态气弹响应的影响，Han 等（2012）分析了舰船纵摇、横摇和升沉等运动的影响，分析表明，舰船纵摇和升沉运动对旋翼瞬态气弹响应的影响明显，计算时须考虑舰船与旋翼间的气动和惯性耦合。

为对起动过程过大的舰面旋翼瞬态气弹响应进行控制，Han 等（2019）提出了在旋翼桨叶上加装格尼襟翼的方法，反向布置的格尼襟翼可抵消过大桨叶升力，从而有效地减小瞬态气弹响应，格尼襟翼更适合安装于桨叶尖部，旋翼转速过低时，格尼襟翼的控制效果有限。

赵嘉琛等（2020）分析了直升机起降位置对旋翼瞬态气弹响应的影响，采用 CFD 方法预测舰面流场，分析表明，舰面流场垂向气流变化梯度对旋翼瞬态气弹响应影响明显，直升机起动位置的改变能有效降低旋翼瞬态气弹响应。

针对钻井平台上起降直升机，Zhao 和 Han（2021）探讨了起降位置和平台建筑形状对旋翼瞬态气弹响应的影响，研究确认，通过优化起降位置和平台建筑形状可有效降低旋翼与机身或甲板的碰撞概率。

国内在舰面旋翼瞬态气弹响应方面也开展了较为深入的研究，主要集中于理论方面。

1.2.3 舰面流场流动控制国外研究进展

在直升机旋翼上增加主动或者被动装置可用于控制过大的瞬态气弹响应，例如，增加挥舞阻尼、调节旋翼总距、加装后缘襟翼等，这些方法通常会给旋翼带来额外负担，例如，旋翼质量增加、结构强度降低、额外输入能量等。从舰面旋翼瞬态气弹响应的发生机制可知，产生过大的桨叶挥舞主要源于旋翼较低转速、桨叶挥舞限动装置、舰船运动、舰面流场等因素，如果从舰船方面着手，可自然而然地在舰船上安装主动或者被动装置，对流场进行控制，进而降低旋翼过大的气弹响应。从目前国内外的研究来看，尚未见在舰船上安装主被动装置进行旋翼挥舞响应控制，但国内外已经开展了舰面流场流动控制方面的研究。

　　流场流动控制可分为被动流动控制和主动流动控制。被动流动控制是指在适当的部位附加被动控制装置来改变流动环境，无外界能量的输入。被动流动控制通常在特定状态能达到较佳的控制效果，当流场偏离设计状态时，流动控制效果就会变差。对于舰船甲板流场来说，被动流动控制就是对舰船的上层建筑或舰船甲板边缘的几何外形进行一定程度的改进或加装被动控制装置，以减小舰船甲板流场中的不稳定性或消除不被期望出现的流动特征。目前，舰面流场流动控制方面的研究大多集中于此。

　　Czerwiec 和 Polsky（2004）通过风洞试验和 CFD 方法研究了舰艏加装导流板（bow flap）对 LHA 舰面前甲板流场的控制效果，如图 1.13 所示，研究表明，导流板能大幅度减小舰艏气流分离从而改善甲板区域流场流动，随着舰船与来流间偏航角度的增大效果减弱。

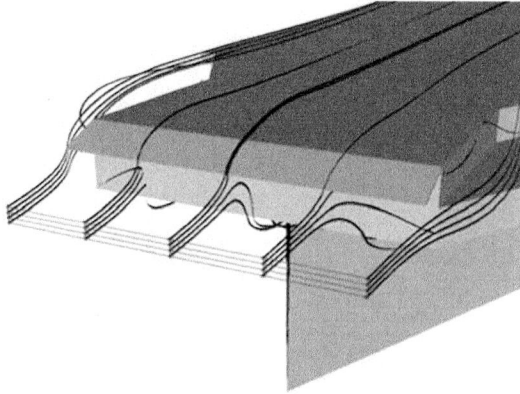

图 1.13　舰艏加装导流板（Czerwiec and Polsky，2004）

　　Findlay 和 Ghee（2006）开展了机库周围加装围栏对甲板流场影响的风洞试验研究，测试表明，正前方来流时，加装围栏会带来局部流动中的平均动量损失和湍流强度的减小，进而达到改善甲板流场的效果，随着偏航角增大，控制效果减弱。

　　为降低船舶空气尾流中的湍流强度和下洗速度，进而减轻飞行员的工作负荷并提升直升机的性能，Greenwell 和 Barrett（2006）提出在机库门区域周围安装倾斜多孔筛网（inclined porous screens）进行甲板流场流动控制的方法，如图 1.14 所示，风洞试验确认了倾斜多孔筛网能对甲板流场进行有效控制。

　　Kääriä 等（2010，2013）提出了对机库侧面进行气动修改以对舰面流场进行控制的方法，如图 1.15 所示，进而降低直升机旋翼气动载荷，风洞试验表明，机库侧面加装导流板和开槽的方法效果更佳。

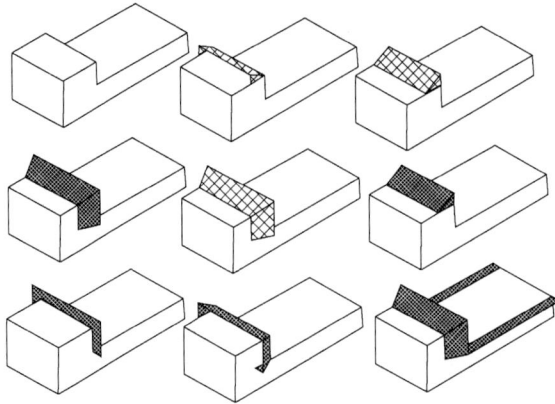

图 1.14　倾斜多孔筛网流动控制方案（Greenwell and Barrett，2006）

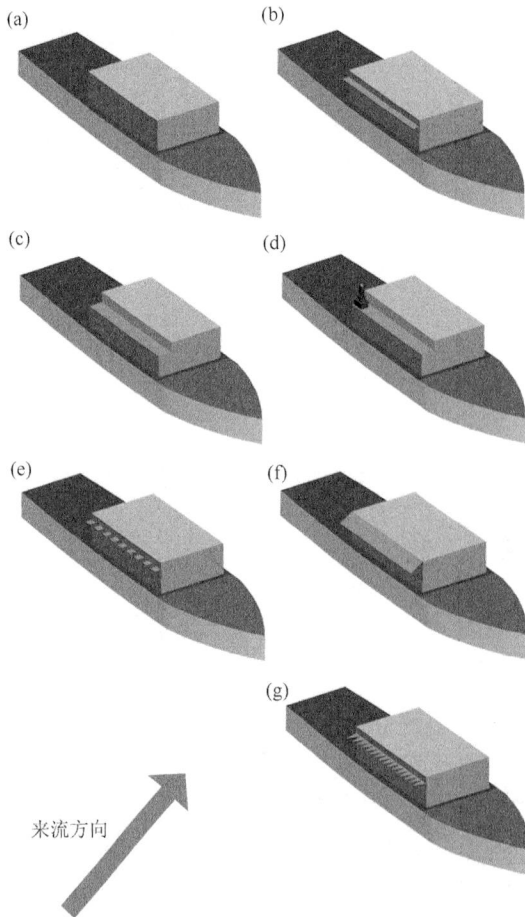

图 1.15　机库侧面气动修改方法（Kääriä et al.，2013）

　　LaSalle 等（2013）开展了在模型舰船机库上方和右舷边缘加装实心缺口围栏的流场流动被动控制研究，如图 1.16 所示，CFD 分析和风洞试验表明，围栏形成了一个更大的回流区，飞行甲板中心处的来流方向速度下降、速度波动增加。

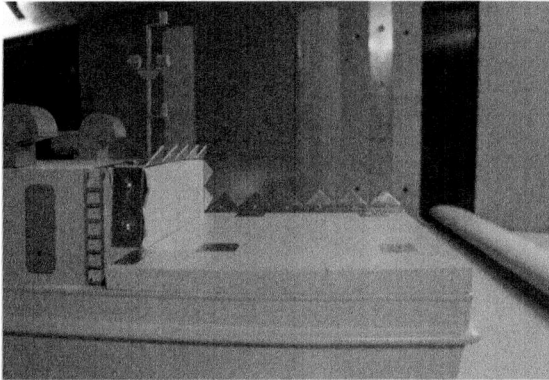

图 1.16　加装实心缺口围栏模型舰船（LaSalle et al.，2013）

　　Bardera-Mora 和 Meseguer（2015）在风洞中测试了四种几何外形的机库对模型舰船 SFS 甲板流场的影响，机库顶部修圆可有效降低剪切层对直升机的影响，从而避免风险，提高直升机和机组人员在起飞和降落过程中的安全性。

　　Bardera-Mora 等（2016）测试了圆柱扰流板、锯齿围栏和柱状涡发生器三种流动被动控制方法对滑跃起飞航母甲板流的影响，如图 1.17 所示，试验结果表明，柱状涡发生器比其他两种被动控制方法能更有效地减小回流区域大小和湍流强度。

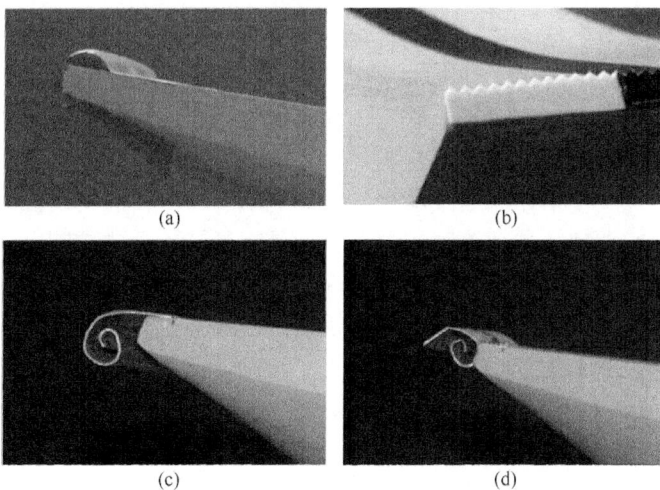

图 1.17　三种流动控制方法（Bardera-Mora et al.，2016）

舰船直升机甲板上方和四周不稳定的气流会加重飞行员的工作强度、限制直升机起降时的飞行包线,通过改进直升机机库边缘形状已被证实可用于修改甲板上方流场。Forrest 等(2016)探讨了五种机库边缘形状对直升机甲板流场的影响,如图 1.18 所示,通过降低流场的不稳定性减小飞行员工作负荷。采用 CFD 方法预测舰面流场、FLIGHTLAB 软件构建直升机飞行动力学模型。研究表明,舰船甲板上层建筑形状修改可有效改善甲板上方流场,削角(chamfer)和导流板(flap)可降低流场不稳定性,进而减小飞行员负荷,矩形扰流片(tabs)、锯齿形扰流片(saw-tooth)和圆柱扰流片(cylinder)三种方案未达到预期效果。

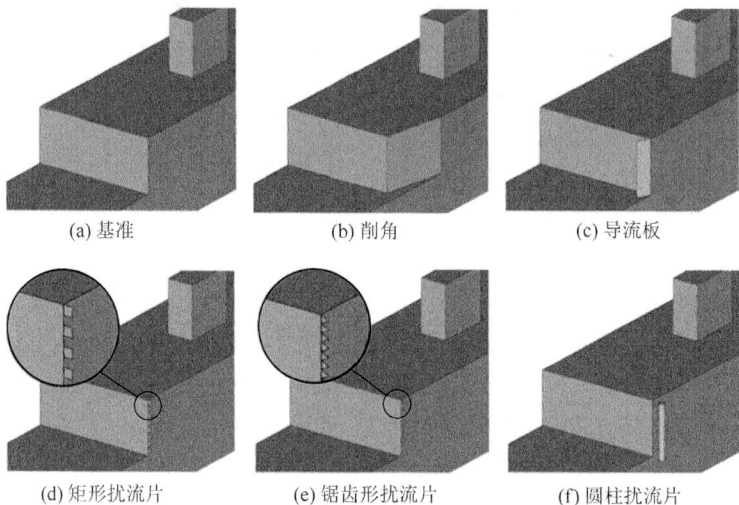

(a) 基准　　　　　　　　(b) 削角　　　　　　　　(c) 导流板

(d) 矩形扰流片　　　　　(e) 锯齿形扰流片　　　　(f) 圆柱扰流片

图 1.18　五种舰船机库边缘修改方案(Forrest et al.,2016)

Bardera-Mora 等(2021)开展了通过修改护卫舰机库形状以优化直升机甲板流场的试验研究,给出了多种机库顶部及侧边修改方案的组合,如图 1.19 所示,基于SFS2 模型舰船的试验研究确认了机库外形改进可用于直升机甲板上方流场优化。

主动流动控制是指在流场中增加适当的扰动使得流体流动发生改变,从而实现对流体流动的控制。主动流动控制是一种具有外加能源的控制,可以在需要的时间和部位出现,通过能量的输入从而获得局部或全局的流动改变。

Shafer 和 Ghee(2005)开展了舰面流场的主动和被动控制研究,以美国海军驱逐舰 DDG-81 的缩比模型为对象,探讨了流动控制方法在飞行甲板流动控制中的作用,主动控制是将舰船的飞行甲板更换为多孔表面并在多孔表面添加射流,被动控制则在机库周围加装围栏。研究表明,多孔表面减少了舰面流场的不稳定性,通过向多孔表面添加射流能进一步改善直升机着陆区域流场的不稳定性,舰艏来流时,流场不稳定性可降低 6.6%。

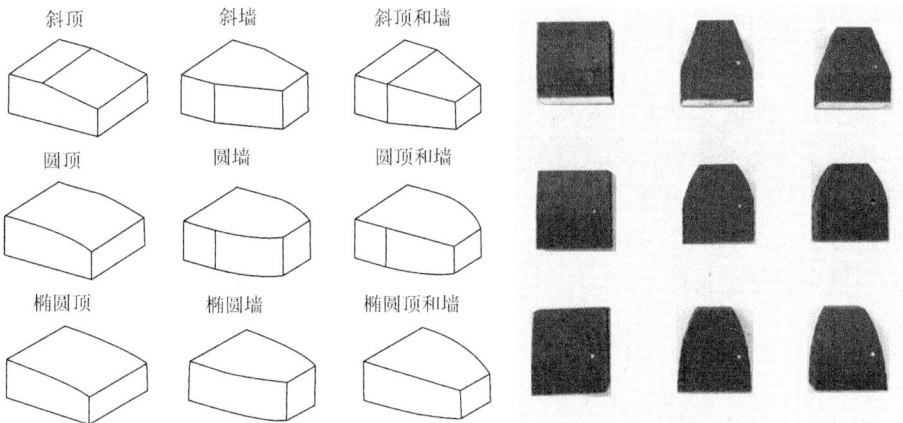

图 1.19 机库顶部及侧边修改方案（Bardera-Mora et al.，2021）

Bardera-Mora 等（2016）将等离子体流动控制技术用于舰面流场主动控制，基于 SFS 模型舰船流场试验结果表明，等离子体可以减少模型舰船流场流动的不稳定性和湍流。

Gallas 等（2016，2017）在机库边缘安装主动射流槽对直升机甲板上方流场进行控制，试验表明，主动流动控制改变空气尾流的方式不同于被动方式，回流区域减少很多，气流分离区周围的湍流会增强，而直升机甲板下游的尾流湍流度会减小，稳定的射流有助于降低直升机飞行员的工作负荷。

Derhille 等（2023）开展了主动流动控制对舰载直升机旋翼载荷的试验和理论研究，采用在机库四周安装吹气槽对舰面甲板进行吹气，构建了模型舰船和模型旋翼的组合系统，如图 1.20 所示。

图 1.20 模型舰船和模型旋翼组合试验系统（Derhille et al.，2023）

Xu 等（2022）将附壁效应（Coanda effect）耦合稳定吹风方法应用于减小舰船气动阻力，如图 1.21 所示，研究表明，吹气槽为 2%机库高度时可减少 6.22%的气动阻力。在此基础上，Xu 等（2023）进一步将附壁效应应用于机库顶部及侧边，以减小舰船侧向力、提高舰船的操纵性，从而提升空气尾流的品质，以便舰载直升机起降，研究表明，附壁效应可减小舰船的侧向力和偏航力矩，也可增大甲板上方特别是右舷侧流场能量，并减小低速区，左舷侧的高湍流动能和高剪切应力区域可被显著抑制。

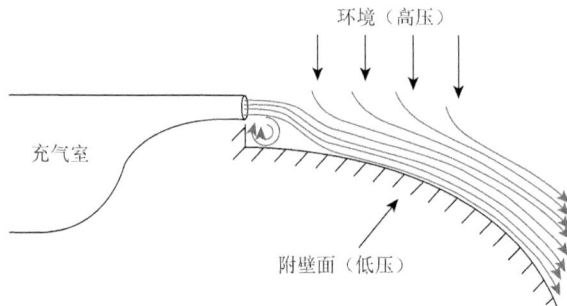

图 1.21　耦合稳定吹风的附壁效应（Xu et al.，2022）

1.2.4　舰面流场流动控制国内研究进展

王金玲和郜冶（2016）研究了舰船艉部结构对流场环境的影响，研究表明，机库高度越低、飞行甲板越长，舰载机操作区的流场环境越好，机库门关闭和全开两种状态相比没有明显的优劣之分。

陈华健等（2019）开展了流动被动控制对两栖攻击舰直升机着舰流场的影响研究，主要通过在舰艏安装斜板和在舰岛安装后置斜板、锯形挡板和导流板等装置改善其后方的气流分离区。

Shi 等（2019）研究了不同外形的流动控制装置对旋翼气动载荷的影响，研究表明，流动控制装置能有效降低飞行员负荷并提升直升机舰面起降安全性。

汪成豪等（2021）设计了三种形状的机库以改善机库导致的舰船尾流的不稳定性，分析表明，机库边缘圆滑过渡可以有效改善下洗或侧洗速度，加装导流板对甲板流场改善效果不明显。

钱江等（2022）总结了近年来国内外学者在舰船空气流场控制方面的研究进展，对比了不同控制方式对流场的控制效果和应用局限，并对后续研究重点和需解决的问题进行总结和展望。

赵嘉琛等（2023）采用基于射流装置的主动流动控制方法以改善舰船甲板流场，

研究建议结合射流装置安装位置选取最优射流速度从而达到更好的流场控制效果。

国内已开始舰面流场控制相关研究，开展时间相对不长，研究的深度和广度正在逐步扩展。将流场流动控制应用于舰面旋翼瞬态气弹响应控制尚未见报道。

1.3 转速过渡过程旋翼瞬态气弹响应及其控制研究进展

1.3.1 转速过渡过程旋翼瞬态气弹响应及其控制国外研究进展

Han 等（2013）针对摆振刚硬变转速旋翼通过共振区时动载荷问题开展研究，针对旋翼过共振区时过大的瞬态载荷，提出了在桨叶尖部摆振方向安装液弹阻尼器的方法进行抑制，研究表明，该方法可将过共振区时瞬态摆振弯矩降至稳态水平。

为避免旋翼变转速过程经过共振区，Dibble 等（2019）提出在桨叶尖部施加受压载荷以改变旋翼桨叶固有频率的方法，分析表明，该方法能有效改变桨叶固有频率，进而增大固有频率与激振频率间距，从而避免共振。

Mortimer 等（2020）测试了模型旋翼转速突增过程旋翼流场及桨毂载荷，试验和分析表明，转速变化过程，旋翼拉力未见过冲现象，旋翼扭矩由于惯性会产生过冲现象。

Sekula 和 Russell（2022）开展了转速变化过程旋翼桨毂载荷的时域和频域载荷分析和相关试验，研究表明，自由尾迹模型对于预测高阶拉力有必要，但会低估非定常载荷的幅值。

Chandrasekaran 和 Hodges（2022）在 DYMORE 软件中构建了无铰旋翼模型，分析了变转速旋翼的性能优势及过共振区时动力学响应，研究确认了过共振区时旋翼过大的瞬态气弹响应，如图 1.22 所示，发现周期变距幅值对瞬态响应幅值影响明显。

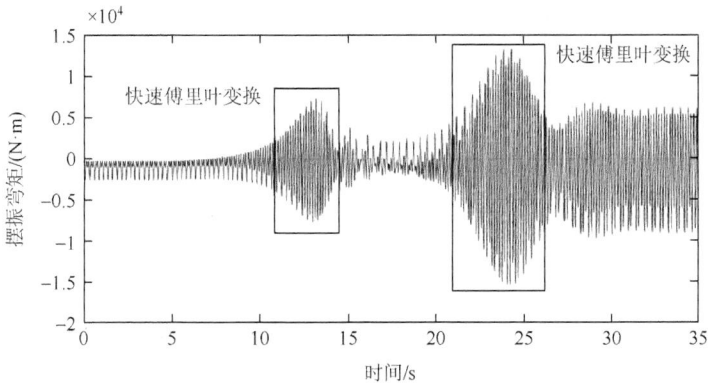

图 1.22 桨叶根部摆振弯矩时间历程（Chandrasekaran and Hodges，2022）

在上述研究基础上，针对变转速旋翼过共振区时过大的瞬态载荷，Chandrasekaran 和 Hodges（2023）探讨了过渡时间、结构阻尼和桨叶刚度等参数对瞬态载荷的影响，图 1.23 给出了桨叶摆振刚度对旋翼扭矩的影响，研究表明，增加结构阻尼是降低共振瞬态载荷的一种非常有效的方法。

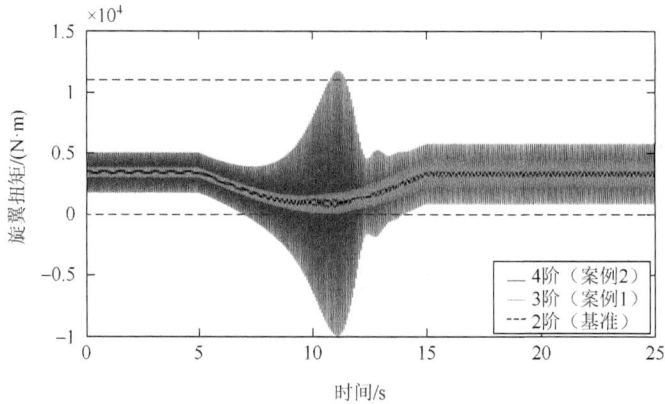

图 1.23　桨叶摆振刚度对旋翼扭矩的影响（Chandrasekaran and Hodges，2023）

1.3.2　转速过渡过程旋翼瞬态气弹响应及其控制国内研究进展

杨卫东和董凌华（2006）开展了变转速倾转旋翼机多体系统气弹响应分析，研究指出，在旋翼和机翼的动力学设计中，需控制倾转时旋翼转速的变化范围，以避免在工作转速变化范围内出现过大振动，甚至不稳定。

Han 和 Barakos（2022）探讨了前飞状态转速变化过程旋翼瞬态气弹响应，研究表明，较小的桨叶根部摆振瞬态弯矩会对旋翼瞬态扭矩产生较大的贡献，该瞬态分量由旋翼转动角加速度的突然变化触发，在桨叶摆振方向增加阻尼可以显著降低摆振弯矩和旋翼扭矩的瞬态分量，使角加速度连续变化而不触发瞬态分量是降低转速过渡过程旋翼瞬态载荷的更佳方法。

宋彬和周云（2023）开展了前飞状态旋翼变转速过程瞬态载荷的过冲研究，分析表明，转速过渡过程旋翼桨叶摆振方向动特性变化明显，会引起旋翼轴扭矩瞬态载荷的过冲现象，并开展了关键参数影响分析。

1.4　本书主要内容

旋翼转速变化可能发生在直升机起动或者停转过程，也可能发生在空中正常飞行阶段，根据发生时间段的不同，本书主要针对该两阶段转速变化过程旋翼的瞬态气弹响应及其控制开展研究，重点探讨转速变化过程旋翼瞬态气弹响应过大的机制及其关键影响参数，针对过大响应的形成特征开展相应的响应控制方法研究，为转速变化过程旋翼动力学研究提供理论支持。

第 1 章总结转速过渡过程旋翼瞬态气弹响应及其控制方面国内外研究进展，指出本书的主要研究内容。

第 2 章构建用于旋翼瞬态气弹响应分析的动力学模型，并对旋翼动力学模型进行验证。

第 3 章开展舰面旋翼瞬态气弹响应研究，探讨关键参数对旋翼瞬态气弹响应的影响规律。

第 4 章开展舰面旋翼瞬态气弹响应控制研究，主要基于在旋翼上加装格尼襟翼和在舰船上加装主被动流动控制装置，并探讨这些控制方法对旋翼瞬态气弹响应的控制效果。

第 5 章进行海上平台直升机起动过程旋翼瞬态气弹响应分析，重点探讨钻井平台上层建筑变化对旋翼瞬态气弹响应的影响。

第 6 章主要探讨直升机前飞时转速变化过程旋翼瞬态气弹响应，采用增加旋翼桨叶阻尼和优化旋翼转速策略的方法抑制过大的瞬态载荷。

第 7 章主要针对变转速旋翼过共振区时旋翼瞬态气弹响应开展研究，采用在桨尖附加阻尼器的方法抑制过大的旋翼瞬态载荷。

第 2 章　旋翼动力学综合建模

直升机能集垂直起降、低空低速和高机动等性能于一身，主要依赖于旋翼的卓越性能。因而，直升机动力学建模的重点和难点也主要集中在旋翼上。直升机旋翼动力学建模主要包括弹性、惯性和气动三部分。旋翼动力学综合模型主要进行旋翼悬停及前飞状态的响应和稳定性等分析。本章综合模型按照哈密顿（Hamilton）原理，考虑旋翼结构、运动、气动和控制等方面的强非线性影响，建立基于广义力形式的动力学非线性方程，主要包括桨叶结构模型、桨叶运动学模型、桨叶气动模型和旋翼诱导速度模型等。

2.1　中等变形梁模型

旋翼动力学问题复杂，常规的刚体桨叶模型和线弹性梁模型难以描述旋翼动力学中复杂的非线性问题，如几何非线性、拉扭耦合等问题，需采用更为精细的结构梁模型。随着复合材料旋翼的广泛应用，桨叶的大变形及各向异性特性越来越明显，常规的小变形弹性梁模型难以描述大变形桨叶的动力学特性，需采用更为精细的非线性梁模型。Hodges 和 Dowell（1974）首先提出了中等变形梁模型，该模型能更好地描述柔性桨叶挥舞、摆振和扭转变形间的几何非线性耦合。随后中等变形梁模型被广泛应用于直升机界，众多直升机动力学综合分析软件——COMRAD、RCAS、2GCHAS 和 UMARC 的旋翼桨叶的结构模型均以该模型为基础（Gunjit and Chopra，1990；Straub et al.，1994；Johnson，1998；Hopkins and Ormiston，2006）。本章模型采用改进后的中等变形梁模型（Straub et al.，1994），桨叶变形前后坐标系如图 2.1 所示。桨叶上任意一点（x, η, ς）的轴向和剪切应变为

$$
\begin{aligned}
\varepsilon_{xx} = {} & u' + \frac{v'^2}{2} + \frac{w'^2}{2} + (\psi\phi)' + \frac{1}{2}(\eta^2 + \varsigma^2)\phi'^2 - y\left(v''\left(1 - \frac{\phi^2}{2}\right) + w''\phi\right) \\
& - z\left(-v''\phi + w''\left(1 - \frac{\phi^2}{2}\right)\right)
\end{aligned}
\tag{2.1}
$$

$$
\gamma_{x\eta} = (\psi_\eta - \varsigma)(\phi' + v''w')
\tag{2.2}
$$

$$
\gamma_{x\varsigma} = (\psi_\varsigma + \eta)(\phi' + v''w')
\tag{2.3}
$$

式中，x 为轴向坐标；y 和 z 分别为未变形坐标系中剖面坐标；η 和 ς 分别为剖面局部坐标；u、v 和 w 为轴向、摆振和挥舞方向弹性位移；ϕ 为桨叶剖面弹性扭转角；ψ 为翘曲函数；$()'$ 代表 $\partial()/\partial x$。剖面坐标存在如下转换关系：

$$\begin{bmatrix} \eta \\ \varsigma \end{bmatrix} = \begin{bmatrix} \cos\theta_{tw} & \sin\theta_{tw} \\ -\sin\theta_{tw} & \cos\theta_{tw} \end{bmatrix} \begin{bmatrix} y \\ z \end{bmatrix} \tag{2.4}$$

式中，θ_{tw} 为桨叶剖面预扭角。桨叶的弹性势能变分为

$$\delta U = \sum_{i=1}^{n} Q_i^E \delta q_i = \int_L \iint_A (\sigma_{xx}\delta\varepsilon_{xx} + \sigma_{x\eta}\delta\gamma_{x\eta} + \sigma_{x\varsigma}\delta\gamma_{x\varsigma})\mathrm{d}A\mathrm{d}L \tag{2.5}$$

式中，σ_{xx} 为轴向应力；$\sigma_{x\eta}$ 和 $\sigma_{x\varsigma}$ 为剪切应力；A 为剖面面积；L 为桨叶长度；q_i 为广义坐标；Q_i^E 为广义坐标对应的弹性广义力；n 为广义坐标数。

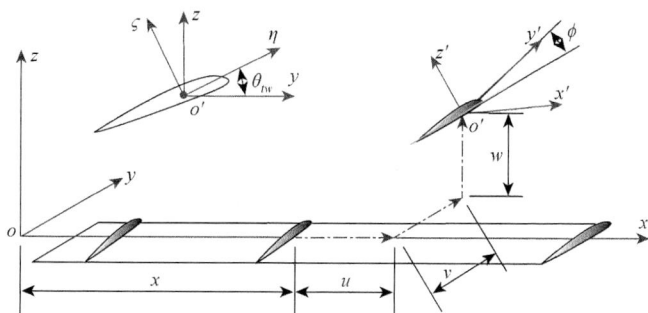

图 2.1　桨叶变形前后坐标系

对于正交各向异性材料梁，剖面本构关系可表示为

$$\begin{bmatrix} \sigma_{xx} \\ \sigma_{x\eta} \\ \sigma_{x\varsigma} \end{bmatrix} = \begin{bmatrix} S_{11} & S_{15} & S_{16} \\ S_{51} & S_{55} & S_{56} \\ S_{61} & S_{65} & S_{66} \end{bmatrix} \begin{bmatrix} \varepsilon_{xx} \\ \varepsilon_{x\eta} \\ \varepsilon_{x\varsigma} \end{bmatrix} \tag{2.6}$$

对于各向同性梁，剖面本构关系可表示为

$$\begin{cases} \sigma_{xx} = E\varepsilon_{xx} \\ \sigma_{x\eta} = G\varepsilon_{x\eta} \\ \sigma_{x\varsigma} = G\varepsilon_{x\varsigma} \end{cases} \tag{2.7}$$

式中，E 为材料弹性模量；G 为剪切模量。

将应变表达式代入弹性势能表达式，得

$$\delta U = \int_L \left(V_x \left(\delta u' + v' \delta v' + w' \delta w' \right) + M_z \left(\delta v'' + \phi \delta w'' + w'' \delta \phi - \frac{\phi^2}{2} \delta v'' - v'' \phi \delta \phi \right) \right.$$

$$\left. - M_y \left(\delta w'' - \phi \delta v'' - v'' \delta \phi - \frac{\phi^2}{2} \delta w'' - w'' \phi \delta \phi \right) + P_x' \delta \phi' + P_x \delta \phi'' + T_x \phi' \delta \phi' \right. \quad (2.8)$$

$$\left. + S_x \left(\delta \phi' + w' \delta v'' + v'' \delta w' \right) \right) \mathrm{d}x$$

式中

$$V_x = \int_A \sigma_{xx} \mathrm{d}\eta \mathrm{d}\varsigma \tag{2.9}$$

$$T_x = \int_A \left(\eta^2 + \varsigma^2 \right) \sigma_{xx} \mathrm{d}\eta \mathrm{d}\varsigma \tag{2.10}$$

$$P_x = \int_A \psi \sigma_{xx} \mathrm{d}\eta \mathrm{d}\varsigma \tag{2.11}$$

$$P_x' = \int_A \psi' \sigma_{xx} \mathrm{d}\eta \mathrm{d}\varsigma \tag{2.12}$$

$$M_z = -\int_A y \sigma_{xx} \mathrm{d}\eta \mathrm{d}\varsigma \tag{2.13}$$

$$M_y = \int_A z \sigma_{xx} \mathrm{d}\eta \mathrm{d}\varsigma \tag{2.14}$$

$$S_x = \int_A \left((\psi_\varsigma + \eta) \sigma_{x\varsigma} + (\psi_\eta + \varsigma) \sigma_{x\eta} \right) \mathrm{d}\eta \mathrm{d}\varsigma \tag{2.15}$$

由弹性势能变分表达式可分离出弹性势能引起的各弹性广义力，然后将弹性广义力对各广义坐标求偏导数，可得弹性势能引起的切线刚度矩阵，即

$$K_{ij}^E = \frac{\partial Q_i^E}{\partial q_j} \tag{2.16}$$

需要注意的是，由于桨叶弹性的描述采用的是相对运动描述办法，桨叶绕挥舞铰、摆振铰、变距铰、旋翼轴以及随机体等的运动不会改变桨叶弹性势能的表达形式，旋翼桨叶刚柔耦合特性的描述在桨叶动能项处理中体现。

2.2　桨 叶 动 能

通常直升机旋翼桨叶运动关系复杂，即使对于无铰旋翼来说，桨叶不仅有弹性变形，同时还有绕旋翼轴和变距轴线的刚性转动。为了描述弹性变形和刚性运动之间的耦合特性，采用基于广义力形式的动能建模方法描述旋翼桨叶的运动（Zheng et al.，1999；郑兆昌等，1999a，1999b；王浩文等，1999，2001）。桨叶绕挥舞铰、摆振铰和变距铰的刚性转动均抽象为广义坐标，如图 2.2 所示。刚性铰的排列次序依据真实旋翼构造确定，如依次采用挥舞铰、摆振铰和变距铰运动三个铰，此模型可以用以描述各种不同旋翼桨毂构型。描述桨叶运动时，忽略结构翘曲的影响，桨叶轴线上任意一点的位置矢量在桨轴坐标系中的表达式为

$$\boldsymbol{R}_s = \begin{bmatrix} R_{sx} \\ R_{sy} \\ R_{sz} \end{bmatrix} = \begin{bmatrix} d_{of} \\ 0 \\ 0 \end{bmatrix}^{\mathrm{T}} + \begin{bmatrix} d_{fl} \\ 0 \\ 0 \end{bmatrix}^{\mathrm{T}} + \begin{bmatrix} d_{lp} \\ 0 \\ 0 \end{bmatrix}^{\mathrm{T}} + \left(\begin{bmatrix} x+u \\ v \\ w \end{bmatrix}^{\mathrm{T}} + \begin{bmatrix} 0 \\ \eta \\ \zeta \end{bmatrix}^{\mathrm{T}} \boldsymbol{T} \right) \boldsymbol{T}_{pl} \boldsymbol{T}_{lf} \boldsymbol{T}_{fr} \boldsymbol{T}_{rs}$$

$$(2.17)$$

式中，d_{of} 为桨毂中心到挥舞铰距离；d_{fl} 为挥舞铰到摆振铰距离；d_{lp} 为摆振铰到变距铰距离；$\boldsymbol{T}_{rs}$ 为旋转坐标系到桨毂坐标系转换矩阵；$\boldsymbol{T}_{fr}$ 为挥舞坐标系到旋转坐标系转换矩阵；$\boldsymbol{T}_{lf}$ 为摆振坐标系到挥舞坐标系转换矩阵；$\boldsymbol{T}_{pl}$ 为变距坐标系到摆振坐标系转换矩阵；$\boldsymbol{T}$ 为变形后坐标系到未变形坐标系转换矩阵。各转换矩阵表达式如下：

$$\boldsymbol{T}_{fr} = \begin{bmatrix} \cos(\beta+\beta_0) & 0 & \sin(\beta+\beta_0) \\ 0 & 1 & 0 \\ -\sin(\beta+\beta_0) & 0 & \cos(\beta+\beta_0) \end{bmatrix} \qquad (2.18)$$

$$\boldsymbol{T}_{lf} = \begin{bmatrix} \cos\zeta & -\sin\zeta & 0 \\ \sin\zeta & \cos\zeta & 0 \\ 0 & 0 & 1 \end{bmatrix} \qquad (2.19)$$

$$\boldsymbol{T}_{pl} = \begin{bmatrix} 1 & 0 & 0 \\ 0 & \cos\theta_p & \sin\theta_p \\ 0 & -\sin\theta_p & \cos\theta_p \end{bmatrix} \qquad (2.20)$$

$$\boldsymbol{T}_{rs} = \begin{bmatrix} -\cos\psi & \sin\psi & 0 \\ \sin\psi & \cos\psi & 0 \\ 0 & 0 & 1 \end{bmatrix} \qquad (2.21)$$

$$\boldsymbol{T} = \begin{bmatrix} 1-\dfrac{v'^2}{2}-\dfrac{w'^2}{2} & v' & w' \\ -(v'\cos\theta_1+w'\sin\theta_1) & \cos\theta_1\left(1-\dfrac{v'^2}{2}\right) & \sin\theta_1\left(1-\dfrac{w'^2}{2}\right) \\ v'\sin\theta_1-w'\cos\theta_1 & -\sin\theta_1\left(1-\dfrac{v'^2}{2}\right) & \cos\theta_1\left(1-\dfrac{w'^2}{2}\right) \end{bmatrix} \qquad (2.22)$$

式中，β 为挥舞角；β_0 为预锥角；ζ 为摆振角；θ_p 为桨距角；ψ 为桨叶方位角；$\theta_1 = \theta_{tw} + \phi$。

动能的变分可表示为

$$\delta T = \sum_{i=1}^{n} Q_i^{\mathrm{T}} \delta q_i = \sum_{i=1}^{n} \int_L \iint_A -\rho \ddot{\boldsymbol{R}} \cdot \frac{\partial \boldsymbol{R}}{\partial q_i} \mathrm{d}A \mathrm{d}L \delta q_i \qquad (2.23)$$

式中，ρ 为密度；Q_i^T 为动能引起的广义力。因而，动能产生的广义力为

$$Q_i^T = \int_L \iint_A -\rho \ddot{\boldsymbol{R}} \cdot \frac{\partial \boldsymbol{R}}{\partial q_i} \mathrm{d}A\mathrm{d}L \tag{2.24}$$

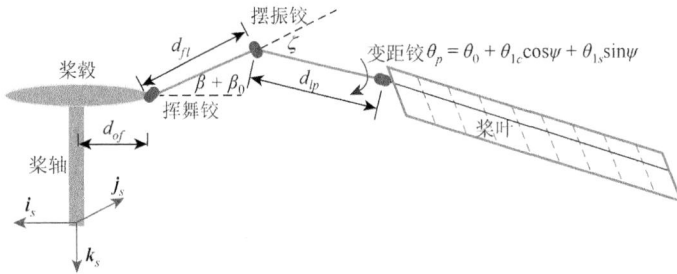

图 2.2 旋翼桨叶坐标关系

根据分析力学中的经典 Lagrange 和 Nielsen 等关系式（梅凤翔等，1991）：

$$\begin{cases} \dfrac{\partial \dot{\boldsymbol{R}}}{\partial \dot{q}_i} = \dfrac{\partial \boldsymbol{R}}{\partial q_i} \\[2mm] \dfrac{\mathrm{d}}{\mathrm{d}t} \dfrac{\partial \boldsymbol{R}}{\partial q_i} = \dfrac{\partial \dot{\boldsymbol{R}}}{\partial q_i} \\[2mm] \dfrac{\partial \ddot{\boldsymbol{R}}}{\partial \ddot{q}_i} = \dfrac{\partial \boldsymbol{R}}{\partial q_i} \\[2mm] \dfrac{\partial \ddot{\boldsymbol{R}}}{\partial \dot{q}_i} = 2\dfrac{\partial \dot{\boldsymbol{R}}}{\partial q_i} \end{cases} \tag{2.25}$$

动能产生的第 i 个广义力在任意位形 $(q_j, \dot{q}_j, \ddot{q}_j)$ 处产生的切线质量矩阵、阻尼矩阵和刚度矩阵分别为

$$M_{ij}^T = \frac{\partial Q_i^T}{\partial \ddot{q}_j} = -\int_L \iint_A \rho \frac{\partial \boldsymbol{R}}{\partial q_j} \cdot \frac{\partial \boldsymbol{R}}{\partial q_i} \mathrm{d}A\mathrm{d}L \tag{2.26}$$

$$C_{ij}^T = \frac{\partial Q_i^T}{\partial \dot{q}_j} = -\int_L \iint_A 2\rho \frac{\partial \dot{\boldsymbol{R}}}{\partial q_j} \cdot \frac{\partial \boldsymbol{R}}{\partial q_i} \mathrm{d}A\mathrm{d}L \tag{2.27}$$

$$K_{ij}^T = \frac{\partial Q_i^T}{\partial q_j} = -\int_L \iint_A \rho \left(\frac{\partial \ddot{\boldsymbol{R}}}{\partial q_j} \cdot \frac{\partial \boldsymbol{R}}{\partial q_i} + \ddot{\boldsymbol{R}} \cdot \frac{\partial^2 \boldsymbol{R}}{\partial q_i \partial q_j} \right) \mathrm{d}A\mathrm{d}L \tag{2.28}$$

从上述的广义力矢量、切线质量矩阵、切线阻尼矩阵和切线刚度矩阵的表达式可以看出：这些矩阵均与位置矢量及其对时间的导数和广义坐标的偏导数相关。因此，具体计算时，只需计算位置矢量及其相关的导数和偏导数。

2.2.1　平动

惯性坐标系下的位置矢量 R 为桨叶上任意一点经过弹性变形和多个刚性平动及转动而成，一般旋翼桨叶上任意一点在惯性坐标系下的转换顺序如图 2.3 所示，桨叶上任意一点变形后在变形前坐标中的位置矢量可表示为

$$R_0 = [x+u \quad v \quad w] + [0 \quad \eta \quad \zeta] T \tag{2.29}$$

为了方便计算程序的编制，将式（2.29）表示为

$$R_0 = A_0 + CB_0 \tag{2.30}$$

式中

$$\begin{cases} A_0 = [x+u \quad v \quad w] \\ B_0 = T \\ C = [0 \quad \eta \quad \zeta] \end{cases} \tag{2.31}$$

假定桨叶上任意一点在第 $n-1$ 个和第 n 个坐标系中的坐标分别为

$$R_{n-1} = A_{n-1} + CB_{n-1} \tag{2.32}$$

$$R_n = A_n + CB_n \tag{2.33}$$

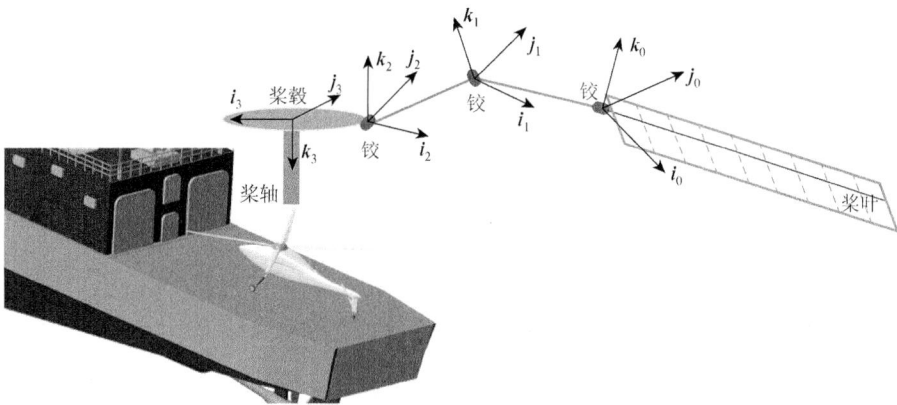

图 2.3　坐标变换次序

如第 $n-1$ 个和第 n 个坐标系相互之间为平动的运动关系，如图 2.4 所示，桨叶上任意一点由第 n 个坐标系平动到第 $n-1$ 个坐标系，任意一点在两坐标系间的坐标有如下关系：

$$R_n = R_{n-1} + d_{n-1}^n \tag{2.34}$$

式中，d 表示平动坐标系位移间的转换矢量；下标表示刚性运动后坐标系编号；

上标表示刚性运动前坐标系编号，如为 0 则表示变形前坐标系，开始坐标系设为惯性坐标系。例如，从第 n 个坐标系到第 $n-1$ 个坐标系沿三坐标轴方向平动的位移分别为 x_{n-1}^n、y_{n-1}^n 和 z_{n-1}^n，则 $\boldsymbol{d}_{n-1}^n$ 为

$$\boldsymbol{d}_{n-1}^n = \begin{bmatrix} x_{n-1}^n & y_{n-1}^n & z_{n-1}^n \end{bmatrix} \tag{2.35}$$

由式（2.30）和式（2.33），有

$$\boldsymbol{A}_n = \boldsymbol{A}_{n-1} + \boldsymbol{d}_{n-1}^n \tag{2.36}$$

$$\boldsymbol{B}_n = \boldsymbol{B}_{n-1} \tag{2.37}$$

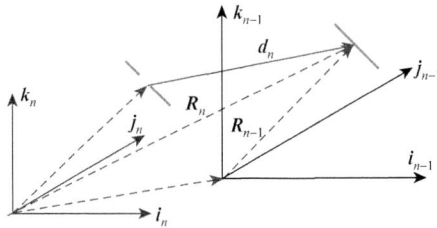

图 2.4　平动前后坐标系图

为了计算 $\boldsymbol{R}_n$ 及其相关的导数和偏导数，根据式（2.37）直接赋值就可得 $\boldsymbol{B}_n$ 及其相关的导数和偏导数。根据式（2.36），可得计算 $\boldsymbol{A}_n$ 对时间和广义坐标的相关导数和偏导数，计算方法如下：

$$\dot{\boldsymbol{A}}_n = \dot{\boldsymbol{A}}_{n-1} + \dot{\boldsymbol{d}}_{n-1}^n \tag{2.38}$$

$$\ddot{\boldsymbol{A}}_n = \ddot{\boldsymbol{A}}_{n-1} + \ddot{\boldsymbol{d}}_{n-1}^n \tag{2.39}$$

$$\frac{\partial \boldsymbol{A}_n}{\partial q_i} = \frac{\partial \boldsymbol{A}_{n-1}}{\partial q_i} + \frac{\partial \boldsymbol{d}_{n-1}^n}{\partial q_i} \tag{2.40}$$

$$\frac{\partial \dot{\boldsymbol{A}}_n}{\partial q_i} = \frac{\partial \dot{\boldsymbol{A}}_{n-1}}{\partial q_i} + \frac{\partial \dot{\boldsymbol{d}}_{n-1}^n}{\partial q_i} \tag{2.41}$$

$$\frac{\partial \ddot{\boldsymbol{A}}_n}{\partial q_i} = \frac{\partial \ddot{\boldsymbol{A}}_{n-1}}{\partial q_i} + \frac{\partial \ddot{\boldsymbol{d}}_{n-1}^n}{\partial q_i} \tag{2.42}$$

$$\frac{\partial^2 \boldsymbol{A}_n}{\partial q_i \partial q_j} = \frac{\partial^2 \boldsymbol{A}_{n-1}}{\partial q_i \partial q_j} + \frac{\partial^2 \boldsymbol{d}_{n-1}^n}{\partial q_i \partial q_j} \tag{2.43}$$

2.2.2　转动

如第 n 个和第 $n-1$ 个坐标系间为转动的运动关系，如图 2.5 所示。桨叶上任

意一点由第 n–1 个坐标系转动到第 n 个坐标系，任意
一点在两坐标系间的坐标有如下关系：

$$R_n = R_{n-1} D_{n-1}^n \qquad (2.44)$$

式中，D_{n-1}^n 表示转动坐标系间的转换矩阵；下标表示
刚性运动后坐标系编号；上标表示刚性运动前坐标系
编号。以绕 x 轴转动角 θ_x 为例，D_{n-1}^n 为

$$D_{n-1}^n = \begin{bmatrix} 1 & 0 & 0 \\ 0 & \cos\theta_x & \sin\theta_x \\ 0 & -\sin\theta_x & \cos\theta_x \end{bmatrix} \qquad (2.45)$$

由式（2.30）和式（2.44），有

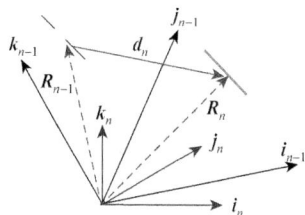

图 2.5　转动前后坐标系

$$A_n = A_{n-1} D_{n-1}^n \qquad (2.46)$$

$$B_n = B_{n-1} D_{n-1}^n \qquad (2.47)$$

为了计算 R_n 及其相关的导数和偏导数，根据式（2.46），可得到 A_n 及其对时
间和广义坐标的相关导数和偏导数，计算方法如下：

$$\dot{A}_n = \dot{A}_{n-1} D_{n-1}^n + A_{n-1} \dot{D}_{n-1}^n \qquad (2.48)$$

$$\ddot{A}_n = \ddot{A}_{n-1} D_{n-1}^n + 2\dot{A}_{n-1} \dot{D}_{n-1}^n + A_{n-1} \ddot{D}_{n-1}^n \qquad (2.49)$$

$$\frac{\partial A_n}{\partial q_i} = \frac{\partial A_{n-1}}{\partial q_i} D_{n-1}^n + A_{n-1} \frac{\partial D_{n-1}^n}{\partial q_i} \qquad (2.50)$$

$$\frac{\partial \dot{A}_n}{\partial q_i} = \frac{\partial \dot{A}_{n-1}}{\partial q_i} D_{n-1}^n + \dot{A}_{n-1} \frac{\partial D_{n-1}^n}{\partial q_i} + \frac{\partial A_{n-1}}{\partial q_i} \dot{D}_{n-1}^n + A_{n-1} \frac{\partial \dot{D}_{n-1}^n}{\partial q_i} \qquad (2.51)$$

$$\frac{\partial \ddot{A}_n}{\partial q_i} = \frac{\partial \ddot{A}_{n-1}}{\partial q_i} D_{n-1}^n + \ddot{A}_{n-1} \frac{\partial D_{n-1}^n}{\partial q_i} + 2\frac{\partial \dot{A}_{n-1}}{\partial q_i} \dot{D}_{n-1}^n + 2\dot{A}_{n-1} \frac{\partial \dot{D}_{n-1}^n}{\partial q_i} + \frac{\partial A_{n-1}}{\partial q_i} \ddot{D}_{n-1}^n + A_{n-1} \frac{\partial \ddot{D}_{n-1}^n}{\partial q_i} \qquad (2.52)$$

$$\frac{\partial^2 A_n}{\partial q_i \partial q_j} = \frac{\partial^2 A_{n-1}}{\partial q_i \partial q_j} D_{n-1}^n + \frac{\partial A_{n-1}}{\partial q_i} \frac{\partial D_{n-1}^n}{\partial q_j} + \frac{\partial A_{n-1}}{\partial q_j} \frac{\partial D_{n-1}^n}{\partial q_i} + A_{n-1} \frac{\partial^2 D_{n-1}^n}{\partial q_i \partial q_j} \qquad (2.53)$$

同理，B_n 相关矩阵的计算与 A_n 的计算类似，不同之处在于维数有所变化，
B_n 相关矩阵按下列式子计算：

$$\dot{B}_n = \dot{B}_{n-1} D_{n-1}^n + B_{n-1} \dot{D}_{n-1}^n \qquad (2.54)$$

$$\ddot{B}_n = \ddot{B}_{n-1} D_{n-1}^n + 2\dot{B}_{n-1} \dot{D}_{n-1}^n + B_{n-1} \ddot{D}_{n-1}^n \qquad (2.55)$$

$$\frac{\partial B_n}{\partial q_i} = \frac{\partial B_{n-1}}{\partial q_i} D_{n-1}^n + B_{n-1} \frac{\partial D_{n-1}^n}{\partial q_i} \qquad (2.56)$$

$$\frac{\partial \dot{B}_n}{\partial q_i} = \frac{\partial \dot{B}_{n-1}}{\partial q_i} D_{n-1}^n + \dot{B}_{n-1} \frac{\partial D_{n-1}^n}{\partial q_i} + \frac{\partial B_{n-1}}{\partial q_i} \dot{D}_{n-1}^n + B_{n-1} \frac{\partial \dot{D}_{n-1}^n}{\partial q_i} \qquad (2.57)$$

$$\frac{\partial \ddot{\boldsymbol{B}}_n}{\partial q_i} = \frac{\partial \ddot{\boldsymbol{B}}_{n-1}}{\partial q_i}\boldsymbol{D}_{n-1}^n + \ddot{\boldsymbol{B}}_{n-1}\frac{\partial \boldsymbol{D}_{n-1}^n}{\partial q_i} + 2\frac{\partial \dot{\boldsymbol{B}}_{n-1}}{\partial q_i}\dot{\boldsymbol{D}}_{n-1}^n + 2\dot{\boldsymbol{B}}_{n-1}\frac{\partial \dot{\boldsymbol{D}}_{n-1}^n}{\partial q_i} + \frac{\partial \boldsymbol{B}_{n-1}}{\partial q_i}\ddot{\boldsymbol{D}}_{n-1}^n + \boldsymbol{B}_{n-1}\frac{\partial \ddot{\boldsymbol{D}}_{n-1}^n}{\partial q_i}$$

$$(2.58)$$

$$\frac{\partial^2 \boldsymbol{B}_n}{\partial q_i \partial q_j} = \frac{\partial^2 \boldsymbol{B}_{n-1}}{\partial q_i \partial q_j}\boldsymbol{D}_{n-1}^n + \frac{\partial \boldsymbol{B}_{n-1}}{\partial q_i}\frac{\partial \boldsymbol{D}_{n-1}^n}{\partial q_j} + \frac{\partial \boldsymbol{B}_{n-1}}{\partial q_j}\frac{\partial \boldsymbol{D}_{n-1}^n}{\partial q_i} + \boldsymbol{B}_{n-1}\frac{\partial^2 \boldsymbol{D}_{n-1}^n}{\partial q_i \partial q_j} \quad (2.59)$$

综上，通过计算 $\boldsymbol{A}_0$、$\boldsymbol{B}_0$ 和转换矢量 $\boldsymbol{d}_{n-1}^n$ 或者矩阵 $\boldsymbol{D}_{n-1}^n$ 及其导数和偏导数，由前面内容给出的递推计算关系，较容易得出计算 $\boldsymbol{R}_n$ 及所需的导数和偏导数，通过式（2.26）～式（2.28）以及式（2.24），就可计算动能项引起的切线质量矩阵、阻尼矩阵、刚度矩阵和广义力矢量。

2.3　气动力模型

桨叶剖面来流一般由多部分构成：旋翼旋转、旋翼诱导速度、前方来流、桨叶弹性变形、桨叶绕铰刚性运动和随机体运动等。虽然构成的部分很多，但可以归结为两部分：一部分是桨叶运动部分，包括桨叶弹性变形、桨叶绕铰刚性运动、旋翼转动和机体运动引起的桨叶运动；另一部分是来流影响，包括前方来流和旋翼诱导速度，来流速度一般从桨盘平面坐标系引入。为了能较一致地处理气动力，先给出桨叶变距轴上任意一点在惯性坐标系下的速度，同时将桨盘平面来流投影到惯性坐标系下，这样就可计算桨叶变距轴上任意一点相对当地气流速度，然后再转换到变形后坐标系，得出其在变形后坐标系中的速度分量。根据翼型剖面来流和迎角，采用翼型气动特性查表、非线性准定常气动力模型或者非定常气动力模型（Leishman and Beddoes，1989；Leishman，2006），就可计算桨叶剖面来流速度和迎角，进而计算桨叶剖面升力、阻力和俯仰力矩。最后计算气动力产生的虚功，给出气动力产生的广义力。

桨叶任意剖面的升力、阻力和俯仰力矩计算，需先确定当地气流速度和剖面迎角。翼型剖面坐标系和来流方向如图 2.6 所示，假定桨毂坐标系为惯性坐标系，变距轴线上任意一点相对当地气流的速度为

$$\begin{bmatrix} U_R \\ U_T \\ U_P \end{bmatrix} = \begin{bmatrix} \dot{R}_{sx} \\ \dot{R}_{sy} \\ \dot{R}_{sz} \end{bmatrix}[\boldsymbol{TT}_{pl}\boldsymbol{T}_{lf}\boldsymbol{T}_{fr}\boldsymbol{T}_{rs}]^{\mathrm{T}} - \begin{bmatrix} -V_1 \\ -V_2 \\ v_i - V_3 \end{bmatrix}\boldsymbol{T}_{tps}[\boldsymbol{TT}_{pl}\boldsymbol{T}_{lf}\boldsymbol{T}_{fr}\boldsymbol{T}_{rs}]^{\mathrm{T}} \quad (2.60)$$

式中，V_1、V_2 和 V_3 为无穷远方来流在旋翼桨盘平面分量；v_i 为旋翼诱导速度；$\boldsymbol{T}_{tps}$ 为桨盘平面到桨轴坐标系转换矩阵，即

$$T_{tps} = \begin{bmatrix} \cos\beta_{1c} & \sin\beta_{1c}\sin\beta_{1s} & \sin\beta_{1c}\cos\beta_{1s} \\ 0 & \cos\beta_{1s} & -\sin\beta_{1s} \\ -\sin\beta_{1c} & \cos\beta_{1c}\sin\beta_{1s} & \cos\beta_{1c}\cos\beta_{1s} \end{bmatrix} \qquad (2.61)$$

其中，β_{1c} 和 β_{1s} 为桨叶挥舞 1 阶纵向和横向分量。

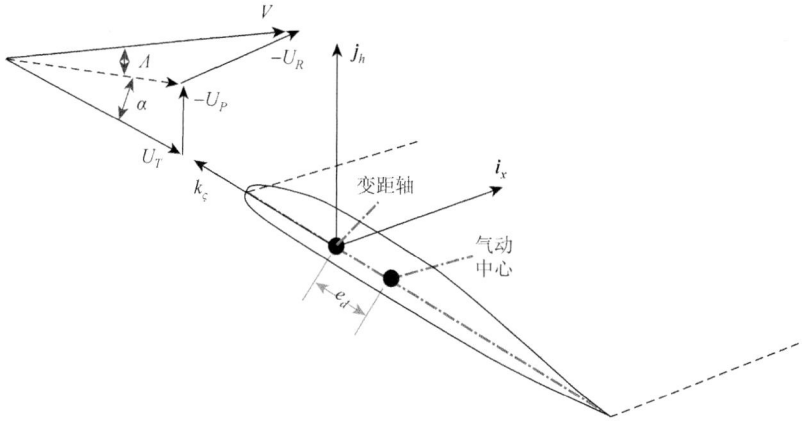

图 2.6　翼型剖面坐标系及来流方向

根据桨叶剖面当地来流速度，即式（2.60），剖面迎角 α 和斜流角 Λ 为

$$\alpha = -U_P/U_T \qquad (2.62)$$

$$\Lambda = \arctan\left(\frac{U_R}{\mathrm{sgn}(U_T)\sqrt{U_T^2 + U_P^2}} \right) \qquad (2.63)$$

如气动力模型采用非线性准定常气动力模型（Leishman，2006），翼型剖面升力 L、阻力 D 和俯仰力矩 M 为

$$L = L_C + L_{NC} = L_1 + (L_2 + L_3) \qquad (2.64)$$

$$\begin{cases} L_1 = \dfrac{1}{2}\rho V^2 c C_l \\ L_2 = \rho\pi b^2(\ddot{h} - a_h b\ddot{\alpha}) \\ L_3 = \rho\pi b^2 V\dot{\alpha} \end{cases} \qquad (2.65)$$

$$D = \frac{1}{2}\rho V^2 c C_d \qquad (2.66)$$

$$M = \frac{1}{2}\rho V^2 c^2 C_m + a_h b L_2 - \left(\frac{1}{2} - a_h\right) b L_3 - \frac{1}{8}\rho\pi b^4 \ddot{\alpha} \qquad (2.67)$$

式中，$a_h b = e_d + c/4$，为半弦线到弹性轴距离，弹性轴在前为正，当 $U_T<0$ 时，剖

面进入反流区，此时翼型气动中心从 x_c 转移到 $c-x_c$，对 e_d 进行修正，$e_d^R = e_d + c/2$。将上述气动力和气动力矩投影到变形后坐标系为

$$L_x = -D\sin\Lambda \tag{2.68}$$

$$L_\eta = L\sin\alpha - D\cos\Lambda\cos\alpha \tag{2.69}$$

$$L_\varsigma = L\cos\alpha + D\cos\Lambda\sin\alpha \tag{2.70}$$

$$M_x = M - e_d L_\varsigma \tag{2.71}$$

翼剖面气动合力及合力矩在惯性坐标系下的矩阵表示形式为

$$\begin{cases} \boldsymbol{F}_A = \begin{bmatrix} L_x & L_\eta & L_\varsigma \end{bmatrix} \boldsymbol{T}_{DI} \\ \boldsymbol{M}_A = \begin{bmatrix} M_x & 0 & 0 \end{bmatrix} \boldsymbol{T}_{DI} \end{cases} \tag{2.72}$$

惯性坐标系中气动广义力的广义位移为 $\boldsymbol{R}_p$。根据中等变形梁转换定义（Hodges and Dowell, 1974），桨叶剖面经过挥舞、摆振和扭转变形，在变形后坐标系中弹性转角为 ϕ，在惯性坐标系中广义转角矢量为 $\boldsymbol{\varphi}_A$，以矩阵形式表达为

$$\boldsymbol{\varphi}_A = \begin{bmatrix} \phi & 0 & 0 \end{bmatrix} \boldsymbol{T}_{DI} \tag{2.73}$$

根据惯性坐标系中气动广义力、广义力矩、广义位移和广义转角，则气动产生的虚功为

$$\delta W^A = \int_L (\boldsymbol{F}_A \cdot \delta \boldsymbol{R}_p + \boldsymbol{M}_A \cdot \delta \boldsymbol{\varphi}_A)\mathrm{d}L \tag{2.74}$$

由此可得气动引起的广义力为

$$Q_i^A = \int_L \left(\boldsymbol{F}_A \cdot \frac{\partial \boldsymbol{R}_p}{\partial q_i} + \boldsymbol{M}_A \cdot \frac{\partial \boldsymbol{\varphi}_A}{\partial q_i} \right)\mathrm{d}L \tag{2.75}$$

需要注意的是，气动广义力同样存在对应的切线阻尼矩阵和切线刚度矩阵，但由于气动模型的复杂性，难以对其进行求解，在具体气弹响应计算时，将气动力作为外激力。

2.4　旋翼入流模型

旋翼诱导速度模型主要包括经验模型、动态入流模型和自由尾迹模型等。为兼顾稳态和瞬态气弹响应计算，桨盘上方的诱导速度分布采用 3 状态量的 Pitt-Peters 动态入流模型（Peters and HaQuang, 1988），如图 2.7 所示。入流沿旋翼桨盘展向和周向分布为

$$\lambda = \lambda_0 + \lambda_c \frac{r}{R}\cos\psi + \lambda_s \frac{r}{R}\sin\psi \tag{2.76}$$

式中，R 为旋翼半径。入流零阶 λ_0 以及一阶 λ_c 和 λ_s 分量按式（2.77）计算：

$$M\begin{bmatrix}\dot{\lambda}_0\\\dot{\lambda}_s\\\dot{\lambda}_c\end{bmatrix}+\widehat{L}^{-1}\begin{bmatrix}\lambda_0\\\lambda_s\\\lambda_c\end{bmatrix}=\begin{bmatrix}C_T\\C_1\\C_2\end{bmatrix}_{\text{aero}}\tag{2.77}$$

式中，C_T 为旋翼拉力系数；C_1 为旋翼滚转力矩系数；C_2 为俯仰力矩系数；aero 表示式中拉力系数、滚转力矩和俯仰力矩系数是由气动产生的；

$$M=\begin{bmatrix}\dfrac{8}{3\pi}&&\\&\dfrac{16}{45\pi}&\\&&\dfrac{16}{45\pi}\end{bmatrix}\tag{2.78}$$

$$\widehat{L}^{-1}=VL^{-1}\tag{2.79}$$

$$V=\begin{bmatrix}V_T&&\\&V&\\&&V\end{bmatrix}\tag{2.80}$$

$$L=\begin{bmatrix}1/2&-B\sin\varDelta&-B\cos\varDelta\\B\sin\varDelta&E\cos^2\varDelta+D\sin^2\varDelta&(D-E)\sin\varDelta\cos\varDelta\\B\cos\varDelta&(D-E)\sin\varDelta\cos\varDelta&E\cos^2\varDelta+D\sin^2\varDelta\end{bmatrix}\tag{2.81}$$

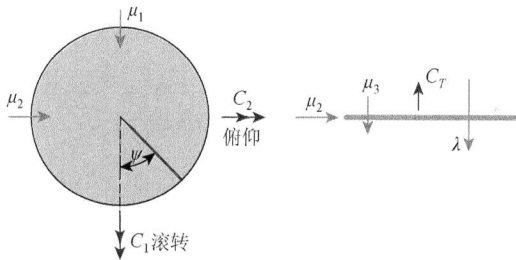

图 2.7 旋翼桨盘入流示意图

当旋翼桨叶有负扭转时，矩阵 M 中 $M_{11}=128/(75\pi)$，其中

$$E=\frac{4}{\sin\alpha}\tag{2.82}$$

$$D=\frac{4\sin\alpha}{1+\sin\alpha}\tag{2.83}$$

$$E=\frac{15\pi}{64}\sqrt{\frac{1-\sin\alpha}{1+\cos\alpha}}\tag{2.84}$$

$$\sin \Delta = \frac{\mu_2}{\mu} = \frac{\mu_2}{\sqrt{\mu_1^2 + \mu_2^2}} \tag{2.85}$$

$$\cos \Delta = \frac{\mu_1}{\mu} = \frac{\mu_1}{\sqrt{\mu_1^2 + \mu_2^2}} \tag{2.86}$$

$$\lambda = \lambda_m + \mu_3 \tag{2.87}$$

$$V_T = \sqrt{\lambda^2 + \mu^2} \tag{2.88}$$

$$V = \frac{\mu^2 + (\lambda + \lambda_m)\lambda}{V_T} \tag{2.89}$$

$$\alpha = \arctan\left(\frac{|\lambda_m + \mu_3|}{\mu}\right) \tag{2.90}$$

稳态时，λ_0、λ_c 和 λ_s 的值可直接按式（2.91）确定：

$$\begin{cases} \bar{\lambda}_0 = C_T / (2V_T) = \bar{\lambda}_m \\ \bar{\lambda}_s = 2B(\sin \Delta)\bar{\lambda}_m \\ \bar{\lambda}_c = 2B(\cos \Delta)\bar{\lambda}_m \end{cases} \tag{2.91}$$

2.5　重　　力

一般在分析飞行过程旋翼桨叶气弹响应或者稳定性时，相比离心力和气动力，可以忽略桨叶自身重力的影响。但在计算桨叶扬起下坠、舰面旋翼瞬态气弹响应时，桨叶重力是不可忽略的。桨叶重力引起的外力功为

$$\delta W^G = \int_l \iint_A \rho \boldsymbol{g} \cdot \delta \boldsymbol{R} \mathrm{d}A \mathrm{d}l \tag{2.92}$$

由式（2.92），桨叶重力产生的广义力为

$$Q_i^G = \int_l \iint_A \rho \boldsymbol{g} \cdot \frac{\partial \boldsymbol{R}}{\partial q_i} \mathrm{d}A \mathrm{d}l \tag{2.93}$$

2.6　系统动力学方程

采用哈密顿原理建立复杂动力学系统模型，即对于真实运动，系统的势能与动能之差的变分 $\delta(U-T)$ 与作用于系统的所有外力的虚功 δW 之差在任一时间间隔内对时间的积分为零。哈密顿原理的一般形式为

$$\int_{t_1}^{t_2} \left(\delta(U - T) - \delta W \right) \mathrm{d}t = 0 \tag{2.94}$$

式中，U 为系统的势能；T 为系统的动能；W 为外力对系统所做的功；δ 为变分符号；t 为时间。进而构建基于广义力形式的隐式非线性动力学方程，包括四项：弹性势能项、动能项、气动力以及重力势能项。系统运动方程为

$$Q_i^E(\boldsymbol{q}) + Q_i^T(\boldsymbol{q}, \dot{\boldsymbol{q}}, \ddot{\boldsymbol{q}}, t) + Q_i^A(\boldsymbol{q}, \dot{\boldsymbol{q}}, t) + Q_i^G(\boldsymbol{q}) = 0, \quad i = 1, 2, \cdots, n \tag{2.95}$$

方程（2.95）为单片桨叶动力学方程，在求解旋翼动力学方程时，需根据具体旋翼形式和计算目的进行协调，组集旋翼的切线质量矩阵、阻尼矩阵和刚度矩阵及广义力矢量。旋翼模型给出的是桨叶运动方程，但在动力学建模时，通过引入多个平动和转动变量，根据计算需要，可计及机体的刚性运动。

2.7　风洞配平

当计算旋翼稳态响应时，需根据具体飞行状态给定旋翼总距和纵横周期变距等操纵量。旋翼气弹响应计算中，通常涉及风洞配平和前飞配平，风洞配平通常只针对旋翼进行配平，而前飞配平一般针对整机。本章计算以风洞配平为主（Leishman，2006），控制输入矢量为旋翼总距和纵横向周期变距，即 $\boldsymbol{x} = [\theta_0 \ \theta_{1c} \ \theta_{1s}]^T$，输出矢量或者目标矢量为旋翼拉力系数和纵横向挥舞角，即 $\boldsymbol{y} = [C_T \ \beta_{1c} \ \beta_{1s}]^T$，由 Newton-Raphson 方法，计算旋翼总距和纵横向周期变距的递推算法为

$$\boldsymbol{x}_n = \boldsymbol{x}_{n-1} + \boldsymbol{J}^{-1}(\boldsymbol{y} - \boldsymbol{y}_{n-1}) \tag{2.96}$$

式中，$\boldsymbol{J}$ 为雅可比矩阵，即

$$\boldsymbol{J} = \begin{bmatrix} \dfrac{\partial C_T}{\partial \theta_0} & \dfrac{\partial C_T}{\partial \theta_{1c}} & \dfrac{\partial C_T}{\partial \theta_{1s}} \\[2mm] \dfrac{\partial \beta_{1c}}{\partial \theta_0} & \dfrac{\partial \beta_{1c}}{\partial \theta_{1c}} & \dfrac{\partial \beta_{1c}}{\partial \theta_{1s}} \\[2mm] \dfrac{\partial \beta_{1s}}{\partial \theta_0} & \dfrac{\partial \beta_{1s}}{\partial \theta_{1c}} & \dfrac{\partial \beta_{1s}}{\partial \theta_{1s}} \end{bmatrix} \tag{2.97}$$

雅可比矩阵的计算精度仅影响迭代次数，对最终计算结果没有影响。因此，采用近似表达式计算雅可比矩阵。例如，旋翼拉力系数的表达式可表示为（Leishman，2006）

$$C_T = \frac{\sigma C_{1\alpha}}{2} \left(\frac{\theta_0}{3} \left(1 + \frac{3}{2}\mu^2 \right) + \frac{\theta_{tw}}{4}\left(1 + \mu^2 \right) + \frac{\mu}{2}\theta_{1s} - \frac{\lambda}{2} \right) \tag{2.98}$$

式中，σ 为旋翼实度；$C_{1\alpha}$ 为翼型升力线斜率；μ 为前进比；θ_{tw} 为桨叶负扭角。根据上面公式，旋翼拉力系数对总距和周期变距的偏导数为

$$\begin{cases} \dfrac{\partial C_T}{\partial \theta_0} = \dfrac{\sigma C_{1\alpha}}{6}\left(1 + \dfrac{3}{2}\mu^2\right) \\[2mm] \dfrac{\partial C_T}{\partial \theta_{1c}} = 0 \\[2mm] \dfrac{\partial C_T}{\partial \theta_{1s}} = \dfrac{\sigma C_{1\alpha}\mu}{4} \end{cases} \tag{2.99}$$

应用同样的方法可以计算其他相关的偏导数。

2.8　稳态载荷计算

旋翼稳态响应计算前尚未知旋翼的操纵量，由配平计算迭代给出。先给定初始操纵量，按配平方法，在计算一个周期旋翼气弹响应后，按目标量残差进行迭代更新配平量，经过多次周期性迭代，可得旋翼的稳态响应。由于外加的载荷包括离心力和惯性力，均由结构予以支撑，桨叶根部的力和力矩由根部广义自由度对应的广义力给出。例如，弹性势能的变分可表示式为

$$\delta U = \sum_{i=1}^{n} F_i \delta q_i, \quad i = 1, 2, \cdots, n \tag{2.100}$$

此处广义坐标相互独立。如需要得到桨叶根部的摆振弯矩，只需计算该节点广义自由度 v' 所对应的广义力 $F_{v'}$，由计算出来的力、力矩或者位移随时间的历程，按周期函数傅里叶变换，就可得响应的各阶谐波量，即

$$\begin{cases} (F_i)_0 = \dfrac{1}{2\pi}\displaystyle\int_0^{2\pi} F_i(\psi)\,\mathrm{d}\psi \\[3mm] (F_i)_{nc} = \dfrac{1}{\pi}\displaystyle\int_0^{2\pi} F_i(\psi)\cos(n\psi)\,\mathrm{d}\psi \\[3mm] (F_i)_{ns} = \dfrac{1}{\pi}\displaystyle\int_0^{2\pi} F_i(\psi)\sin(n\psi)\,\mathrm{d}\psi \end{cases} \tag{2.101}$$

式中，下标 0 代表零阶分量，即平均值；下标 c 代表余弦分量；下标 s 代表正弦分量；n 代表阶次。

2.9　15 自由度梁单元

Sivaneri 和 Chopra（1984）开发了 15 自由度梁单元，广泛应用于直升机旋翼动力学建模。为了能够描述离心力沿轴线的二次变化，轴向位移采用三次插值函数，轴向应变具有二次变化（沿轴向），在单元两端及内部共配置 4 个轴向位移节点。为描述扭转角沿轴向的二次变化，在单元两端及中点共配置 3 个扭转节点。

对于横向位移 v 和 w，则采用三次 Hermite 插值函数。因此，这个梁单元具有 15 个自由度、5 个节点、2 个端部节点和 3 个内节点，端部节点有 6 个自由度，分别为 u、v、w、w'、v' 和 ϕ，中间节点自由度仅有 ϕ，其他两节点自由度仅有 u，如图 2.8 所示。梁从桨叶径向坐标 $r = 0$ 延伸至 $r = R$，在每一个梁单元沿展向定义单元局部坐标 $x \in [0, 1]$，从单元左端 $x = 0$ 延伸至右端 $x = l_i$，梁单元的变形以 x 为自变量的函数形式表示。梁单元位移按节点位移表示如下：

$$\begin{cases} u = H_{u_1}u_1 + H_{u_2}u_2 + H_{u_3}u_3 + H_{u_4}u_4 \\ v = H_{v_1}v_1 + H_{v_1'}v_1' + H_{v_2}v_2 + H_{v_2'}v_2' \\ w = H_{w_1}w_1 + H_{w_1'}w_1' + H_{w_2}w_2 + H_{w_2'}w_2' \\ \phi = H_{\phi_1}\phi_1 + H_{\phi_2}\phi_2 + H_{\phi_3}\phi_3 \end{cases} \tag{2.102}$$

各形函数的表达式为

$$\begin{cases} H_{u_1} = \dfrac{1}{16}(1-\xi)(-10+9(\xi^2-1)) \\ H_{u_2} = \dfrac{9}{16}(1-\xi^2)(1-3\xi) \\ H_{u_3} = \dfrac{9}{16}(1-\xi^2)(1+3\xi) \\ H_{u_4} = (1+\xi)(-10+9(\xi^2+1)) \end{cases} \tag{2.103}$$

$$\begin{cases} H_{v_1} = H_{w_1} = \dfrac{1}{4}(\xi-1)^2(\xi+2) \\ H_{v_1'} = H_{w_1'} = \dfrac{l}{8}(\xi-1)^2(\xi+1) \\ H_{v_2} = H_{w_2} = -\dfrac{1}{4}(\xi+1)^2(\xi-2) \\ H_{v_2'} = H_{w_2'} = \dfrac{l}{8}(\xi+1)^2(\xi-1) \end{cases} \tag{2.104}$$

$$\begin{cases} H_{\phi_1} = \dfrac{1}{2}\xi(\xi-1) \\ H_{\phi_2} = (1-\xi)(1+\xi) \\ H_{\phi_3} = \dfrac{1}{2}\xi(\xi+1) \end{cases} \tag{2.105}$$

式中，ξ 为无量纲局部坐标，即

$$\xi = \frac{x-1}{2l_i} \tag{2.106}$$

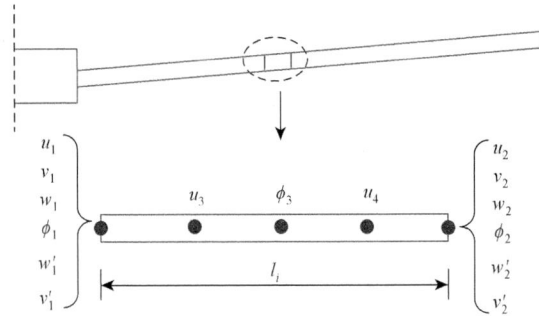

图 2.8　　15 自由度梁单元

2.10　响　应　求　解

所采用的动力学方程是基于广义力形式的非线性动力学隐式方程，为确保数值计算的精度和收敛性，响应计算采用 Newmark 数值积分方法中的预测-修正算法（Owen and Hinton，1980）。Newmark 数值积分从第 n 步到第 $n+1$ 步进行响应计算时，先进行预测。设置第 $n+1$ 步响应计算的开始迭代次数 $i=0$，先预测响应计算的第 i 次迭代的位移、速度和加速度值：

$$\begin{cases} \boldsymbol{d}_{n+1}^{[i]} = \tilde{\boldsymbol{d}}_{n+1} = \boldsymbol{d}_n + \Delta t \boldsymbol{v}_n + \dfrac{\Delta t^2 (1-2\beta)\boldsymbol{a}_n}{2} \\ \boldsymbol{v}_{n+1}^{[i]} = \tilde{\boldsymbol{v}}_{n+1} = \boldsymbol{v}_n + \Delta t (1-\gamma)\boldsymbol{a}_n \\ \boldsymbol{a}_{n+1}^{[i]} = \dfrac{\boldsymbol{d}_{n+1}^{[i]} - \tilde{\boldsymbol{d}}_{n+1}}{\Delta t^2 \beta} \end{cases}$$ （2.107）

注意 $i=0$ 时，$\boldsymbol{a}_{n+1}^{[i]}=0$。根据第 i 步的预测值计算残差力：

$$\boldsymbol{\psi}^{[i]} = \boldsymbol{Q}^T + \boldsymbol{Q}^E + \boldsymbol{Q}^A + \boldsymbol{Q}^G$$ （2.108）

然后，计算有效刚度：

$$\boldsymbol{K}^* = \frac{\boldsymbol{M}}{\Delta t^2 \beta} + \frac{\gamma \boldsymbol{C}}{\Delta t \beta} + \boldsymbol{K}$$ （2.109）

注意，由于系统动力学方程为隐式形式，有效刚度为系统的切线刚度矩阵、切线阻尼矩阵和切线质量矩阵的组合。根据残差力和有效刚度矩阵计算残差位移 $\Delta \boldsymbol{d}^{[i]}$：

$$\boldsymbol{K}^* \Delta \boldsymbol{d}^{[i]} = \boldsymbol{\psi}^{[i]}$$ （2.110）

由残差位移计算第 $i+1$ 步的预测位移、速度和加速度值：

$$\begin{cases} \boldsymbol{d}_{n+1}^{[i+1]} = \boldsymbol{d}_{n+1}^{[i]} + \Delta \boldsymbol{d}^{[i]} \\[2mm] \boldsymbol{a}_{n+1}^{[i+1]} = \dfrac{\boldsymbol{d}_{n+1}^{[i+1]} - \boldsymbol{d}_{n+1}^{[i]}}{\Delta t^2 \beta} \\[2mm] \boldsymbol{v}_{n+1}^{[i+1]} = \boldsymbol{v}_{n+1} + \Delta t \gamma \boldsymbol{a}_{n+1}^{[i]} \end{cases} \tag{2.111}$$

假如 $\Delta \boldsymbol{d}^{[i]}$ 和/或 $\boldsymbol{\psi}^{[i]}$ 不满足收敛条件,设置 $i = i + 1$,进行下一步预测,即方程(2.111),如满足收敛条件, 则进行下一步迭代:

$$\begin{cases} \boldsymbol{d}_{n+1} = \boldsymbol{d}_{n+1}^{[i+1]} \\[2mm] \boldsymbol{v}_{n+1} = \boldsymbol{v}_{n+1}^{[i+1]} \\[2mm] \boldsymbol{a}_{n+1} = \boldsymbol{a}_{n+1}^{[i+1]} \end{cases} \tag{2.112}$$

上述计算步骤中的 β 和 γ 为 Newmark 数值积分常数,为保持数值稳定性,一般取 $\gamma \geqslant 0.5$ 和 $\beta = (\gamma + 0.5)^2/4$;所采用的位移、速度和加速度即广义位移、速度和加速度;响应计算初始位移、速度和加速度值根据初始条件和边界条件确定。

2.11　模　型　验　证

2.11.1　矩形剖面铝梁固有频率计算

图 2.9 所示为等截面直铝梁,铝梁长度 $l = 1\mathrm{m}$、宽度 $b = 0.1\mathrm{m}$、厚度 $t = 0.01\mathrm{m}$,金属铝的物理参数如表 2.1 所示。

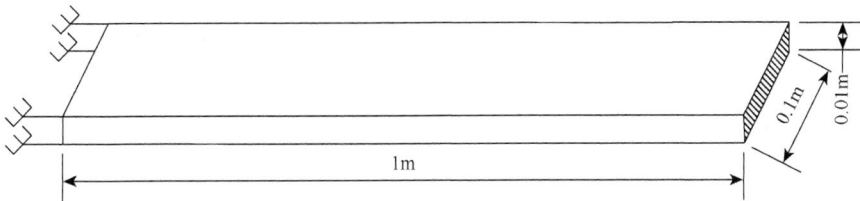

图 2.9　铝梁尺寸

表 2.1　铝物理参数

变量	参数
弹性模量	71GPa
剪切模量	26.7GPa
泊松比	0.3
密度	2770kg/m³

根部固支的等截面直梁的弯曲固有频率可按下面公式计算(Rao, 2018):

$$\begin{cases} \omega_1 = 3.50\sqrt{\dfrac{EI}{ml^4}} \\[3mm] \omega_2 = 21.90\sqrt{\dfrac{EI}{ml^4}} \\[3mm] \omega_3 = 61.78\sqrt{\dfrac{EI}{ml^4}} \\[3mm] \omega_4 = 120.78\sqrt{\dfrac{EI}{ml^4}} \end{cases} \tag{2.113}$$

式中，m 为线密度；I 为剖面惯矩。

根部固支的等截面直梁的扭转固有频率可按下面公式计算：

$$\omega_n = \frac{(2n+1)\pi c}{2l}, \quad n = 0,1,2,\cdots \tag{2.114}$$

$$c = \sqrt{\frac{GJ}{I_0}} \tag{2.115}$$

式中，I_0 为剖面转动惯量；J 为剖面极惯性矩。对于矩形剖面，剖面抗扭刚度为

$$GJ = G\beta bt^3 \tag{2.116}$$

式中，β 为矩形剖面扭转常数，根据剖面宽度和厚度之比查表 2.2 可得该参数。

表 2.2　宽度与厚度之比、参数 β

b/t	1.0	1.2	1.5	2.0	2.5	3.0	4.0	6.0	8.0	10.0	∞
β	0.141	0.166	0.196	0.2229	0.249	0.263	0.281	0.299	0.307	0.313	0.333

梁相关参数计算如下。

线密度：

$$m = \rho A = 2770 \times 0.01 \times 0.1 = 2.77\text{kg}/\text{m}$$

剖面质量惯矩：

$$\rho I_y = 2770 \times 0.1 \times \frac{0.01^3}{12} = 2.3083 \times 10^{-5}\text{kg} \cdot \text{m}$$

$$\rho I_z = 2770 \times 0.01 \times \frac{0.1^3}{12} = 2.3083 \times 10^{-3}\text{kg} \cdot \text{m}$$

拉伸刚度：

$$EA = 71 \times 10^9 \times 0.1 \times 0.01 = 7.1 \times 10^7\text{N}$$

挥舞刚度：

$$EI_y = \frac{Ebt^3}{12} = 71 \times 10^9 \times 0.1 \times \frac{0.01^3}{12} = 591.67\text{N} \cdot \text{m}^2$$

摆振刚度：

$$EI_z = \frac{Etb^3}{12} = 71 \times 10^9 \times 0.01 \times \frac{0.1^3}{12} = 59167\text{N} \cdot \text{m}^2$$

扭转刚度：

$$GJ = G\beta bt^3 = 26.7 \times 10^9 \times 0.313 \times 0.1 \times 0.01^3 = 835.71\text{N} \cdot \text{m}^2$$

该铝梁静止时的挥舞、摆振和扭转固有频率的理论解、ANSYS 三维有限元解、中等变形梁预测结果如表 2.3 所示，其中 ANSYS 计算采用 1mm 单元网格计算梁频率。从表 2.3 可以明显看出，本章计算结果与理论解和 ANSYS 三维有限元解吻合很好，挥舞和摆振固有频率误差基本在 1%以内，挥舞高阶频率误差稍微偏大，扭转固有频率误差值稍大，约在 3%。该铝梁在不同转速时的频率如图 2.10 所示。

表 2.3　铝梁固有频率计算值对比

模态	阶数	理论解频率/Hz	ANSYS 频率/Hz	计算频率/Hz	误差（与理论解）
挥舞	1	8.1412	8.2391	8.16266	0.26%
	2	50.941	51.596	50.5759	0.72%
	3	143.70	144.47	139.135	3.18%
	4	280.94	283.29	266.082	−5.29%
摆振	1	81.41	81.294	81.7829	0.27%
	2	509.41	487.24	512.487	0.46%
扭转	1	154.39	153.29	149.679	−3.05%
	2	463.16	462.36	449.052	−3.05%

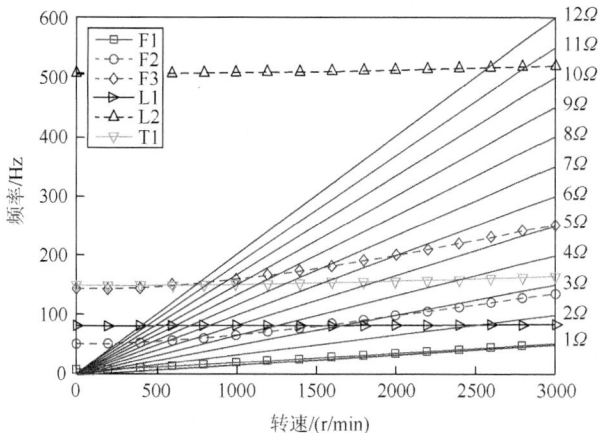

图 2.10　铝梁在不同转速时的频率

F 代表挥舞方向频率；L 代表摆振频率；T 代表扭转频率

2.11.2　桨叶扬起下坠碰撞响应计算

当挥舞角 β 小于等于挥舞限动角 β_{DS} 时，桨叶会与挥舞限动块发生碰撞。Fathi 和 Popplewell（1994）以及 Wang 和 Kim（1996）研究了悬臂梁与弹性体碰撞问题，Bottasso 和 Bauchau（2001）按一般的接触问题将接触力分为弹性力和耗散力，而耗散力计算涉及接触的材料特性等。在直升机旋翼瞬态气弹响应分析中，一般将挥舞限动块处理成具有较大刚度的角弹簧。Kang 等（2004）、Keller（2001）以及 Geyer 等（1998）采用刚度随角位移变化的角弹簧处理挥舞限动块，康浩和高正（2000）则直接采用较大常刚度角弹簧。本章采用常刚度角弹簧模拟挥舞限动块。桨叶与挥舞限动块碰撞后桨叶根部的约束由铰支式变为悬臂式，在挥舞角上附加约束刚度 k_β，具体如下：

$$\begin{cases} \beta(t) > \beta_{DS}, & k_\beta(t) = 0 \\ \beta(t) \leqslant \beta_{DS}, & k_\beta(t) = k_{DS} \end{cases} \tag{2.117}$$

式中，k_{DS} 一般取较大值，以确保碰撞后挥舞角变化较小。

如果碰撞前后均采用较大的步长，如 $\Delta t = 0.001\text{s}$，计算就会发散，而采用较小步长，如 $\Delta t = 0.00001\text{s}$，计算时间将相当长。需采用适当的时间步长以实现振幅和相位的一致性。为了提升一致性，采用了变时间积分步长的方法。设置 $|\beta-\beta_{DS}| \leqslant 0.001°$ 为碰撞缓冲区，$\Delta t = 0.001\text{s}$ 为基准步长，强制计算点必须经过碰撞缓冲区，挥舞角计算值如果跳过该缓冲区，则回到上一步计算值，然后步长减半进行计算，如果进入碰撞区则计算下一步，步长回到基准值，否则还是回到上一步，步长减半。如果没有进入缓冲区范围，继续减小时间积分步长直到 $|\beta-\beta_{DS}| \leqslant 0.001°$。桨叶扬起下坠动响应计算流程如图 2.11 所示。

Keller 采用与 CH-46 纵列式直升机桨叶 1/8 弗劳德数相似的模型桨叶进行了桨叶扬起下坠试验（Keller，1997），试验方法见图 2.12。桨叶长 1.006m，重 0.998kg，质量和刚度分布见文献（Keller et al.，1997）。初始状态时，桨叶根部固支，桨叶挥舞角为 9.7°，在自重作用下桨叶有初始位移。突然释放根部挥舞铰约束，桨叶下坠，在挥舞限动角为 0° 时，桨叶与挥舞限动块碰撞。试验测试了桨尖位移随时间变化曲线、挥舞角随时间变化曲线和与桨叶根部距离 20%、30% 和 40% 处桨叶上表面应变值。

表 2.4 给出桨叶挥舞铰被约束和释放时桨叶挥舞方向前 4 阶固有频率试验值（Keller and Smith，1999b）、本章及文献（Keller and Smith，1999b）计算值和相对误差。从表 2.4 可以明显看出，桨叶挥舞方向前 4 阶固有频率计算值与相关文献的计算值较为一致，均与试验值吻合较好，表明本章计算模型可用于桨叶动特性分析。

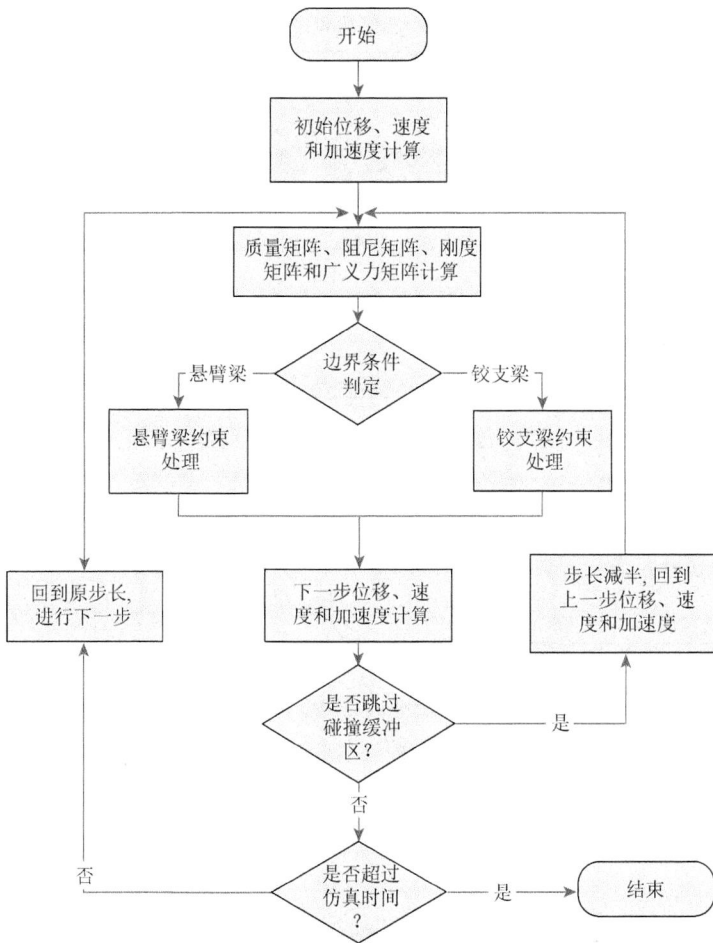

图 2.11　桨叶扬起下坠动响应计算流程图

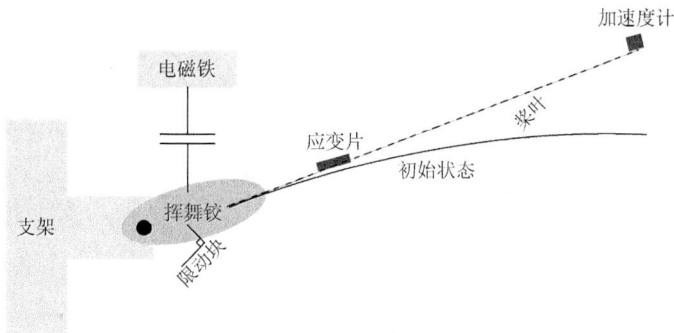

图 2.12　桨叶扬起下坠试验示意图

表 2.4　桨叶挥舞前 4 阶固有频率

阶次	试验值/Hz	本章		Keller 和 Smith（1999b）	
		计算值/Hz	相对误差/%	计算值/Hz	相对误差/%
悬臂梁					
一阶	3.1	3.06	1.2	3.0	3.2
二阶	19.2	19.92	3.8	19.9	3.6
三阶	55.1	54.12	1.8	57.3	4.0
四阶	107.9	104.71	3.0	111.9	3.7
铰支梁					
一阶	0.0	0.00	—	0.0	—
二阶	9.3	9.14	1.7	9.3	4.5
三阶	27.3	27.27	0.1	28.4	0.9
四阶	61.3	60.24	1.7	64.7	5.5

　　图 2.13 和图 2.14 分别给出了挥舞角、桨尖位移时间历程计算值与试验值对比，图 2.15 给出了 20%处应变 ε 时间历程计算值与试验值对比。由图 2.13～图 2.15 可以看出，桨叶挥舞角、桨尖最大位移、桨叶 20%处最大应变计算值与试验值吻合度较好，说明本章计算模型可用于桨叶扬起下坠碰撞动响应计算。

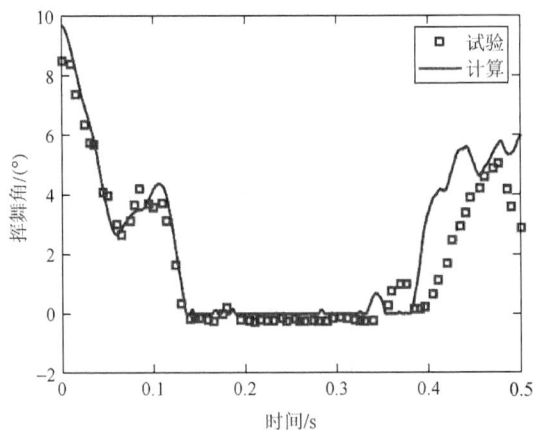

图 2.13　挥舞角计算值与试验值对比

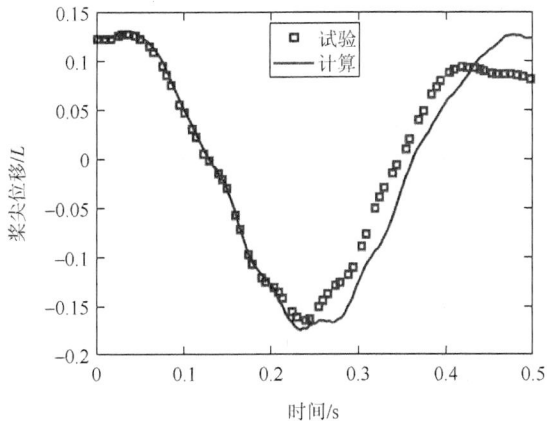

图 2.14　桨尖位移计算值与试验值对比

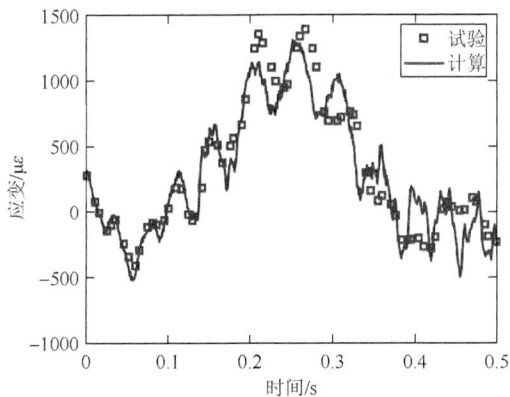

图 2.15　20%处应变计算值与试验值对比

2.12　本　章　小　结

　　本章构建了广义力形式的旋翼动力学综合分析模型，该模型主要包括旋翼桨叶结构模型、运动学模型、桨叶剖面气动力模型和旋翼诱导速度模型，采用 15自由度梁单元对系统模型进行离散，采用预测-修正 Newmark 数值积分方法对旋翼动响应进行求解。采用本章建立的方法对矩形剖面梁的固有频率进行分析，计算结果与理论值和 ANSYS 计算值吻合度较高；针对模型桨叶扬起下坠碰撞动响应问题，本章计算方法给出的桨叶挥舞角、桨尖位移和表面应变时间历程与试验值相吻合。由此可见，本章建立的旋翼动力学综合分析模型可应用于旋翼桨叶的动力学分析。

第3章　舰面旋翼瞬态气弹响应研究

根据问题产生的原因，一般将桨叶与机体相碰问题分为桨叶扬起下坠和舰面旋翼瞬态气弹响应两类问题。桨叶扬起下坠产生的原因是有较强突风，建立此类问题的计算模型一般不考虑旋翼的旋转和气动力的影响。相反，舰面旋翼瞬态气弹响应问题则需考虑旋翼的转动和气流的影响。因此，舰面旋翼瞬态气弹响应比桨叶扬起下坠问题复杂得多，桨叶扬起下坠问题的研究可作为舰面旋翼瞬态气弹响应问题研究的铺垫，用来验证桨叶动力学模型和桨叶与挥舞限动块碰撞模型的正确性，这些工作已在第2章完成。本章主要开展舰面旋翼瞬态气弹动力学研究。

3.1　舰面跷跷板旋翼瞬态气弹响应分析

舰载直升机旋翼与机体相碰较常发生于铰接式旋翼，国内外该方面的研究主要集中在铰接式旋翼上。近些年发展起来的中小型舰载无人直升机，不少采用了跷跷板形式旋翼。同时，Newman（1995）所做的舰面模型跷跷板旋翼瞬态气弹响应试验被多位学者用来验证分析模型的正确性。因此，本章先探讨舰面跷跷板旋翼瞬态气弹响应问题，一方面是因为工程应用方面的需要，另一方面则可用来验证所建立的旋翼动力学综合分析模型用于舰面瞬态气弹响应研究的有效性。

3.1.1　跷跷板旋翼动力学建模

跷跷板旋翼两片桨叶共用挥舞铰，方位角相差180°，假定两片桨叶挥舞角分别为β_1和β_2，根据运动学关系有

$$\beta_2 = -\beta_1 \tag{3.1}$$

两片桨叶除共用挥舞铰外，其他广义坐标均相互独立，因此两挥舞角广义坐标需进行协调。先分别计算两片桨叶各自广义力、切线质量矩阵、切线阻尼矩阵和切线刚度矩阵，然后进行组集。以动能项为例，根据式（3.1），第2片桨叶动能项变分中有关挥舞角广义坐标项为

$$Q_{\beta_1}^{\mathrm{T}(2)}\delta\beta_1 = Q_{\beta_2}^{\mathrm{T}(2)}\delta\beta_2 = -Q_{\beta_2}^{\mathrm{T}(2)}\delta\beta_1 \tag{3.2}$$

式中，上标中括号表示桨叶编号。由式（3.2）可得广义协调关系为

$$Q_{\beta_1}^{\mathrm{T}(2)} = -Q_{\beta_2}^{\mathrm{T}(2)} \tag{3.3}$$

根据切线质量矩阵、切线阻尼矩阵和切线刚度矩阵的定义，第 2 片桨叶中与挥舞角广义自由度有关的质量矩阵为

$$M_{i\beta_1}^{\mathrm{T}(2)} = \frac{\partial Q_i^{\mathrm{T}(2)}}{\partial \ddot{\beta}_1} = -\frac{\partial Q_i^{\mathrm{T}(2)}}{\partial \ddot{\beta}_2} \tag{3.4}$$

$$M_{\beta_i i}^{\mathrm{T}(2)} = \frac{\partial Q_{\beta_1}^{\mathrm{T}(2)}}{\partial \ddot{q}_i} = -\frac{\partial Q_{\beta_2}^{\mathrm{T}(2)}}{\partial \ddot{q}_i} \tag{3.5}$$

$$M_{\beta_1 \beta_1}^{\mathrm{T}(2)} = \frac{\partial Q_{\beta_1}^{\mathrm{T}(2)}}{\partial \ddot{\beta}_1} = \frac{\partial Q_{\beta_2}^{\mathrm{T}(2)}}{\partial \ddot{\beta}_2} \tag{3.6}$$

动能引起的切线刚度矩阵和切线阻尼矩阵的协调同上面三个公式，气动力、重力项的处理与动能项处理方法相同。桨叶弹性势能的计算与桨叶挥舞铰无关，无须协调弹性势能相关项。

3.1.2　跷跷板旋翼瞬态气弹响应计算模型验证

　　Newman（1995）为了研究舰面跷跷板旋翼瞬态气弹响应问题，将 2m 直径模型跷跷板旋翼放在模型舰面上，模拟舰面环境。桨叶上下挥舞限动角分别为 23° 和 −11°，横向来流速度为 5.0m/s。开展了舰面流场和旋翼气弹响应测试试验，如图 3.1 所示，模型旋翼参数见文献（Newman，1995）。模型旋翼刚性地放置在舰面，旋翼转速从 0r/min 开始，经过 42s，线性增加到 600r/min，模拟旋翼起动阶段；然后以600r/min 的转速保持 6s，模拟稳态阶段；最后在 10s 的时

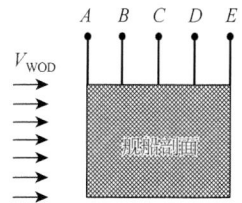

图 3.1　舰船面示意图

间内，线性减小为 0r/min，模拟停转阶段。分别测试了舰面甲板上 5 处（A、B、C、D、E）旋翼直径范围内的气流平均速度值、入流角及旋翼挥舞角随时间变化历程，气流平均速度值和入流角分别如图 3.2 和图 3.3 所示。由于舰面流场的不稳定性，流场速度 V_i 可表示为稳态部分 $\bar{V}_i$ 和非稳态部分 V_i' 之和，即

$$V_i = \bar{V}_i + V_i' \tag{3.7}$$

稳态部分为时段 T 内的平均速度，即

$$\bar{V}_i = \lim_{T \to \infty} \int_{t_0}^{t_0+T} V_i \mathrm{d}t \tag{3.8}$$

非稳态部分按湍流强度 σ_i 与高斯分布随机数 $R(t)$ 的乘积处理，即

$$V_i' = \sigma_i R(t) \tag{3.9}$$

式中

$$\sigma_i = \sqrt{\lim_{T \to \infty} \frac{1}{T} \int_{t_0}^{t_0+T} \overline{(V_i - \overline{V}_i)} \mathrm{d}t} \tag{3.10}$$

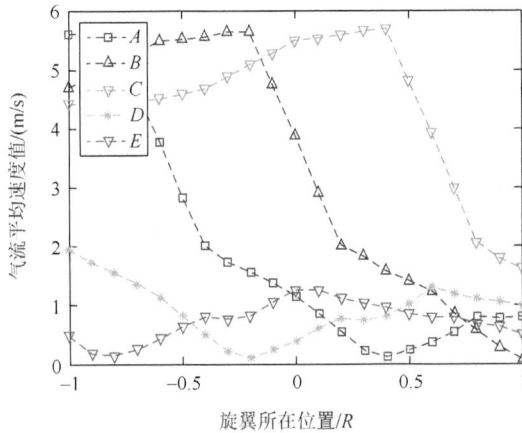

图 3.2　气流平均速度值

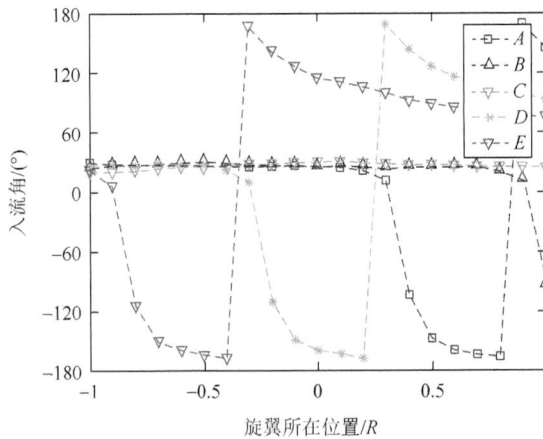

图 3.3　入流角

图 3.4 和图 3.5 分别给出模型旋翼位于 B 处和 C 处时旋翼瞬态气弹响应试验结果、Keller 计算结果以及本章的计算结果对比，湍流系数取为 0.2，本章的计算值与 Keller 的计算值和试验值表现出良好的吻合性，表明本章模型可用来分析舰面旋翼瞬态气弹响应。

(a) 测量值

(b) Newman 计算值

(c) Keller 0%湍流强度的模拟值

(d) Keller 20%湍流强度的模拟值

(e) 本章0%湍流强度的模拟值

(f) 本章20%湍流强度的模拟值

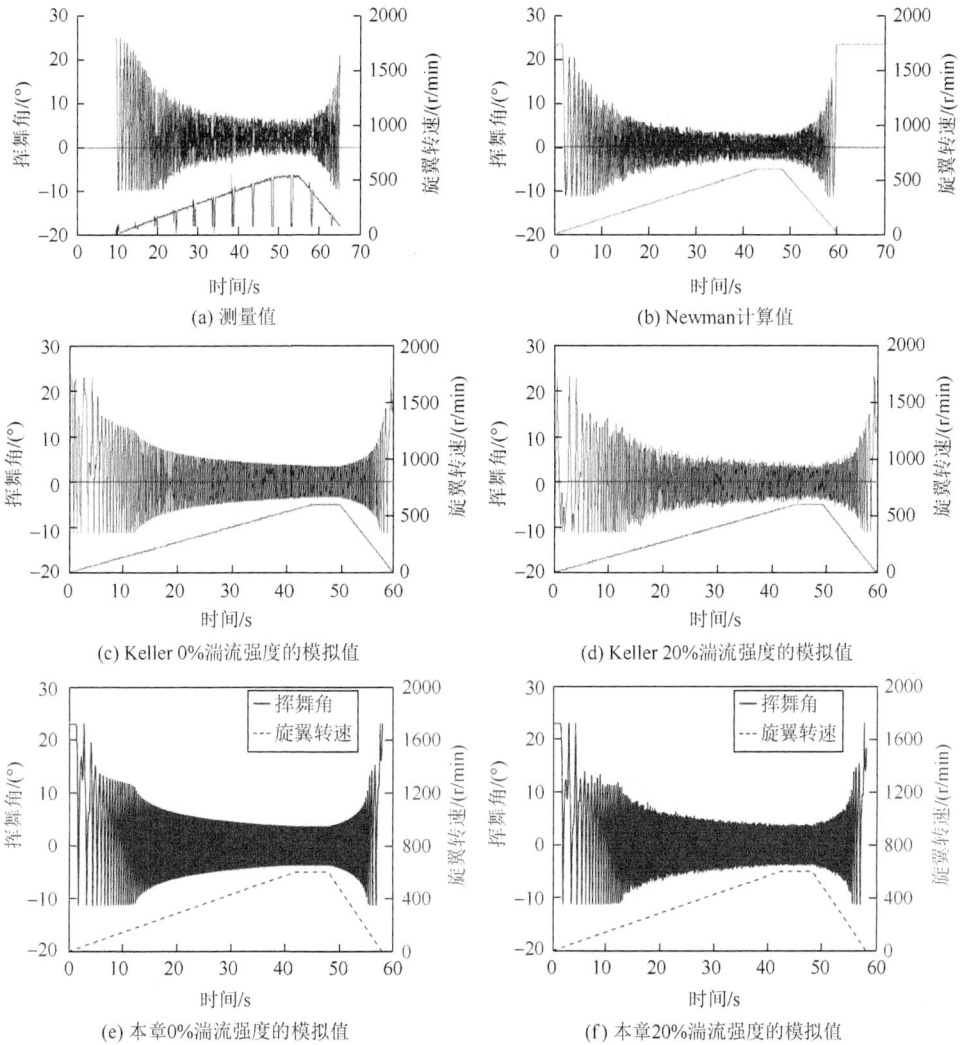

图 3.4　B 点试验与计算值对比

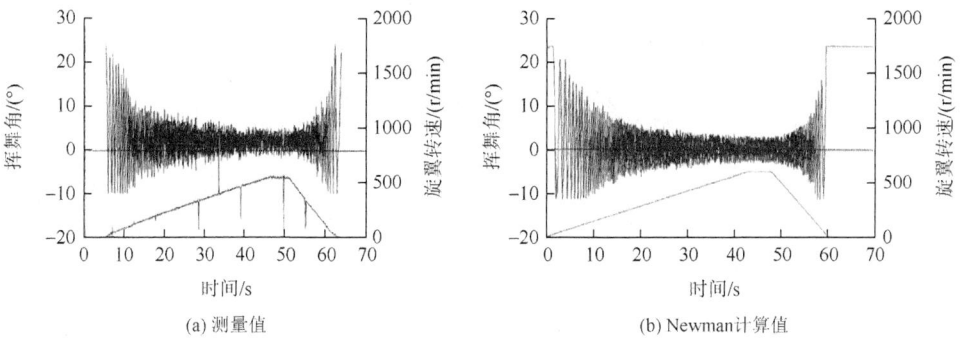

(a) 测量值

(b) Newman 计算值

(c) Keller 0%湍流强度的模拟值

(d) Keller 20%湍流强度的模拟值

(e) 本章0%湍流强度的模拟值

(f) 本章20%湍流强度的模拟值

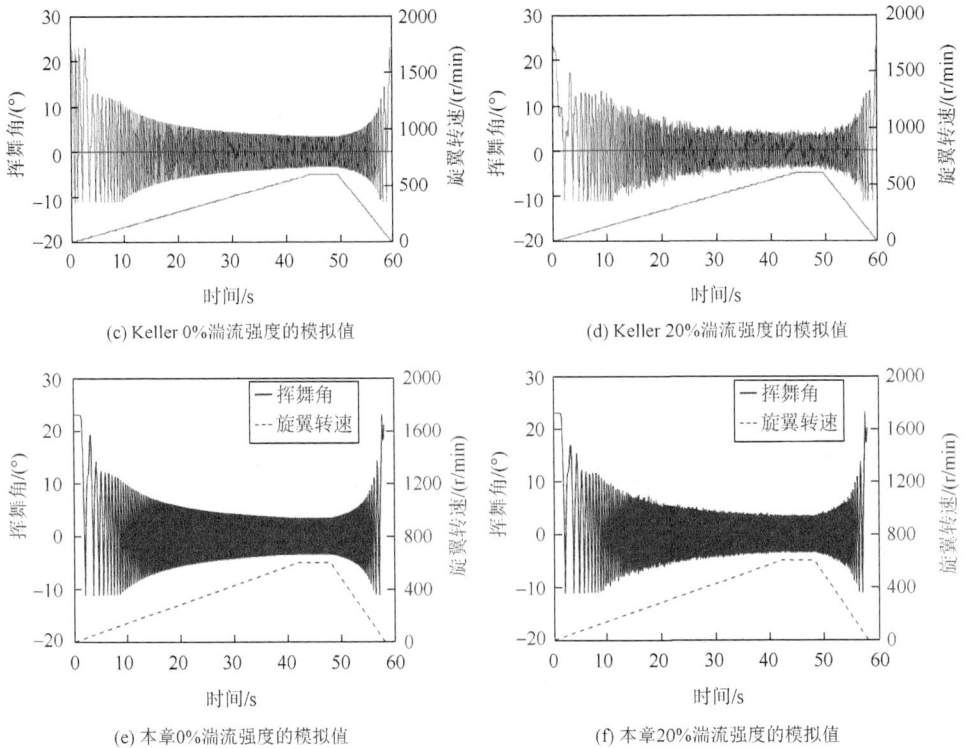

图 3.5　C 点试验与计算值对比

3.2　舰面铰接式旋翼瞬态气弹响应及参数研究

低转速时，因离心力提供的挥舞刚度小，铰接式旋翼较容易出现桨叶挥舞过大的现象，尤其是在起动和停转阶段。采用固有特性类似 Z-9 直升机桨叶的均质梁作为算例，具体参数见表 3.1。起动过程旋翼转速随时间变化由下面公式给出：

$$\varOmega = 5\pi\left(1.0 + \cos\left(\frac{\pi t}{20} + \pi\right)\right) \tag{3.11}$$

旋翼转速从 0r/min 开始，在 20s 时达到额定转速 300r/min，10s 时达到 50%额定转速，该时刻离心式限动块脱开，旋翼转速随时间变化历程如图 3.6 所示。

表 3.1　旋翼参数

参数	数值
旋翼半径	6.0m
旋翼额定转速	300r/min

续表

参数	数值
挥舞铰位置	5.0%R
桨叶弦长	0.4m
脱开前挥舞限动角	$\pm 2°$
脱开后挥舞限动角	$\pm 15°$
翼型	NACA0012
桨叶一阶挥舞频率	1.04rev^{-1}
桨叶一阶摆振频率	0.56rev^{-1}
桨叶一阶扭转频率	4.07rev^{-1}

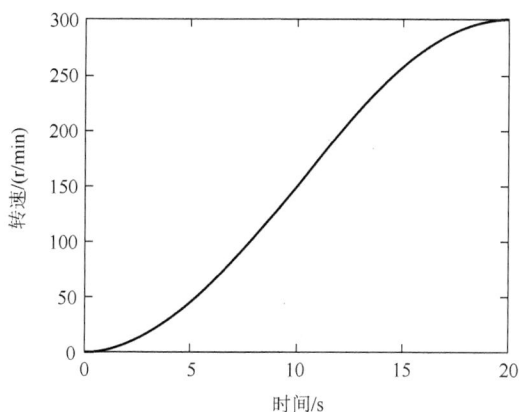

图 3.6　起动过程旋翼转速时间历程

　　一般要求舰载直升机在 5 级海况条件下能安全起降，此时舰面相对气流速度最大可达 110km/h。由于舰面气流受舰船上层建筑尾流、海上气象条件和紊流等因素的影响，目前计算精度较为有限，为此，工程上提出了几种实用的桨盘平面舰面来流数学模型进行等效处理，如图 3.7 所示。舰面来流形式一般分为均匀流、线性流和梯形流，其垂向速度的计算一般在来流速度 V_W 上附加一阵风因子（gust factor）κ，阵风因子根据试验或者经验取值，一般阵风因子取 0.25。

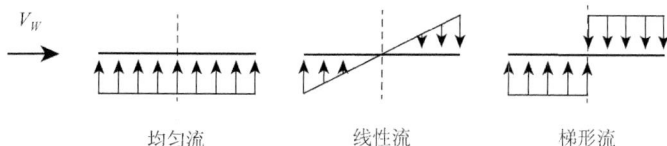

图 3.7　舰面来流数学模型

采用上述三种舰面来流模型，在极限气动环境下，桨叶挥舞角及桨尖位移计算值随时间变化曲线如图 3.8 和图 3.9（开始点桨叶位于 0°方位角处）所示。从图 3.8 和图 3.9 可以明显看出：

（1）旋翼桨尖最大位移发生在 10s 以内，均在离心式限动块脱开前；

（2）离心式限动块脱开前，挥舞角被限制在±2°以内，桨叶刚性运动提供的桨尖位移不足 0.2m，但在三种来流情况下，桨尖向下的位移均超过 0.9m，说明桨尖位移中弹性变形占主要部分；

（3）离心式限动块脱开后，桨叶未与挥舞限动块碰撞，桨尖位移较小，此时桨叶挥舞角较大，刚性运动提供的桨尖位移占优；

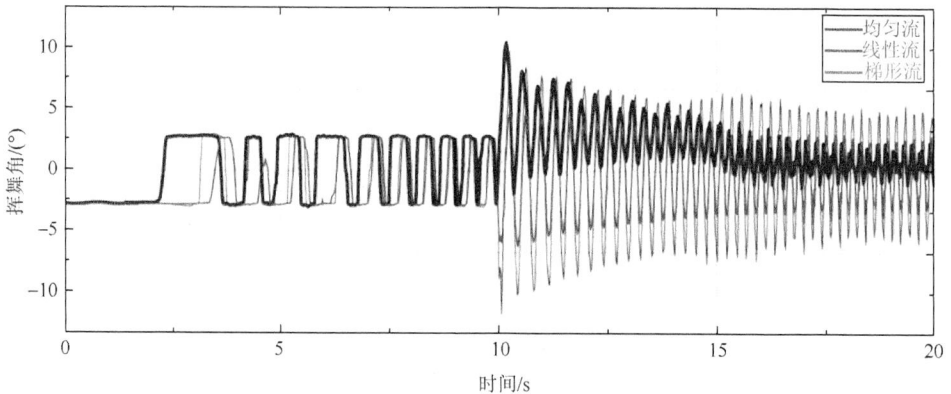

图 3.8　三种来流时挥舞角响应

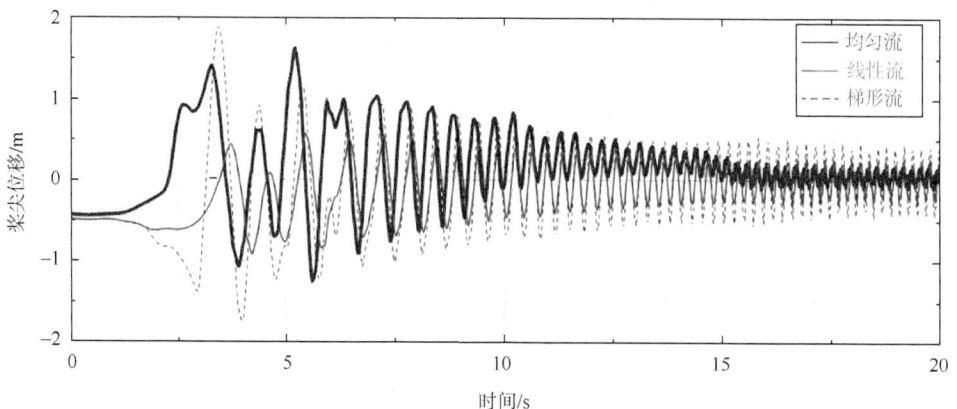

图 3.9　三种来流时桨尖位移响应

（4）对于三种来流，桨尖向下位移计算值采用梯形流时最大，超过旋翼半径的 30%，与机体碰撞的危险最大，其次是线性流，最小是均匀流。桨叶横向挥舞运动幅值取决于旋翼入流的不均匀性，均匀流对桨叶翼型剖面迎角增减的影响是相同的，而线性流和梯形流的影响则相反，而且同幅梯形流的影响较线性流更大，因而从计算中可以看出采用梯形流时计算值最大，线性流次之，均匀流最小。由于舰面旋翼气弹响应问题的复杂性，为保证安全，采用梯形流进行理论分析较为合适。

3.3　舰船运动对舰面旋翼瞬态气弹响应影响研究

如何描述舰船运动是开展舰船运动对旋翼瞬态气弹响应参数影响研究的关键。Keller（2001）通过在入流中加入正弦激励来考虑舰船横摇运动对流场的影响。Kang 等（2004）采用舰船 6 自由度运动模型对舰船进行了模拟，重点探讨了舰船横摇运动的影响。本节通过拓展 Keller 采用的方法来描述舰船的运动，重点分析舰船运动的幅值、周期和相位等参数对舰面旋翼瞬态气弹响应的影响，舰船运动主要包括舰船的纵摇、横摇和升沉运动。旋翼相关参数按 3.2 节给定，采用梯形流场分布，阵风因子取为 0.25，用来模拟最恶劣的海上气象条件。

3.3.1　舰船横摇运动的影响

舰载直升机按能在 5 级海况下安全起降，舰船横摇运动的幅值可达 8°。舰船横摇运动按周期运动描述：

$$\phi_r = A_r \sin\left(\frac{2\pi}{T_r}t + \psi_r\right) \tag{3.12}$$

式中，A_r 为横摇运动幅值；T_r 为横摇运动周期；ψ_r 为横摇运动相位。

舰船横摇运动的周期通常为 10～20s。过大的桨尖负向位移导致了桨尖与机身或尾梁的碰撞。设置 $x_{ship} = 50m$，$y_{ship} = 0m$ 和 $A_r = 8°$，不同参数时桨尖最大负向位移变化如表 3.2 所示。桨尖位移比率定义为 $(d_s-d_b)/d_b$，其中 d_s 是有舰船运动时桨尖最大负向位移，d_b 是不考虑舰船运动时的基准值。由表 3.2 可知：

（1）桨毂中心和舰船重心之间的垂直距离对瞬态气弹响应影响很小；
（2）横摇频率 T_y 对瞬态气弹响应的影响也较小；
（3）舰船横摇运动引起的挥舞位移最大值小于 7.5%。

舰船横摇运动引起的桨叶挥舞方向入流速度可以由 $\phi_r r$ 计算，如图 3.10 所示。横摇运动带来的桨尖处最大入流可达 0.53m/s，而流场引起的入流为 7.64m/s，比舰船横摇运动引起的入流大很多。两个速度的显著差异表明流场引起的较大入流是影响桨叶过大挥舞位移的主要因素。

表 3.2　不同横摇参数时桨尖最大负向位移变化

ψ_r	$z_{\mathrm{ship}} = 5\mathrm{m}$			$z_{\mathrm{ship}} = 10\mathrm{m}$			$z_{\mathrm{ship}} = 15\mathrm{m}$		
	10s	15s	20s	10s	15s	20s	10s	15s	20s
0°	+2.8	−2.3	−3.4	+2.8	−2.3	−3.4	+2.3	−2.3	−3.4
90°	+2.3	+2.3	+1.1	+2.3	+2.3	+1.1	+1.7	+2.3	+0.6
180°	−7.4	−2.8	−1.1	−6.8	−2.8	−1.1	−6.8	−2.8	−1.1
270°	−6.8	−6.3	−5.1	−6.3	−6.3	−5.1	−6.8	−6.8	−5.7

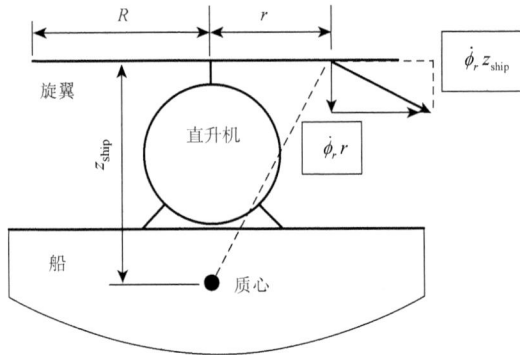

图 3.10　舰船横摇运动引起的桨叶挥舞方向速度

3.3.2　舰船纵摇运动的影响

舰载直升机按能在 5 级海况下安全起降，舰船纵摇运动的幅值可达到 5°。舰船纵摇运动按周期运动描述：

$$\phi_p = A_p \sin\left(\frac{2\pi}{T_p} + \psi_p\right) \tag{3.13}$$

式中，A_p 为纵摇运动幅值；T_p 为纵摇运动周期；ψ_p 为纵摇运动相位。

舰船纵摇运动的周期通常为 5～10s。设置 $z_{\mathrm{ship}} = 5\mathrm{m}$，$y_{\mathrm{ship}} = 0\mathrm{m}$，$A_p = 5°$，不同舰船纵摇运动状态参数时桨尖最大负向位移变化如表 3.3 所示。由表 3.3 可知：

（1）旋翼桨毂中心到舰船重心的纵向距离对瞬态气弹响应有显著影响，位移峰值随着距离的增大而增大，最多增大超过 25%；

（2）纵摇运动周期对瞬态气弹响应影响显著，位移峰值随周期的增大而减小；

（3）纵摇运动相位对瞬态气弹响应影响显著，说明舰船运动的初始条件会显著影响桨叶位移，该运动相位随机且不可控。

表 3.3　不同纵摇参数时桨尖最大负向位移变化

ψ_p	$x_{ship} = 50m$			$x_{ship} = 75m$			$x_{ship} = 100m$		
	5s	7.5s	10s	5s	7.5s	10s	5s	7.5s	10s
0°	+18.2	−5.7	−6.3	+20.5	−13.6	−9.7	+11.4	−9.7	−14.8
90°	+1.7	+8.5	+1.7	+13.6	+14.2	+1.1	+25.6	+15.3	−1.1
180°	+1.1	−1.7	0.0	+17.0	+8.0	−1.1	−17.6	+16.5	−4.8
270°	−10.8	−10.2	−5.7	−16.5	−2.8	+1.1	−13.1	+9.7	+7.4

舰船纵摇运动引起的桨叶挥舞方向入流可按 $\phi_p x_{ship}$ 计算。当 x_{ship} 为 50m 时，舰船横摇运动引起的入流最大速度可达 5.48m/s，由于舰船纵向尺寸比横向尺寸明显大，舰船纵摇运动对旋翼瞬态气弹响应的影响比横摇运动显著得多。纵摇周期 5s、相位 90°、桨毂中心到舰船重心的纵向距离 100m 时，不同条件下桨叶挥舞方向桨尖位移随时间变化历程如图 3.11 所示，图中考虑了四种情况：舰船纵摇运动与旋翼间的气动耦合，舰船纵摇运动与旋翼间的惯性耦合，舰船运动与旋翼间的气动和惯性同时耦合，舰船与旋翼间无耦合。气动或者惯性单个耦合对桨叶最大桨尖位移的影响较小，桨尖最大负向位移分别增大 6.8%或减小 1.7%，如考虑两个因素时，桨尖最大负向位移可增大 25.6%。桨尖最大负向位移达到旋翼半径的 36.8%，应该关注该严峻条件。由此可知，舰船纵摇运动和旋翼间的耦合非常明显，舰面旋翼动力学模型中需同时考虑气动耦合和惯性耦合。

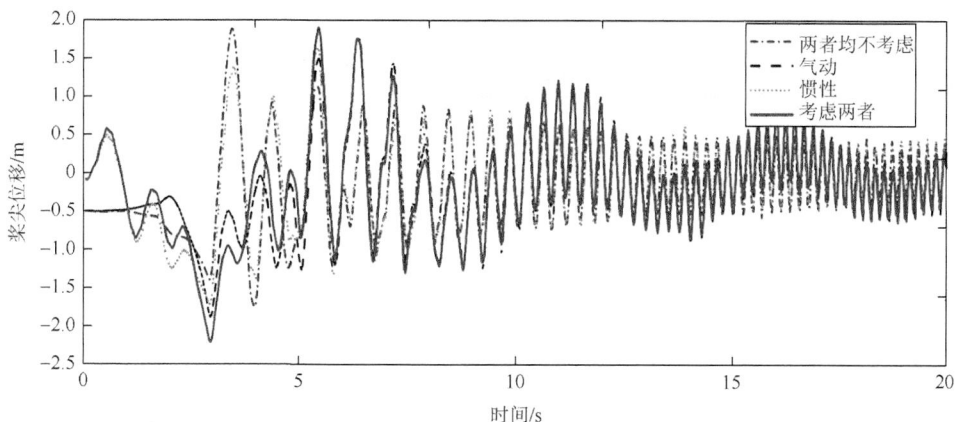

图 3.11　不同模拟条件下桨叶挥舞方向桨尖位移随时间变化

3.3.3　舰船升沉运动的影响

舰船升沉运动按周期运动描述：

$$z_h = A_h \sin\left(\frac{2\pi}{T_h} + \psi_h\right) \tag{3.14}$$

式中，A_h 为升沉运动幅值；T_h 为升沉运动周期；ψ_h 为升沉运动相位。

舰船升沉运动的周期与舰船纵摇运动的周期接近，通常为 5～10s。舰船升沉运动的幅值由波浪的频率、波浪的阻力和舰船的固有频率等一系列因素决定。为了参数化分析影响，取 5 级海况下的平均波浪高度 6m。不同舰船升沉运动时的桨尖最大负向位移的变化如表 3.4 所示，由此可知：

（1）随着舰船升沉运动幅值的增大，最大负向位移显著增大，最大值超过 15%；

（2）桨尖最大负向位移随着舰船升沉运动周期的增大而减小；

（3）舰船升沉运动的相位对瞬态气弹响应的影响显著。

表 3.4　不同升沉参数时桨尖最大负向位移变化

ψ_h	$A_h = 2\text{m}$			$A_h = 4\text{m}$			$A_h = 6\text{m}$		
	5s	7.5s	10s	5s	7.5s	10s	5s	7.5s	10s
0°	−5.7	−2.3	+ 1.7	+ 6.3	−1.1	+ 1.1	+ 11.4	+ 8.0	−0.6
90°	−2.8	−5.7	−4.0	−13.6	−8.0	−3.4	−16.5	−3.4	+ 3.4
180°	+ 8.0	−2.3	−2.3	+ 10.2	−8.5	−5.7	+ 15.3	−18.2	−9.7
270°	−7.4	+ 4.5	+ 1.1	+ 1.1	+ 7.4	0.0	+ 9.6	+ 5.7	−2.3

3.4　模拟流场对舰面旋翼瞬态气弹响应影响研究

3.4.1　计算流体力学方法建模

舰面流场分析方面已有大量的研究，文献（Cheney and Zan，1999；Roper et al.，2006）的试验值和模拟值具有很高的参考价值，对比了不同湍流的影响，并选择了其中最为精确且经济的方法。参照相关文献的湍流模型，结合本章的研究，没有选取文献中提及的 $k\text{-}\omega$ 湍流模型，而是选取了计算代价略高的 $k\text{-}\varepsilon$ 模型，两者在模拟舰面流场流动时都有较好的精确性，选择计算代价更高的 $k\text{-}\varepsilon$ 模型源于后续瞬态气弹响应控制时选用了基于射流的流动控制方法，$k\text{-}\varepsilon$ 模型在计算有射流的流场时比 $k\text{-}\omega$ 湍流模型更具优势。

舰面流场的空气流动具有有黏且无能量交换的特点（张冉等，2022），因此控制方程选用雷诺平均 N-S 方程。连续方程为

$$\frac{\partial \rho}{\partial t} + \frac{\partial(\rho u)}{\partial x} + \frac{\partial(\rho v)}{\partial y} + \frac{\partial(\rho w)}{\partial z} = 0 \qquad (3.15)$$

式中，t 是时间；ρ 是密度；u、v、w 是气流速度在 x、y、z 方向的三个分量。x 方向的动量方程为

$$\rho\left(u\frac{\partial u}{\partial x} + v\frac{\partial u}{\partial y} + w\frac{\partial u}{\partial z}\right) = \mu\left(\frac{\partial^2 u}{\partial x^2} + \frac{\partial^2 u}{\partial y^2} + \frac{\partial^2 u}{\partial z^2}\right) - \frac{\partial P}{\partial x} \qquad (3.16)$$

y 方向的动量方程为

$$\rho\left(u\frac{\partial v}{\partial x} + v\frac{\partial v}{\partial y} + w\frac{\partial v}{\partial z}\right) = \mu\left(\frac{\partial^2 v}{\partial x^2} + \frac{\partial^2 v}{\partial y^2} + \frac{\partial^2 v}{\partial z^2}\right) - \frac{\partial P}{\partial y} \qquad (3.17)$$

z 方向的动量方程为

$$\rho\left(u\frac{\partial w}{\partial x} + v\frac{\partial w}{\partial y} + w\frac{\partial w}{\partial z}\right) = \mu\left(\frac{\partial^2 w}{\partial x^2} + \frac{\partial^2 w}{\partial y^2} + \frac{\partial^2 w}{\partial z^2}\right) - \frac{\partial P}{\partial z} \qquad (3.18)$$

式中，P 为流体微元体上的压力；μ 为动力黏度。

$k\text{-}\varepsilon$ 湍流模型是一种双方程湍流模型，通过湍动能方程和湍流耗散率方程对湍流过程进行模拟。湍动能运输方程（k 方程）是通过精确推导得出的精确方程，表示为

$$\frac{\partial(\rho k)}{\partial t} + \frac{\partial(\rho k u_i)}{\partial x_i} = \frac{\partial}{\partial x_j}\left(\left(\mu + \frac{\mu_t}{\sigma_k}\right)\frac{\partial k}{\partial x_j}\right) + G_k + G_b - \rho\varepsilon - Y_M + S_k \qquad (3.19)$$

式中，u_i 表示各方向上的速度分量；G_k 表示由层流速度梯度产生的湍动能；G_b 表示由浮力引起的湍动能；Y_M 表示在可压缩湍流中过度的扩散产生的波动；S_k 为自定义参数；σ_k 为湍动能运输方程的湍流普朗特数，$\sigma_k = 1.0$。

湍流动能耗散率 ε 的方程是一个经验公式，即

$$\frac{\partial(\rho\varepsilon)}{\partial t} + \frac{\partial(\rho\varepsilon u_i)}{\partial x_i} = \frac{\partial}{\partial x_j}\left(\left(\mu + \frac{\mu_t}{\sigma_\varepsilon}\right)\frac{\partial\varepsilon}{\partial x_j}\right) + C_{1\varepsilon}\frac{\varepsilon}{k}(G_k + C_{3\varepsilon}G_b) - C_{2\varepsilon}\rho\frac{\varepsilon^2}{k} + S_\varepsilon \qquad (3.20)$$

式中，S_ε 为自定义参数；$C_{1\varepsilon}$、$C_{2\varepsilon}$ 和 $C_{3\varepsilon}$ 为可调的经验参数，可以使计算更加趋于合理，取值 $C_{1\varepsilon} = 1.44$ 和 $C_{2\varepsilon} = 1.92$；σ_ε 为湍动能耗散率方程的湍流普朗特数，取为 $\sigma_\varepsilon = 1.3$。

由层流速度梯度产生的湍动能 k 的产生项 G_k 表达式为

$$G_k = \left(\frac{\partial u_i}{\partial x_j} + \frac{\partial u_j}{\partial x_i}\right)\frac{\partial u_i}{\partial x_j} \qquad (3.21)$$

对于不可压缩流体，由浮力引起的湍动能 k 的产生项 $G_b = 0$，脉动扩张 $Y_M = 0$。

湍流黏度 μ_t 可以表示成湍动能 k 和湍流耗散率 ε 的函数，即

$$\mu_t = \rho C_\mu \frac{k^2}{\varepsilon} \tag{3.22}$$

式中，C_μ 取为 0.09。

3.4.2　舰船模型

流场计算采用文献（Czerwiec and Polsky，2004）的方法，舰船模型选用较简单的特征模型——SFS2 舰船模型，该模型结构简单，产生的舰面流场符合典型护卫舰的各项参数，且国内外对该模型的风洞试验已经相当成熟，验证结果有较高可信度。SFS2 舰船简化模型如图 3.12 所示，SFS2 模型相比 SFS 模型添加了舰船前段的舰艏，上层建筑简化为在长方体的基础上添加一个小的操作室，上层建筑长方体的高度与机库相同，宽度与舰船宽度相同。甲板的长宽分别为 22m 和 16m，舰船模型尺寸示意图如图 3.13 所示。网格划分采用非结构化网格，如图 3.14 所示。假设海面为刚性平面，壁面条件设定为无滑移壁面，入口设定为速度入口条件，出口设定为压力出口条件。

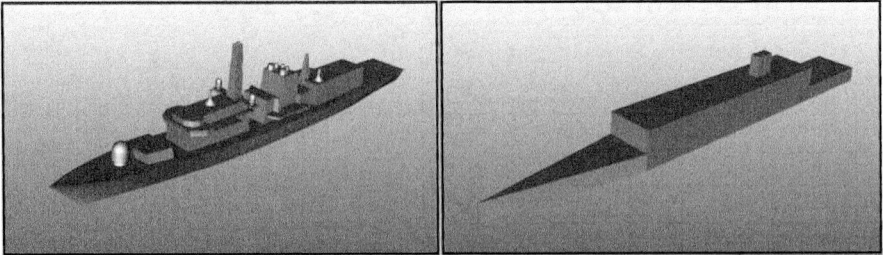

图 3.12　SFS2 舰船简化模型

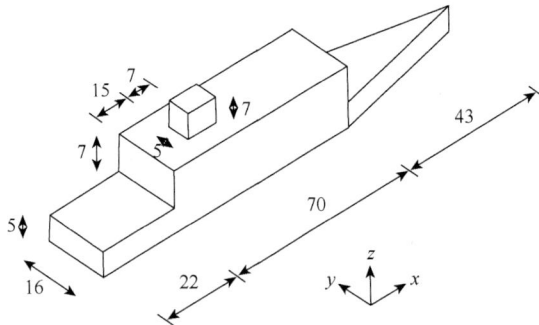

图 3.13　舰船模型尺寸示意图（单位：m）

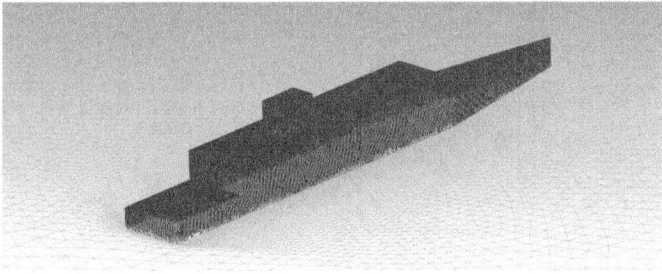

图 3.14　舰船模型网格划分图

3.4.3　舰面流场模型验证

为验证模型网格的无关性，采用了 150 万节点（网格 1）、260 万节点（网格 2）、410 万节点（网格 3）和 1089 万节点（网格 4）的结果进行对比。舰船模型在网格划分时由于目标位置为甲板上方流场，因此对甲板和机库门位置网格进行加密，并在甲板上方桨盘位置高度构建加密区域对网格进行加密。不同节点数的网格通过整体加密得到。四种不同数量的网格的 CFD 求解的平均速度分量与文献（Snyder and Kang，2012）的风洞试验数据和 CFD 计算数据对比如图 3.15 所示。

监测的直线位于与机库等高的飞行甲板长度的 1/2 处，宽度与甲板相同。横轴表示坐标除以甲板宽度 b 后的无量纲化位置，纵轴表示各方向速度分量除以自由来流速度 V_∞ 的无量纲化速度。当网格加密至网格 4 的 1089 万节点时，计算结果与网格 3 的 410 万节点得到的结果误差在 5%以内,加密网格对于计算结果的影

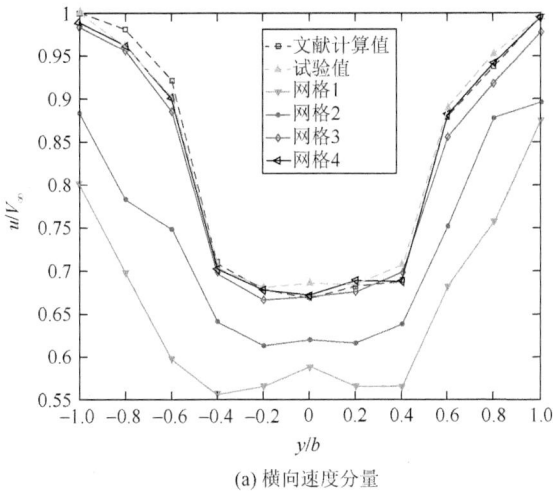

(a) 横向速度分量

(b) 纵向速度分量

(c) 垂向速度分量

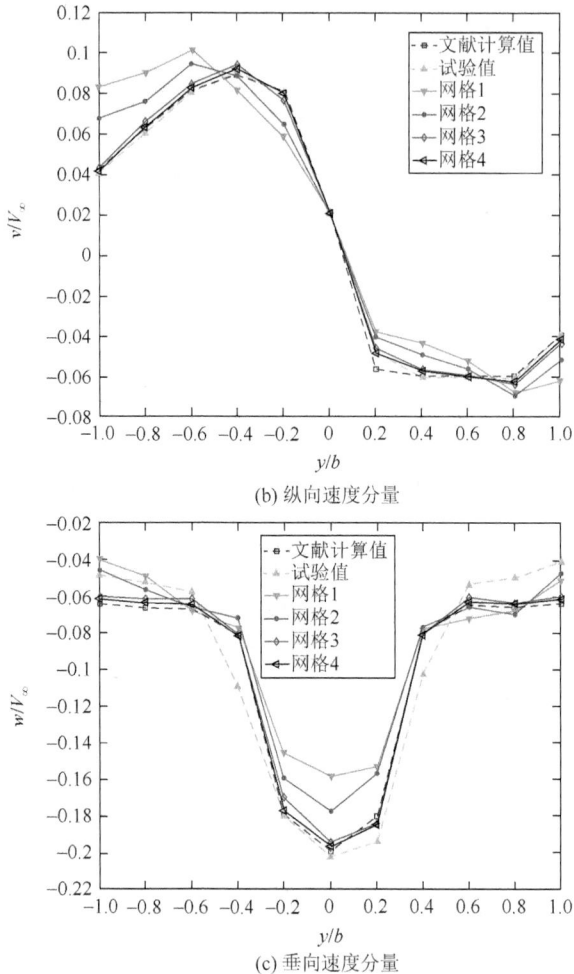

图 3.15　各方向速度分量与文献数据对比

响较小，符合网格无关性要求，因此网格 3 满足网格无关性要求。410 万节点网格所得到的 CFD 计算结果与文献中的风洞试验数据和 CFD 计算数据均表现出良好的吻合性，为了满足计算精度的同时提升计算效率，采用 410 万节点网格模型对流场进行分析。

　　SFS2 模型作为被广泛使用的舰船简化模型，国内外进行了大量的试验和模拟，已有的研究表明 SFS2 模型产生的甲板流场可以用来模拟真实甲板流场的各向流动特征。成熟的风洞试验使得该模型的试验数据具有较高的可信度。0°来流时，CFD 求解的平均速度垂向分量与文献（Czerwiec and Polsky，2004）的数据对比如图 3.16 所示。所测量直线位于与机库等高的飞行甲板长度 1/2 处，宽度为甲板宽度的 2 倍。图中 x 轴表示坐标与甲板宽度的比值，y 轴表示垂向的无量纲化速度。从图 3.16 可以看出，本章计算结果与文献的 CFD 计算结果精度相当，CFD 计算结果与风洞试验数据表现出良好的一致性。

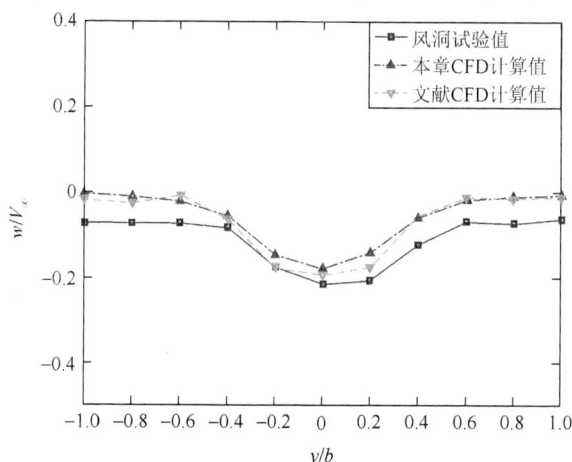

图 3.16　垂向速度分量计算结果与文献数据对比

当来流方向改变时，甲板流场会产生显著变化，为验证模型在不同来流方向时的有效性，以右侧 45°来流为例，CFD 计算结果与风洞试验数据（Forrest et al.，2008）对比如图 3.17 所示。很明显，本章模型计算结果与文献的 CFD 计算结果精度相当，与风洞试验数据表现出良好的一致性，因此该方法可以用来模拟舰船甲板流场。

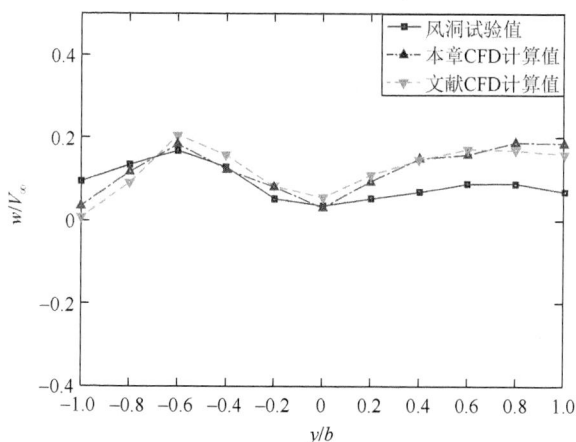

图 3.17　垂向速度分量计算结果与文献数据对比（改变来流方向）

3.4.4　流场模拟的必要性

相关文献中常用的均匀流、线性流或梯形流是将舰面流场简化为桨盘平面的规则流场。均匀流是方向向上、速度不变的流场，线性流和梯形流与真实流场对比如图 3.18 所示。

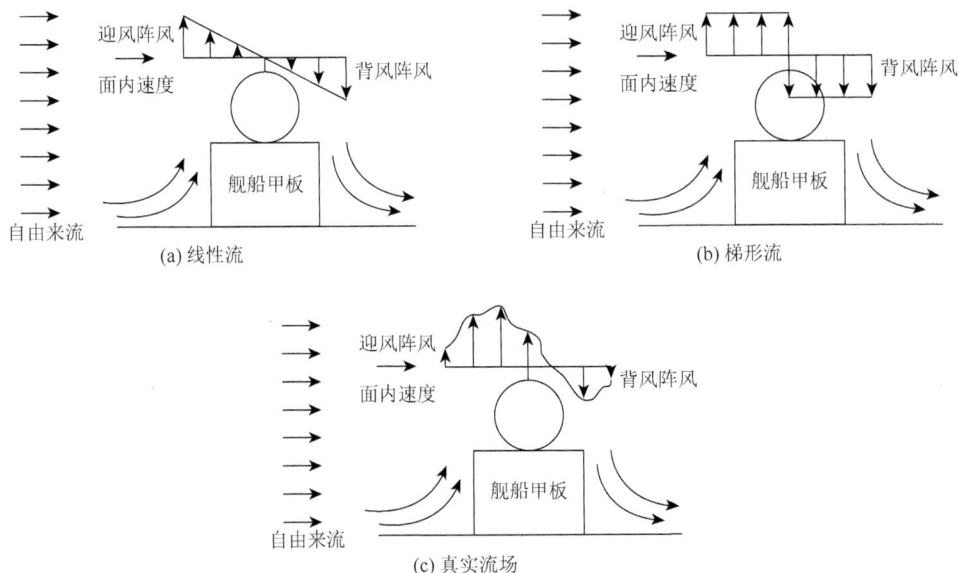

图 3.18　线性流、梯形流与真实流场对比

舰面流场分布不均匀，均匀流、线性流和梯形流忽略了不同位置舰面流场的差别。为更贴近实际状况，分析舰面流场中起动位置对旋翼瞬态气弹响应影响，建议需采用 CFD 方法得到的流场信息。

3.5　起动位置对舰面旋翼瞬态气弹响应影响研究

3.5.1　考虑舰面流场旋翼瞬态气弹响应

前面相关文献中的舰面旋翼瞬态气弹响应分析采用的是简化流场，甲板上不同起动位置处桨盘流场相同，不会影响旋翼瞬态气弹响应结果。采用 CFD 方法模拟舰面流场时，旋翼起动位置不同，桨盘位置流场不尽相同，旋翼瞬态气弹响应的计算结果也将不同。

针对这一问题，先分析同一流场不同起动位置处旋翼瞬态气弹响应，从而探讨起动位置的影响。采用与舰船纵向中心线成 90°的左舷自由来流，来流速度为20m/s。建立旋翼起动位置的坐标系，坐标原点位于舰船甲板的中心点，指向舰艏方向为 x 轴正方向，指向右舷方向为 y 轴正方向，旋翼起动位置坐标系定义如图 3.19 所示。

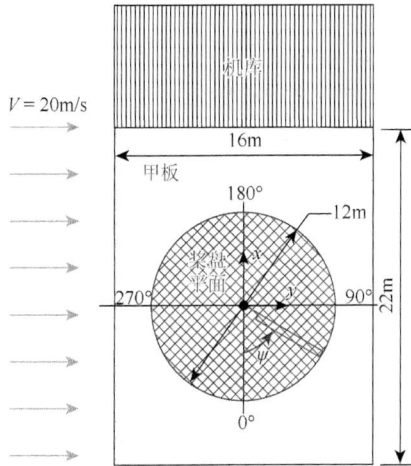

图 3.19　旋翼起动位置坐标系

对比原点位置和（1,−1）位置旋翼起动过程瞬态气弹响应，两个起动位置处桨盘位置流场和旋翼瞬态气弹响应计算结果如图 3.20 所示。从图 3.20（a）和（b）中的桨盘位置流场对比可以看出，旋翼起动位置不同，CFD 计算得出的流场不同，

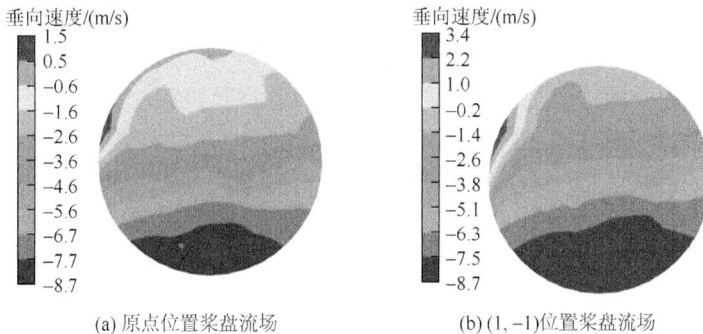

(a) 原点位置桨盘流场　　　　　　　　(b) (1,−1)位置桨盘流场

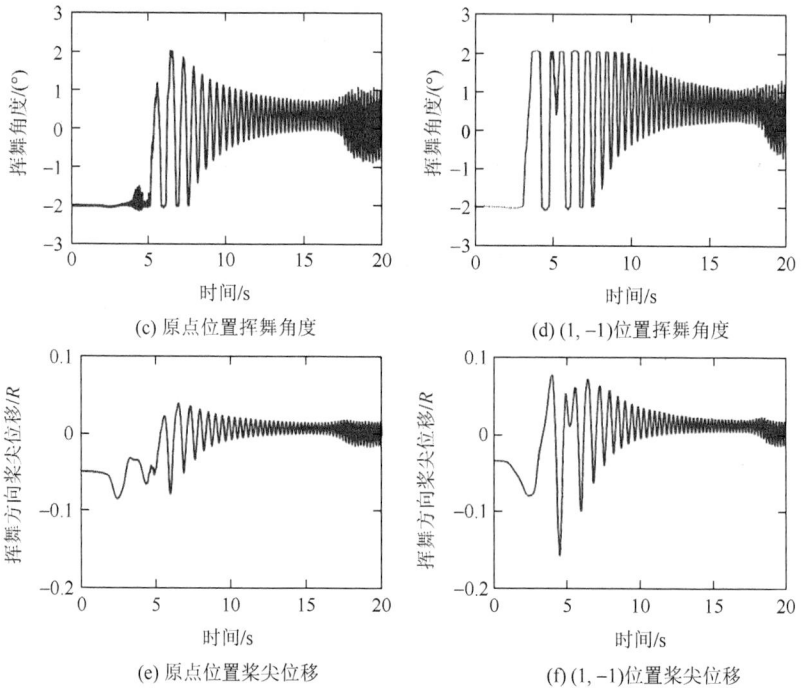

(c) 原点位置挥舞角度

(d) (1, −1)位置挥舞角度

(e) 原点位置桨尖位移

(f) (1, −1)位置桨尖位移

图 3.20 起动位置对旋翼瞬态气弹响应影响

结合图 3.20（c）和（d）的桨叶挥舞角度变化以及图 3.20（e）和（f）的桨尖位移变化可以看出，旋翼桨尖位移在较小的流场变化下会出现较大的区别，不同起动位置处旋翼瞬态气弹响应变化明显。

起动位置不同，桨盘所处的流场分布也不同，会导致不同的旋翼瞬态气弹响应，因此，起动位置可以作为舰面旋翼起动过程瞬态气弹响应的一个重要影响参数进行分析。

3.5.2 旋翼起动位置影响

直升机在舰面甲板工作时，各种因素会导致直升机起动位置不一定处于停机坪中心点。所选的舰船模型甲板尺寸为 16m×22m，而旋翼半径为 6m，变化范围应在甲板中心点 2m 范围内，选用 1m 为变化范围进行分析。在分析起动位置对旋翼瞬态气弹响应影响时，同样采用与舰船纵向中心线成 90°的左舷自由来流，来流速度为 20m/s，将 CFD 计算的流场信息作为旋翼桨盘面来流，耦合进旋翼瞬态气弹响应计算。

起动位置取距离原点 x、y 方向正负 1m 范围内的点进行计算，为了更好地得到起动位置对舰面旋翼瞬态气弹响应的影响，起动位置变化的取值为 0.1m，整个变化范围内进行了 441 次瞬态气弹响应的计算。由于气弹响应曲线图过多，直接取每个位置在起动过程中的最大负向位移作为研究对象进行分析。

对各点计算结果进行处理后，桨尖负向最大位移随起降位置的变化如图 3.21 所示。从图中可以看出，在距离原点 x、y 方向正负 1m 的范围内，各位置处旋翼起动过程桨尖最大负向位移相差较大。在原点附近和靠近右舷的范围内旋翼起动过程桨尖最大负向位移都处于较低的水平，在靠近左舷、接近舰艏的位置桨尖最大负向位移显著增大。桨尖最大负向位移的增大会严重影响舰面旋翼起动过程的安全性，需对桨尖最大负向位移增大的原因进行分析。

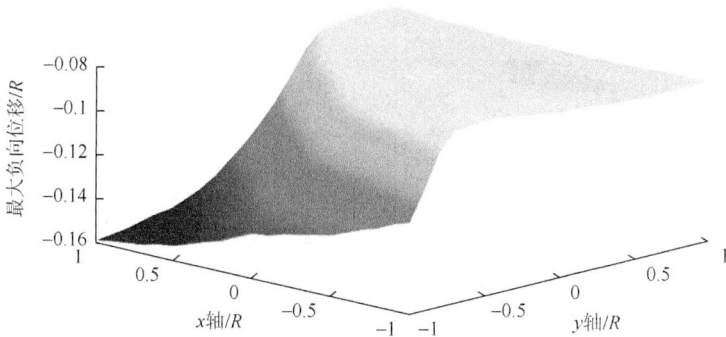

图 3.21　各起动位置最大负向位移（彩图扫二维码）

数据分析得到，起动范围内桨尖负向位移最大值和最小值分别为起动位置（1，−1）和（−1，−0.5）。最大值和最小值与原点处旋翼瞬态气弹响应和对应桨盘流场如图 3.22 所示。270° 来流时，桨尖负向最大位移最大值为 15.9%R 出现在（1，−1）位置，原点位置负向最大位移为 8.5%R，在（−1，−0.5）处最小值为 8.1%R。数据对比可以看出，起动位置的小范围变化，会显著影响舰面旋翼起动过程桨尖负向最大位移，最多可相差 96.0%。

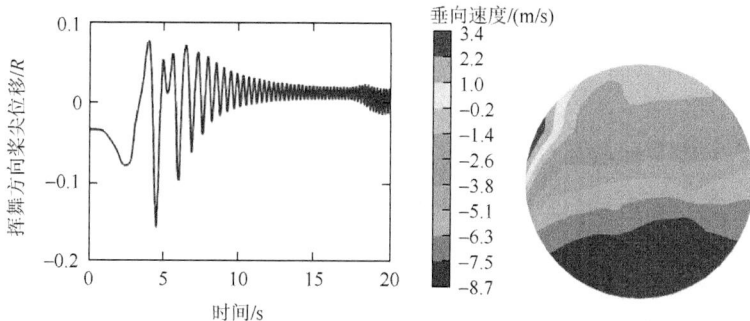

(a) 起动位置(1, −1)

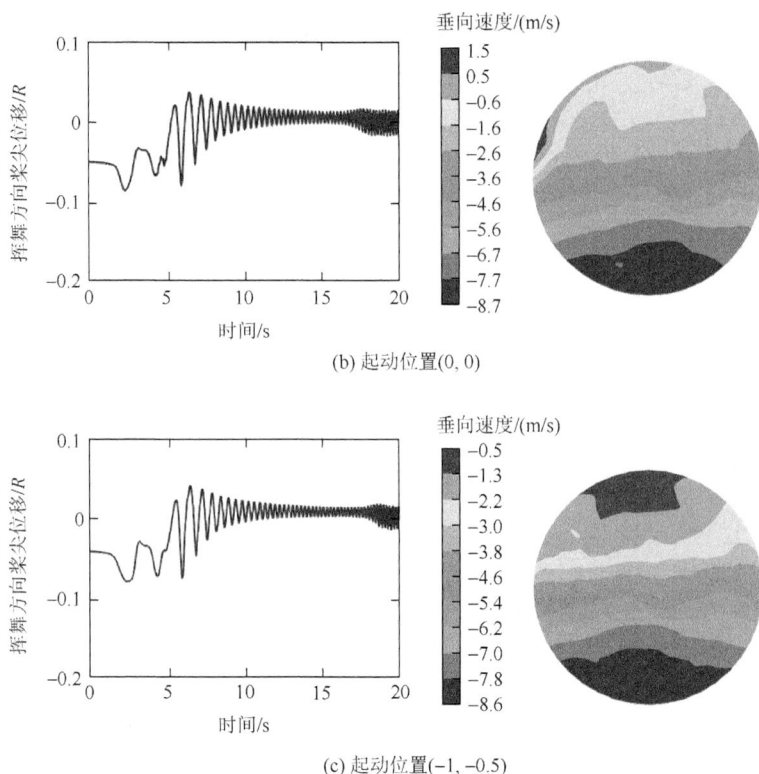

(b) 起动位置(0, 0)

(c) 起动位置(−1, −0.5)

图 3.22　旋翼瞬态气弹响应和桨盘位置流场（彩图扫二维码）

　　已有研究表明，旋翼起动过程瞬态气弹响应对垂向速度变化较为敏感，桨盘流场数据选取垂向速度分布对影响原理进行分析。在起动位置（1，−1）处，桨盘流场垂向速度变化从−8.52m/s 到 2.96m/s，桨盘范围内有最大的垂向速度变化梯度，原点处垂向速度变化从−8.37m/s 到 1.19m/s，相比于起动位置（1，−1）有了明显的减小，在起动位置（−1，−0.5）处，垂向速度变化从−8.39m/s 到−0.86m/s，具有最小的垂向速度变化梯度。由此可得出，旋翼瞬态气弹响应对垂向速度变化较为敏感，垂向速度变化梯度是决定瞬态气弹响应的重要影响因素之一。垂向速度会影响桨叶气动力，当垂向速度变化梯度较大时，桨叶受到的气动力变化较大。因此，较大桨盘位置垂向速度梯度会导致旋翼瞬态气弹响应出现更大的变化，进而威胁直升机的起动安全。

　　由上述分析可以看出，左舷横向来流时，直升机桨毂越靠近舰艇和左舷时，垂向气流变化梯度越大，桨尖负向挥舞越大。垂向气流变化梯度分布不均匀是影响旋翼瞬态气弹响应的主要原因，变化梯度越大，旋翼负向最大位移越大，越不利于舰载直升机的安全起降。

3.6　来流方向对舰面旋翼瞬态气弹响应影响研究

舰面旋翼瞬态气弹响应受甲板流场的影响，来流方向不同时，甲板流场会表现出不同的特征，需分析不同来流方向时旋翼瞬态气弹响应。每隔 30°选取来流方向，如图 3.23 所示，0°来流为舰艉来流、无偏航角，顺时针旋转至 30°、60°一直到 330°。前面内容中采用的垂直于纵向中心线的左舷来流为 270°来流。

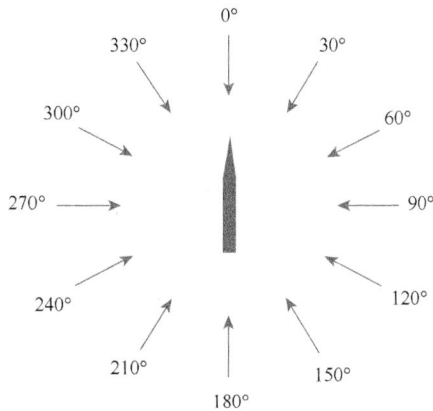

图 3.23　来流方向示意图

从 0°来流开始对比，将来流方向改变为舰艏来流，来流速度 20m/s，CFD 计算得到的流场分布如图 3.24 所示，由于舰船模型的对称性，甲板流场关于舰船纵向中心线对称。

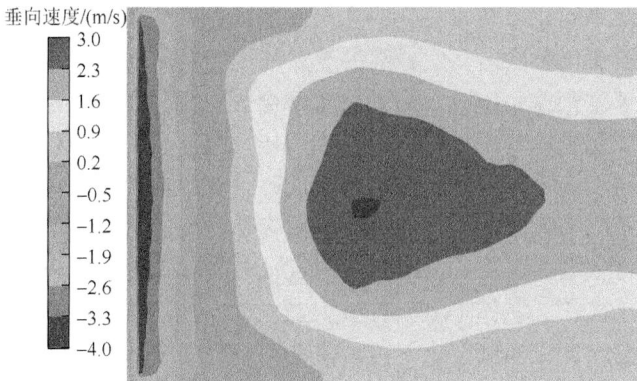

图 3.24　0°来流甲板流场分布（彩图扫二维码）

起动位置取距离原点 x 和 y 方向正负 1m 范围内的点，结合对称流场对旋翼起动过程瞬态气弹响应进行计算，桨尖负向最大位移分布如图 3.25 所示。从图中可以看出，在关于甲板纵向中心线对称位置旋翼桨尖负向位移最大值有明显差异，对称位置桨盘流场分布关于纵向中心线对称，但桨叶旋转方向并非关于纵向中心线对称，而是保持相同旋转方向，从而产生差异。由此可以看出，不同来流角旋翼瞬态气弹响应计算时，关于纵向中心线对称的来流角并不能忽略。

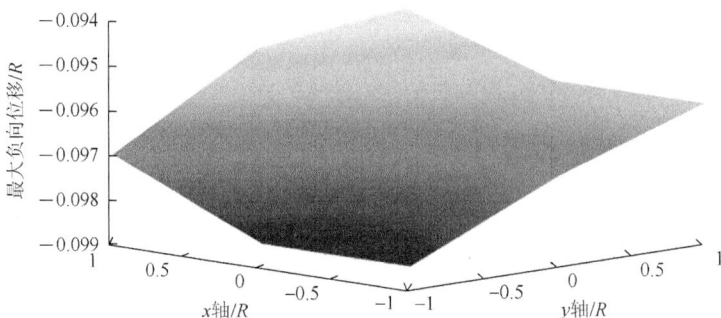

图 3.25　0°来流桨尖最大负向位移分布（彩图扫二维码）

关于甲板纵向中心线对称位置旋翼桨尖负向位移最大值有明显差异，而关于甲板纵向中心线对称位置桨盘流场也对称，具有相同的垂向速度梯度，由此可以看出，桨盘位置流场垂向速度梯度并不是影响旋翼瞬态气弹响应的唯一因素，并不能完全根据桨盘位置流场垂向速度梯度对旋翼瞬态气弹响应进行推断。对称流场中桨叶起动过程经历流场的顺序也会影响旋翼瞬态气弹响应。因此，对旋翼瞬态气弹响应的分析要结合流场和旋翼旋转过程共同分析。

随着来流角的增大，不同来流时甲板流场分布和桨尖最大负向位移分布图不再赘述，直接取不同来流角时旋翼瞬态气弹响应的变化范围进行对比。不同来流方向时起动位置变化范围内，旋翼桨尖最大位移的变化范围如图 3.26 所示。从图中可以看出，任意来流角度时，起动位置都会影响旋翼气弹响应，这是因为舰船甲板位置流场受到机库和甲板边缘的影响而出现气流分离，气流分离会导致甲板流场分布不均匀，旋翼在不均匀流场中起动时，桨盘位置流场会随着起动位置的不同而变化，不同来流时，旋翼起动位置都会影响旋翼起动过程瞬态气弹响应。

从图中还可以看出，不同来流角度时起动位置对旋翼瞬态气弹响应的影响范围并不相同，有的来流角度时，随着起动位置的变化旋翼瞬态气弹响应变化较大，而有的来流角度时变化幅度很小、较为稳定。270°来流时，随着起动位置的变化，旋翼瞬态气弹响应会出现最大的变化；180°来流时，起动位置的变化几乎无法引起旋翼瞬态气弹响应的变化。

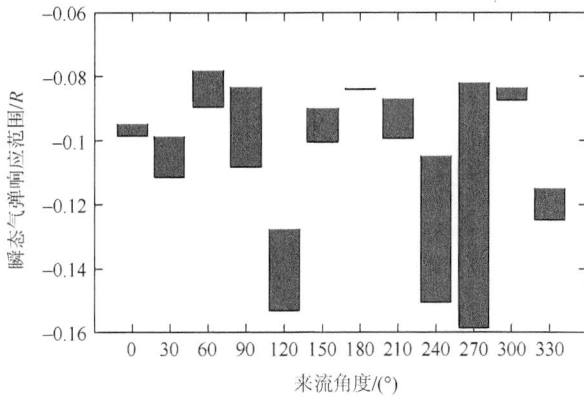

图 3.26　旋翼桨尖最大位移的变化范围

结合各个来流角度甲板流场图对旋翼起动过程瞬态气弹响应变化范围进行分析。图 3.27 给出了 0°来流时甲板流场关于甲板纵向中心线对称，在旋翼起动位置变化范围内，桨盘流场垂向速度梯度较小，旋翼瞬态气弹响应随起动位置变化也较小，变化幅度仅为 4.2%。

图 3.28 给出了 30°来流时甲板流场，受到向下偏转气流的影响，向上偏转的气流位于甲板右舷边缘，对起动位置变化范围内的桨盘流场影响较小。30°来流时，在旋翼起动位置变化范围内桨盘流场相似，都会受到向下偏转的气流影响，垂向速度梯度变化较小，旋翼瞬态气弹响应随起动位置的变化也较小，变化幅度为12.9%。

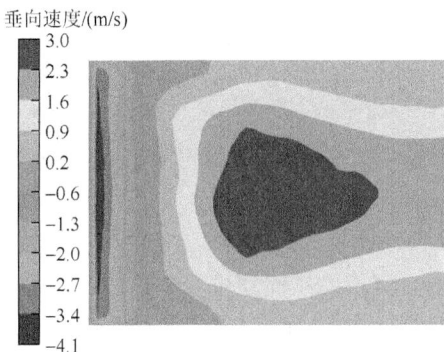

图 3.27　0°来流甲板流场

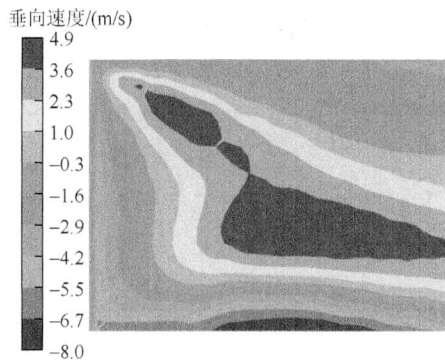

图 3.28　30°来流甲板流场

图 3.29 给出了 60°来流时甲板流场，流场出现一条较为明显的分界线，具有较大的速度梯度。受向上的垂向速度影响，前行侧桨叶迎角减小，后行侧桨叶迎

角增大。该方向来流减小了前行侧与后行侧桨叶气动力不均，使各起动位置瞬态气弹响应偏小。起动位置计算范围内，垂向速度变化梯度较大的位置集中在来流方向且经过原点的直线附近，前行侧与后行侧位置流场分布随起动位置变化较小，旋翼瞬态气弹响应变化幅度为 14.8%。

　　图 3.30 给出 90°来流时甲板流场，在靠近左舷接近舰艉位置流场有较大的垂向速度梯度，而靠近右舷接近舰艉位置垂向速度梯度显著减小，桨盘位置流场在起动位置变化时垂向速度梯度出现显著的变化，进而显著影响旋翼起动过程瞬态气弹响应，响应变化幅度超过 30.1%。

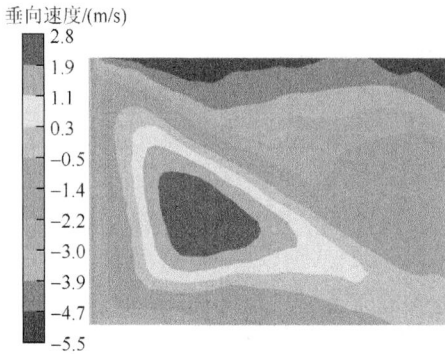

图 3.29　60°来流甲板流场　　　　　图 3.30　90°来流甲板流场

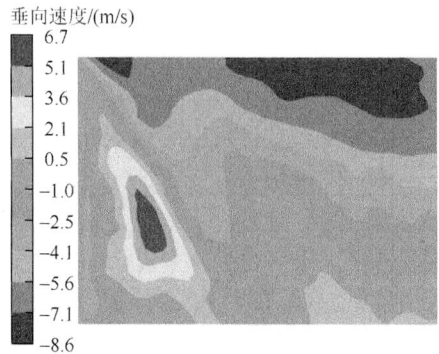

　　图 3.31 给出了 120°来流时甲板流场，向上偏转的气流集中于靠近左舷接近舰艉位置，而靠近右舷位置受到向下偏转气流的影响，前行侧受向上的气流影响较大，后行侧受向下的气流影响较大，导致前行侧与后行侧气动力变化更大，出现较大的桨尖位移。在起动位置变化范围内，旋翼瞬态气弹响应变化较大，幅度超过 20.1%。

　　图 3.32 给出了 150°来流时甲板流场，流场特性与 120°类似，垂向速度梯度比 120°时显著减小，旋翼瞬态气弹响应的大小和变化范围都有明显减小，变化幅度为 11.7%。

　　图 3.33 给出了来流角为 180°时甲板流场，流场的垂向速度较大，位于靠近舰艏和舰艉位置，甲板中部的流场垂向速度和垂向速度梯度均很小，因而旋翼起动过程桨尖挥舞较小，随起动位置变化也很小，变化幅度仅为 1.5%。

　　超过 180°后，甲板流场如图 3.34 所示。甲板流场与之前来流的流场关于甲板纵向中心线对称，在旋翼旋转方向的影响下，旋翼瞬态气弹响应变化范围略有变化，但整体趋势相同。

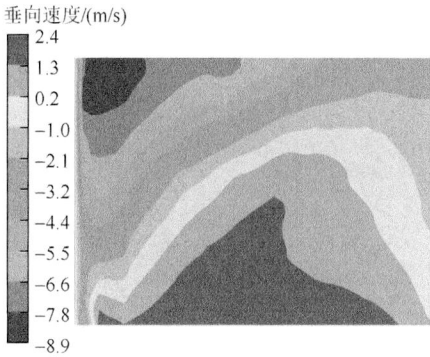

图 3.31　120°来流甲板流场

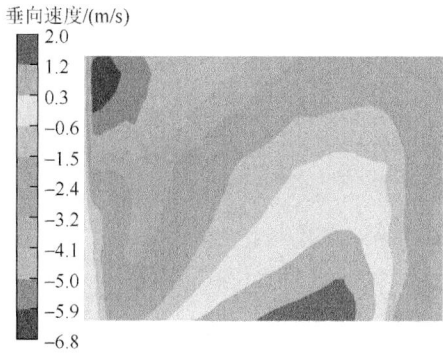

图 3.32　150°来流甲板流场

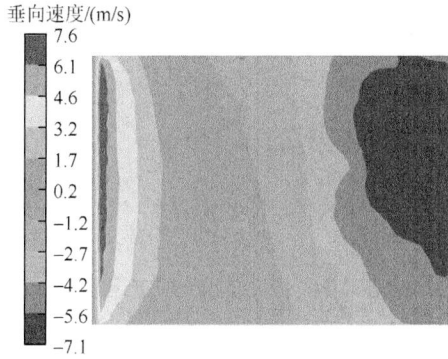

图 3.33　180°来流甲板流场

旋翼瞬态气弹响应随来流角的变化主要源于甲板和机库对流场的扰流，该扰流使得甲板流场出现垂向流动，垂向速度梯度的变化引起了旋翼气动力的变化，

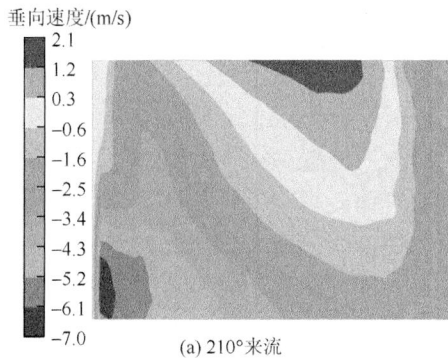

(a) 210°来流

垂向速度/(m/s)

2.3
1.2
0.1
-1.1
-2.2
-3.3
-4.5
-5.6
-6.7
-7.9
-9.0

(b) 240°来流

垂向速度/(m/s)

6.7
5.1
3.6
2.0
0.4
-1.2
-2.8
-4.3
-5.9
-7.5
-9.1

(c) 270°来流

垂向速度/(m/s)

2.5
1.7
1.0
0.2
-0.6
-1.4
-2.2
-2.9
-3.7
-4.5
-5.3

(d) 300°来流

垂向速度/(m/s)

6.2
4.6
3.0
1.5
-0.1
-1.7
-3.2
-4.8
-6.4
-7.9
-9.5

(e) 330°来流

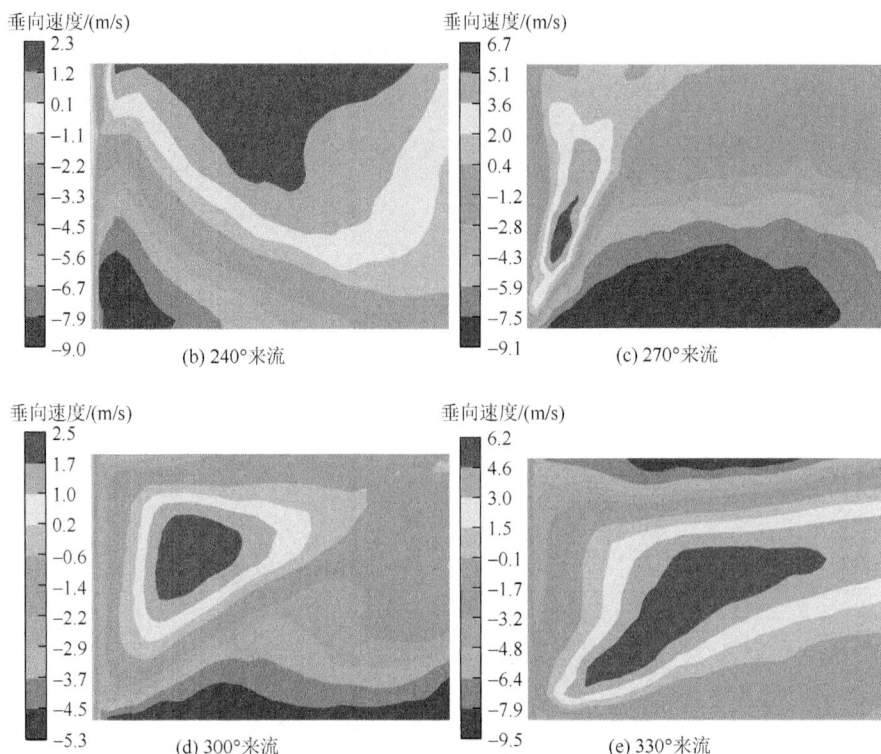

图 3.34　不同来流方向流场图

导致桨叶过大的挥舞。垂向速度梯度较大会引起更大的旋翼气动力变化，但垂向速度分布不同可能会导致桨叶挥舞增大或减小。因此，分析旋翼瞬态气弹响应时，垂向速度梯度不能作为唯一的判定指标，还要结合流场分布和旋翼旋转方向进行分析。

3.7　本　章　小　结

本章采用舰面跷跷板旋翼风洞试验验证了所建立的分析模型可用于起动过程舰面旋翼瞬态气弹响应分析，结合经过验证的 CFD 方法得到甲板流场，进而对舰面旋翼起动过程瞬态气弹响应问题进行了分析，得到以下结论。

（1）舰船横摇运动对舰面旋翼桨尖负向挥舞位移影响较小；舰船纵摇运动的影响显著，考虑纵摇运动后，桨尖最大位移增大可超过 25%，影响参数主要包括舰船重心到旋翼桨毂中心的纵向距离、纵摇运动的周期和相位；舰船升沉运动的影响显著，影响参数主要包括舰船升沉运动的幅值、周期和相位。分析舰面旋翼瞬态气弹响应时，建议在分析模型中考虑舰船运动与旋翼间的惯性和气动力耦合。

　　（2）基于 CFD 方法得到甲板流场分布的不均匀性，探讨了起动位置对舰面旋翼起动过程瞬态气弹响应的影响。以 270°左舷来流流场为例，分析了停机坪内不同的起降位置旋翼的瞬态气弹响应，在左舷横向来流时，直升机起动位置越靠近舰艏接近左舷，桨叶负向挥舞越大。在甲板中心 1m 范围内最靠近舰艏接近左舷的位置(1,−1)处，桨尖最大负向位移达到 15.9%R，原点处最大负向位移为 8.5%R，位置（−1, −0.5）处仅为 8.1%R，最大位移的变化幅度超过 96%。垂向气流变化梯度分布不均是舰面流场对旋翼瞬态气弹响应影响的主要因素，垂向气流变化梯度越大，桨叶产生的气动力变化越大。

　　（3）分析了不同来流角时起动位置对舰面旋翼起动过程瞬态气弹响应影响的适用性，不同来流角时，优化起动位置都能有效减小旋翼瞬态气弹响应的效果。来流角 0°、180°和 300°时，改变起动位置，旋翼瞬态气弹响应可分别减少 4.2%、1.5%和 4.9%；除以上三个来流角，其余来流角时，桨尖最大负向位移减少超过11%。通过改变起动位置减小旋翼瞬态气弹响应是一种简单有效的方法。旋翼瞬态气弹响应受到垂向速度梯度影响，但并不能以垂向速度梯度作为唯一的判断指标，还要结合流场分布进行分析。

第4章　舰面旋翼瞬态气弹响应控制研究

4.1　引　　言

　　桨帆效应的出现极大地限制了直升机在海上平台的安全使用，为了解决这一问题，需要对旋翼起动过程过度的瞬态气弹响应进行控制。导致桨叶挥舞的原因是桨叶上交变气动力，瞬态气弹响应的控制可以从避免过大气动力的产生和在产生过大气动力后减小桨叶挥舞两方面进行考虑。前面研究中使用的方法基本上是在旋翼桨叶上安装一些附加装置，这些装置不仅影响旋翼的气动性能，还可能给桨叶的结构强度、刚度、质量、疲劳等带来负面影响，这些问题使得安装在旋翼桨叶上的瞬态气弹响应控制装置在应用过程中受到限制。如果可以在舰船上安装控制装置，通过改变流场达到海上平台直升机起动过程旋翼瞬态气弹响应控制的目的，则可以避免控制装置对旋翼桨叶带来的负面影响。

　　流动控制一般可分为被动流动控制和主动流动控制。被动流动控制是指在适当的部位附加被动控制装置来改变流动环境，是无外加能源的控制。这种控制按预先设定，当流场偏离设计状态时就无法达到最佳控制效果。对于舰船甲板流场来说，被动流动控制是对舰船的上层建筑或舰船甲板边缘的几何外形进行一定程度的改进或加装被动控制装置，以减小舰船甲板流场中的不稳定因素或消除不被期望出现的流动特征。而流场主动控制则不同，可针对流场变化改变控制策略，能更好地进行流场控制。

4.2　基于主动格尼襟翼的舰面旋翼瞬态气弹响应控制研究

　　直升机在舰船甲板起降时，经常会受到恶劣气动环境影响，舰船上层建筑拖曳出的复杂瞬态流动会对旋翼气弹响应产生显著影响，较大的风速和较低的旋翼转速可能会导致桨叶过度挥舞，从而导致直升机桨叶与机身或甲板相碰。

　　格尼襟翼是一种增升装置，这意味着当它按相反方式安装时，也可成为一种有效的升力减小装置，如图 4.1 所示。为了控制旋翼瞬态气弹响应，关键方法之一是降低大的升力，进而减小桨叶挥舞。加装格尼襟翼的 NACA0012 翼型的气动特性可参考文献（Kentfield，1993），其气动升力系数和阻力系数是纯翼型的气动

系数与加装格尼襟翼后的变化之和，基于试验数据，可给出格尼襟翼气动特性经
验公式，以表示气动系数随格尼襟翼伸缩的变化。

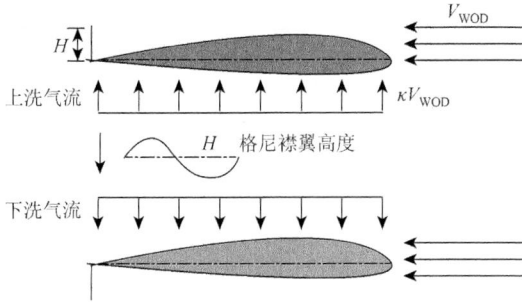

图 4.1　格尼襟翼工作装置

4.2.1　瞬态气弹响应

为了分析旋翼瞬态气弹响应，选用一款铰接式旋翼作为基准，桨叶质量刚度
等物理参数均匀分布。旋翼参数与前面内容中的旋翼算例相同，桨叶采用 15 自由
度梁单元进行离散，如图 4.2 所示，采用 6 个梁单元。起动过程旋翼转速按表达
式 $\Omega = 10\pi(\cos(0.05\pi t + \pi) + 1.0)$ 给定，20s 后旋翼达到全转速，然后在 10s 内停止。
旋翼来流采用如图 4.3 所示的阶梯流场。甲板附近的流速 V_{WOD} 设置为 75km/h，
阵风因子 κ 取为 0.25。

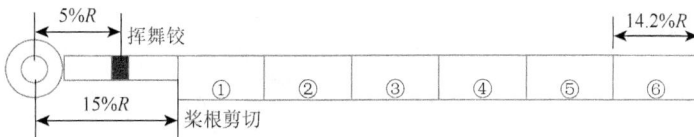

图 4.2　桨叶离散单元

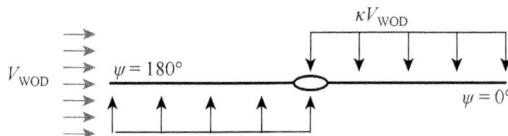

图 4.3　桨叶周围流场分布

图 4.4 和图 4.5 中给出桨叶挥舞角和桨尖位移随时间变化历程，大约 1.75s 后，
桨叶开始向下挥舞。由于桨叶在向下挥舞较大时才有可能与机身发生碰撞危险，

因此研究工作主要集中于桨叶开始运动部分。很明显，桨叶最大负向位移出现在第二个负向峰值。在重力和向下的气流共同作用下，桨叶最初与下限动块接触，随着桨叶进入气流向上流动的区域，桨叶开始向上挥舞直到接触到上限动块，桨叶与上限动块接触一段时间后迅速下降。受到较大的向下气流和重力的共同作用，桨叶重重地撞击下限动块并产生 19.5%R 的桨尖最大负向位移。这个数值是采用主动格尼襟翼进行响应控制的目标。

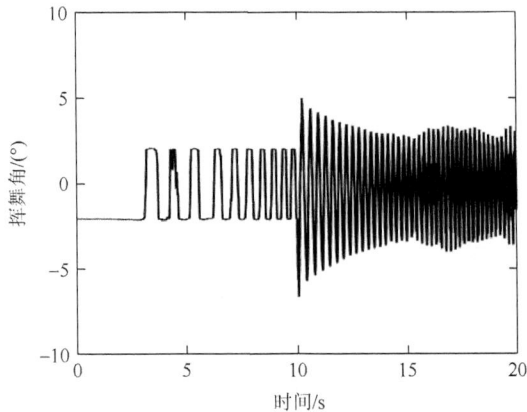

图 4.4　挥舞角随时间变化历程

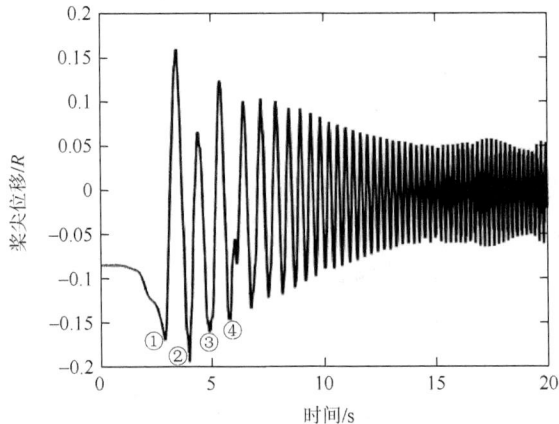

图 4.5　桨尖位移随时间变化历程

4.2.2　瞬态气弹响应控制

主动格尼襟翼的高度以谐波运动来描述，即

$$H = A\sin(\psi + \phi) \qquad (4.1)$$

式中，A 是谐波运动的幅值；ψ 是桨叶方位角；ϕ 是谐波运动的相位。由于桨叶在 1.75s 后向下挥舞，因此主动格尼襟翼在该时刻起动，格尼襟翼布置在图 4.2 所示的单元⑥上。

1. 瞬态响应控制

将格尼襟翼上下运动的幅度设置为 2%c，风速为 75km/h 时，格尼襟翼的运动相位对图 4.5 中桨尖①~④位移峰值的影响如图 4.6 所示。基准值对应没有主动格尼襟翼时的桨尖最大位移，相位对桨尖位移的影响明显。对应的四个峰值减小最多的相位分别为 0°、150°、90° 和 120°，对应的桨尖位移分别为 15.5%R、17.1%R、14.6%R 和 11.3%R。总体上最小位移出现的最佳相位是 120°，而不是峰值 2 对应的相位，该相位时，最大位移在峰值 1 处变为 18.0%R，相应减少 7.69%。

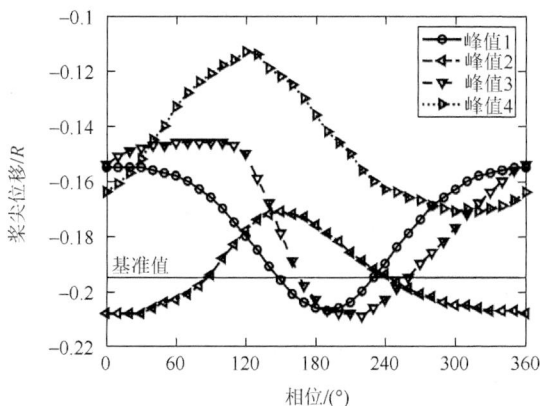

图 4.6　输入相位对桨尖位移峰值影响（风速 75km/h）

图 4.7 给出风速为 75km/h、相位角为 120° 时桨尖位移随时间的变化历程。峰值 1 的位移相比于没有加装格尼襟翼的结果增大了 5.88%，是四个峰值中最大的。15s 后，桨尖位移显著增大，这表明，在起动操作的前几秒钟内，瞬态响应控制的最佳相位可能不适合以后的响应控制，有源格尼襟翼控制可以在大约 10s 后关闭。

2. 参数研究

以下分析主要关注减小峰值 2 的位移。图 4.8 给出风速为 50km/h、75km/h 和 100km/h 时格尼襟翼对峰值 2 处位移的减小，各个阶段变化趋势相同。对于峰值 2 桨尖位移产生减小最多的最优相位为 150°，在风速为 50km/h 和 100km/h 时获得的减小更多。

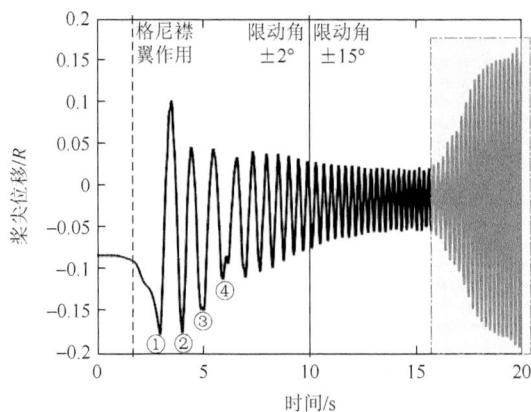

图 4.7　相位角为 120°时桨尖位移随时间的变化

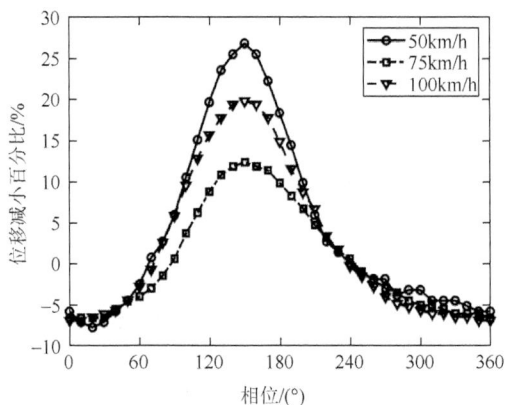

图 4.8　风速 50km/h、75km/h 和 100km/h 时格尼襟翼对峰值 2 处位移的影响

　　图 4.9 给出风速为 75km/h 时不同的主动格尼襟翼位置对峰值 2 处桨尖位移的影响。格尼襟翼的相位变为 150°，格尼襟翼布置位置离桨叶根部越远，桨叶位移减小越大，减小最多出现在位置 6 处（桨尖位置）。由于桨尖位置的动压比其他位置更大，所以在桨尖位置格尼襟翼可以产生更大的气动升力，当格尼襟翼升力与桨叶的升力相反时，桨尖位移减小更多。

　　图 4.10 给出当格尼襟翼的振幅变为 1%c 和 3%c 时的桨尖位移随时间变化历程，其中阵风速度和相位保持不变。当格尼襟翼振幅为 1%c 时，峰值 2 处位移减小 5.64%，当格尼襟翼振幅为 3%c 时，峰值 2 处位移减小 28.2%。增大伸缩幅值可以增强主动格尼襟翼对峰值 2 处位移的控制能力。但是，峰值 1 处的位移会有所增加，尤其是幅值为 3%c 时，峰值 1 处的位移发生在方位角 90°左右，这是向上和向下入流之间的边界，当控制相位为 150°时，格尼襟翼向上展开，这样可以

增加桨叶上的负升力，带来峰值 1 处更大的向下位移。在所研究的时间历程范围内，应着重考虑桨尖位移的总体变化。

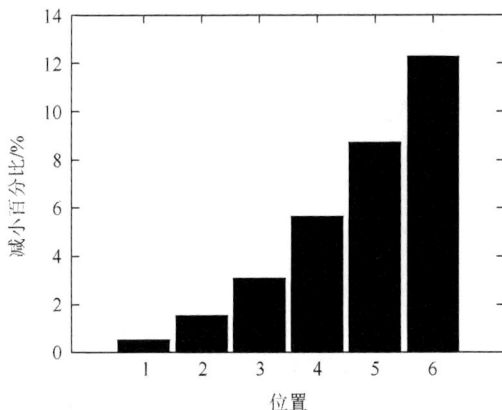

图 4.9   格尼襟翼位置对峰值 2 处桨尖位移的影响（风速 75km/h）

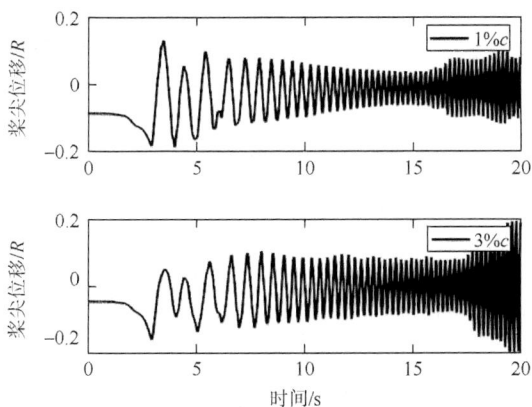

图 4.10   不同格尼襟翼振幅时的桨尖位移随时间变化

3. 策略研究

前面研究中的格尼襟翼运动策略都是基于表达式（4.1）。为降低总体桨尖位移，设计了一种新的格尼襟翼伸缩策略。格尼襟翼的运动按下面公式变化：

$$\begin{cases} H = 0, & t < 1.75\text{s} \\ H = A, & r\cos\psi > 0 \\ H = -A, & r\cos\psi \leqslant 0 \\ H = 0, & t > 7.5\text{s} \end{cases} \tag{4.2}$$

式中，r 是主动格尼襟翼的径向位置；A 设置为 2%c 或 3%c。

采用新的控制策略，速度为 75km/h 时的桨尖位移随时间变化历程如图 4.11 所示。格尼襟翼的幅值变化为 2%c 时，峰值 1 的数值从不加装格尼襟翼的 17.0%R 变为 15.7%R，峰值 2 处的最大桨尖位移为 17.0%R，减少了 12.8%。格尼襟翼的幅值变化为 3%c 时，峰值 1 处的最大桨尖位移是 15.6%R，减小了 20.0%。通过增加振幅可以显著降低整个研究时间段内的位移。峰值 1 处的桨尖位移变化较小，这是因为在到达峰值 1 时，旋翼转速很低，这个旋翼转速时的动压较低导致了主动格尼襟翼的效果较差。

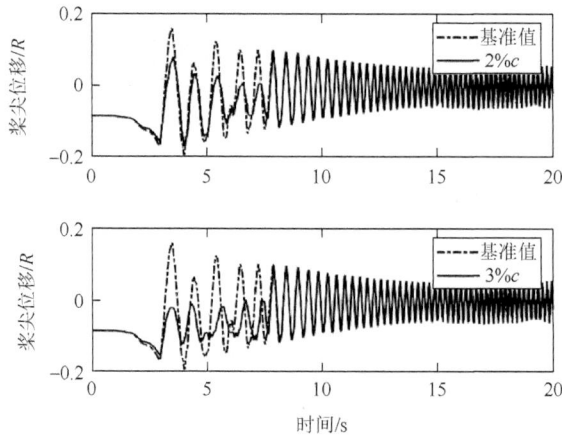

图 4.11　桨尖位移随时间变化

4.3　基于流场被动控制的旋翼瞬态气弹响应控制方法

由于旋翼在舰船上起动易出现桨帆效应导致桨叶与机体、甲板等的碰撞事故，研究人员对舰面直升机起动过程旋翼瞬态气弹响应控制进行了一系列的研究。已有的研究表明，流动控制对舰面旋翼瞬态气弹响应控制具有独特的优势与潜力，不仅能在不改变旋翼结构和性能的基础上降低旋翼瞬态气弹响应，而且扰流板等设施在舰船上的加装难度较低，响应控制方法的适用性显著提升。基于上述原因，本节对基于扰流板的流场被动控制方法开展舰面旋翼起动过程瞬态气弹响应研究。

4.3.1　扰流板布置

已有研究表明，对甲板流场影响最大的是机库门附近或甲板两侧加装的流动控制装置。因此，考虑在机库门附近或甲板两侧加装扰流板，进行直升机甲板流场的被动控制。扰流板的安装方式如图 4.12 所示。

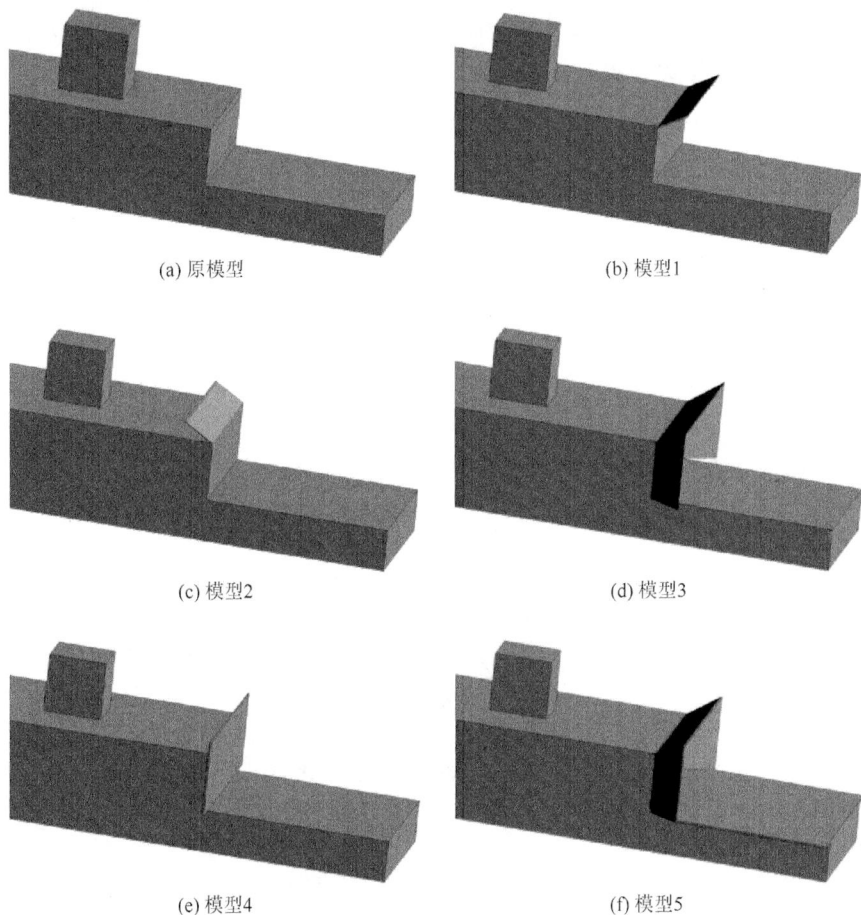

(a) 原模型

(b) 模型1

(c) 模型2

(d) 模型3

(e) 模型4

(f) 模型5

图 4.12　原模型与扰流板加装模型

　　图 4.12（a）为模拟分析中常用的 SFS2 舰船模型，在前面内容中已开展了建模方法与验证，其余分图为在已验证的 SFS2 舰船模型上加装扰流板的情况，图 4.12（b）为在机库门顶部加装了向后偏转的扰流板，图 4.12（c）为在机库门顶部加装了向前偏转的扰流板，图 4.12（d）为在机库门顶部和两侧加装了向后偏转的扰流板，图 4.12（e）为在机库门顶部和两侧加装了竖直的扰流板，图 4.12（f）为在图 4.12（d）的基础上加装了位于甲板两侧的水平扰流板。

　　这些扰流板的加装方式来源于文献中的经验。Greenwell 和 Barrett（2006）、Shafer 和 Ghee（2005）对舰船甲板流场流动控制的研究中采用了在机库周围安装扰流板的方法，其中 Greenwell 等的研究指出，在机库顶端的扰流板有效地减小了甲板流场的下洗强度，而在机库两侧延伸的扰流板显著提高了扰流板对甲板流场控制的性能；扰流板倾斜对于控制效果影响明显，扰流板向前倾斜对于下洗的影响较大，而扰流板向后倾斜对于湍流强度的影响较大。为对比不同扰流板加装方式的影响，选取了以上五种加装方式进行对比。

4.3.2　流动控制效果研究

1. 甲板流场影响

舰艇来流速度30m/s时，通过计算流体力学方法得到的甲板流场分布如图4.13所示。从图4.13中可以看出，扰流板的加装明显地改变了舰面甲板流场的分布。由图4.13（b）可以看出，当扰流板加装于机库门顶部向后偏转时，甲板流场高速区域范围增大且向甲板中心移动。由图4.13（c）可以看出，当扰流板加装于机库门顶部向前偏转时，甲板流场低速区域范围增大且向舰艉方向移动。由图4.13（d）

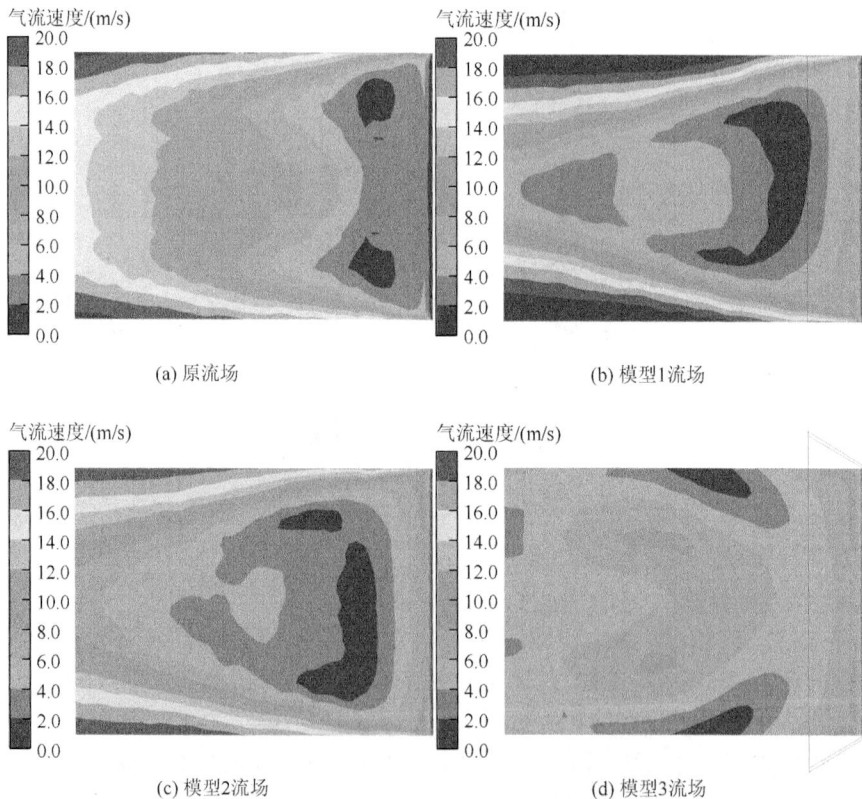

(a) 原流场

(b) 模型1流场

(c) 模型2流场

(d) 模型3流场

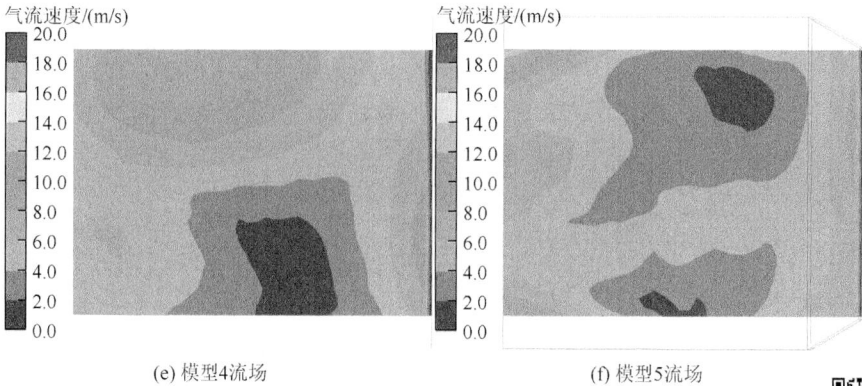

(e) 模型4流场　　　　　　　　　　　　(f) 模型5流场

图 4.13　添加扰流板对流场影响（彩图扫二维码）

可知，当扰流板加装位于机库门顶部和两侧向后偏时，甲板流场整体流速明显下降。由图 4.13（e）和图 4.13（f）可知，扰流板的安装使得甲板流场流速下降明显。

扰流板的加装对甲板流场分布的影响显而易见，虽然在有的位置会增大甲板流场的流速，但是流速较大位置分布的变化和流速的变化都证实了扰流板的加装可以有效地改变甲板流场。合理的扰流板加装可以降低整个流场的流速，因此，加装扰流板可用于有效地控制舰面甲板流场。

2. 湍动能影响

湍动能作为一种常见的反映流场变化的参数，在流动控制中极为常用。湍动能可以通过湍流强度和平均速度进行估算。甲板流场作为一种阶梯分离流，甲板位置气流分离严重，当湍动能发生变化时，即表明甲板位置湍流强度的变化和气流分离的变化。

舰艏来流，来流速度为 30m/s 时通过计算流体力学方法模拟得到的甲板流场湍动能分布如图 4.14 所示。扰流板的添加显著地影响了流场的湍动能分布。图 4.14（b）显示当扰流板安装于机库门顶部向后偏转时，机库门顶部湍动能较大的位置显著地后移和上偏，这个偏转使得靠近甲板位置诱导产生的湍动能相比于原流场显著增大。图 4.14（c）显示当扰流板加装于机库门顶部向前偏转时，机库门顶部湍动能较大的位置向上偏转且范围增大，湍动能显著增强。随着湍动能较大位置的上偏使得靠近甲板位置诱导产生的湍动能有所减小，减小幅值超过 20%。图 4.14（d）显示当扰流板加装于机库门顶部和两侧向后偏转时，机库门顶部湍动能较大的位置向上偏转且范围增大，湍动能也有所增大。甲板上方由于诱导产生的湍动能也有显著的增大，范围增大且向上偏转。图 4.14（e）显示当扰流板加装于机库门顶部和两侧竖直时，机库门顶部湍动能显著增大且湍动能较大的范围显著增大，这是由于竖直的扰流板的阻塞作用使得来流在绕过扰流板时速度增加、湍动能增加。甲板附近诱导产生湍动能较大的位置后移。图 4.14（f）显示了同时加装位于机库门顶部和两侧的向后偏转的扰流板和甲板两侧水平扰流板时，相比于模型 3，流场湍动能有所减小，湍动能较大的区域也有所减小。

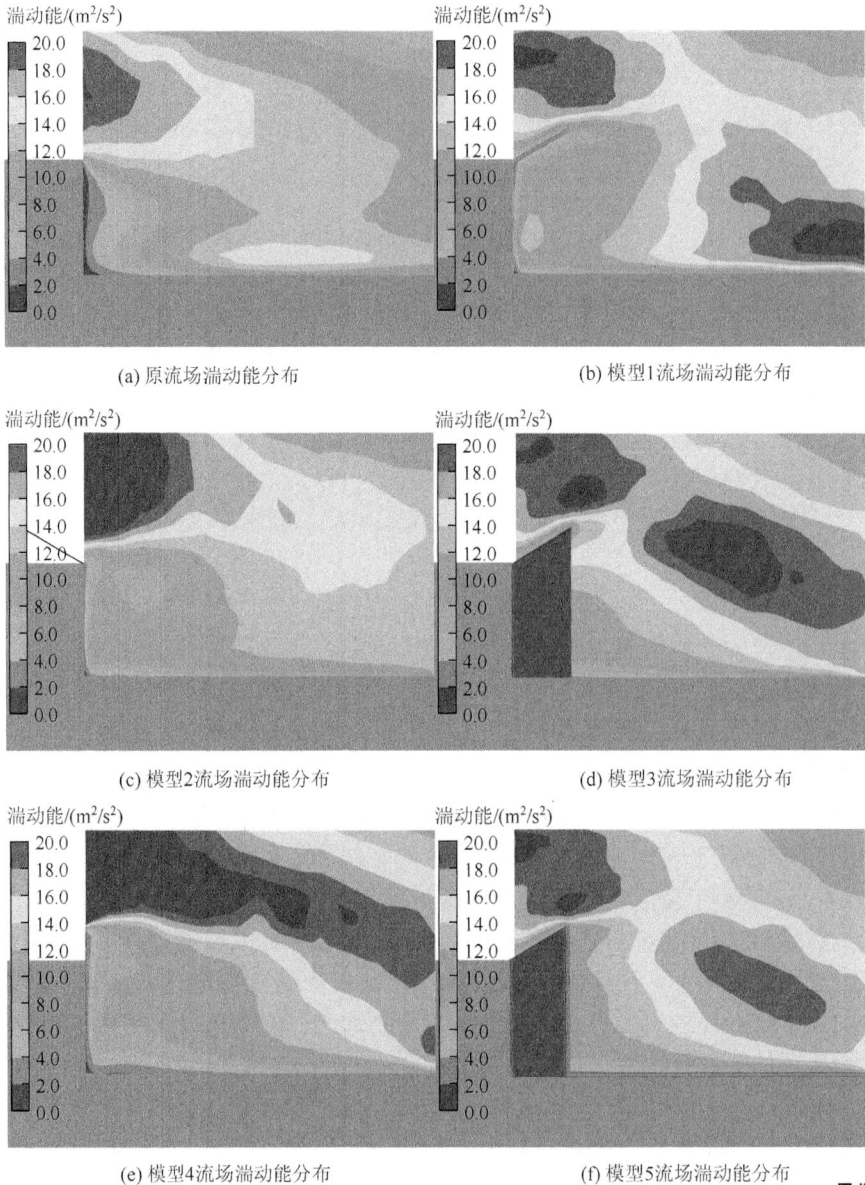

(a) 原流场湍动能分布

(b) 模型1流场湍动能分布

(c) 模型2流场湍动能分布

(d) 模型3流场湍动能分布

(e) 模型4流场湍动能分布

(f) 模型5流场湍动能分布

图 4.14 添加扰流板对湍动能影响（彩图扫二维码）

扰流板的加装对甲板流场湍动能的影响显而易见，虽然在有的位置会增大甲板流场的湍动能，但是湍动能较大位置分布的变化和湍动能强度的变化都表明扰流板的加装可以有效地改变甲板流场。湍动能强度水平没有因扰流板的添加而降低，因此扰流板的添加对于甲板流场的控制只能体现在流场分布方面，对于整体湍动能水平的降低效果较差。

3. 垂向速度影响

垂向速度分布是影响舰面旋翼起动过程瞬态气弹响应的主要因素，此处采用垂向速度作为特征参数分析扰流板对甲板流场的控制效果。舰艗来流速度 30m/s 时，甲板流场垂向速度分布如图 4.15 所示。很明显，扰流板的添加对于甲板垂向速度分布影响显著。图 4.15（b）显示当扰流板加装于机库门顶部向后偏转时，向上垂向速度较大的位置移动到扰流板两侧，范围相比于原流场明显增大，而向下垂向速度较大的位置范围和速度都有明显的减小。旋翼起动位置处垂向速度显著减小，减小超过 20%。图 4.15（c）显示当加装位于机库门顶部的向前偏转的扰流板时，机库门附近向上垂向速度较大的位置范围增大，向下垂向速度较大的位置和速度都有显著的减小。旋翼起动位置处垂向速度减小超过 40%。图 4.15（d）显示当扰流板加装于机库门顶部和两侧向后偏转时，机库门上方和机库门附近向上垂向速度较大的区域显著增大，而向下垂向速度较大的区域向舰舰移动且范围有所减小，垂向速度变化不大。图 4.15（e）显示当扰流板加装于机库门顶部和两侧竖直时，机库门顶部垂向速度显著增大且速度较大的范围明显扩大，这是由于竖直的扰流板的阻塞作用使得来流在绕过扰流板时速度增加。向下垂向速度较大的区域相比于模型 3 向舰舰方向移动更多，向下垂向速度也有所减小。图 4.15（f）显示同时加装位于机库门顶部和两侧的向后偏转的扰流板和甲板两侧水平扰流板时，相比于模型 3，流场向上垂向速度较大的区域略有减小，而向下垂向速度较大的区域向舰舰方向移动更少。

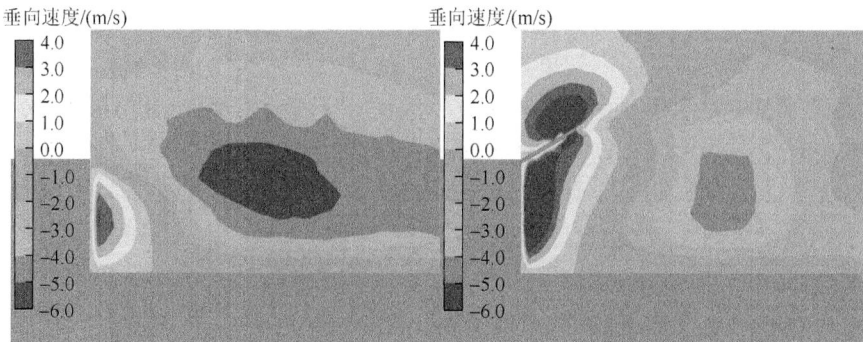

(a) 原流场垂向速度分布　　　　　　　　(b) 模型1流场垂向速度分布

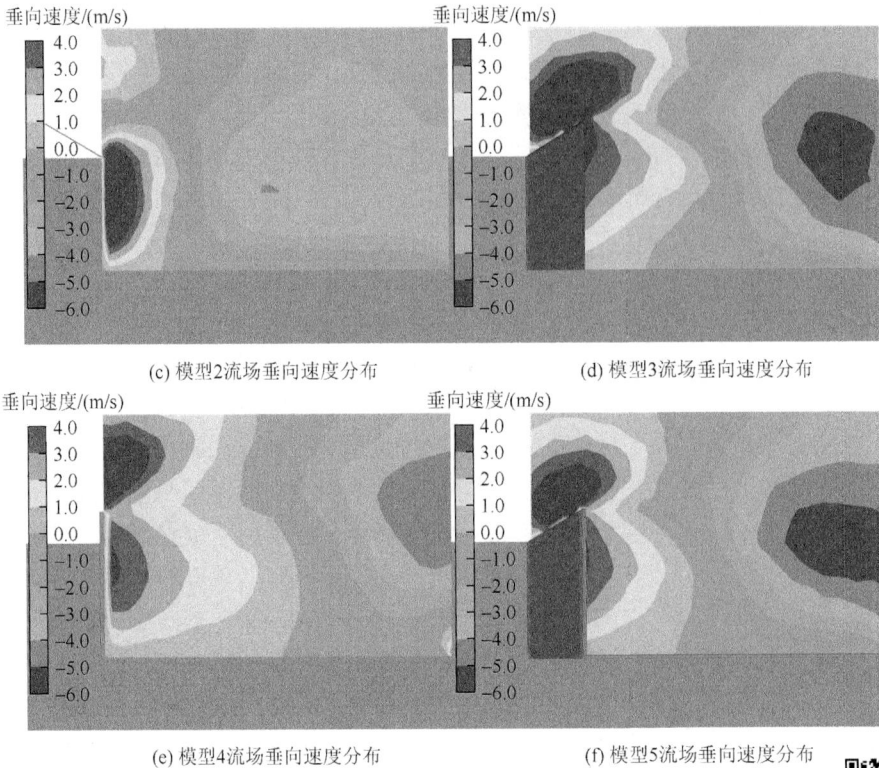

(c) 模型2流场垂向速度分布　　　　　　　(d) 模型3流场垂向速度分布

(e) 模型4流场垂向速度分布　　　　　　　(f) 模型5流场垂向速度分布

图4.15　添加扰流板对垂向速度影响（彩图扫二维码）

　　扰流板的加装对甲板流场垂向速度的影响明显，对垂向速度较大区域的分布影响也明显。因此，扰流板的加装可有效改变甲板流场。模型1、模型2和模型4对甲板中心点上方流速有很好的控制效果，流速降低明显，降低幅度超过40%。

4. 湍流分离边界影响

　　湍流分离区作为甲板流场中流速最快、流动方向最为混乱的区域，会对旋翼起动过程瞬态气弹响应造成最为严重的影响，因此，湍流分离边界位置也可作为一个重要的参数对流动控制效果进行评估。舰舰来流速度为30m/s时，甲板流场垂向速度分布如图4.16所示。很明显，扰流板对于甲板流场流线即湍流分离边界分布影响明显。图4.16（b）显示当扰流板加装位于机库门顶部向后偏转时，气流分离位置向上移动，湍流分离边界也向上移动，再循环区显著扩大，再附着区向舰舰方向移动。图4.16（c）显示扰流板加装于机库门顶部向前偏转时，气流分离位置同样向上移动，但湍流分离边界向上移动的幅度略有减小，再循环区与原流场相比显著扩大，再附着区向舰舰方向移动。图4.16（d）～（f）中再循环区增大幅度更大，再附着区已向后移至甲板以外。

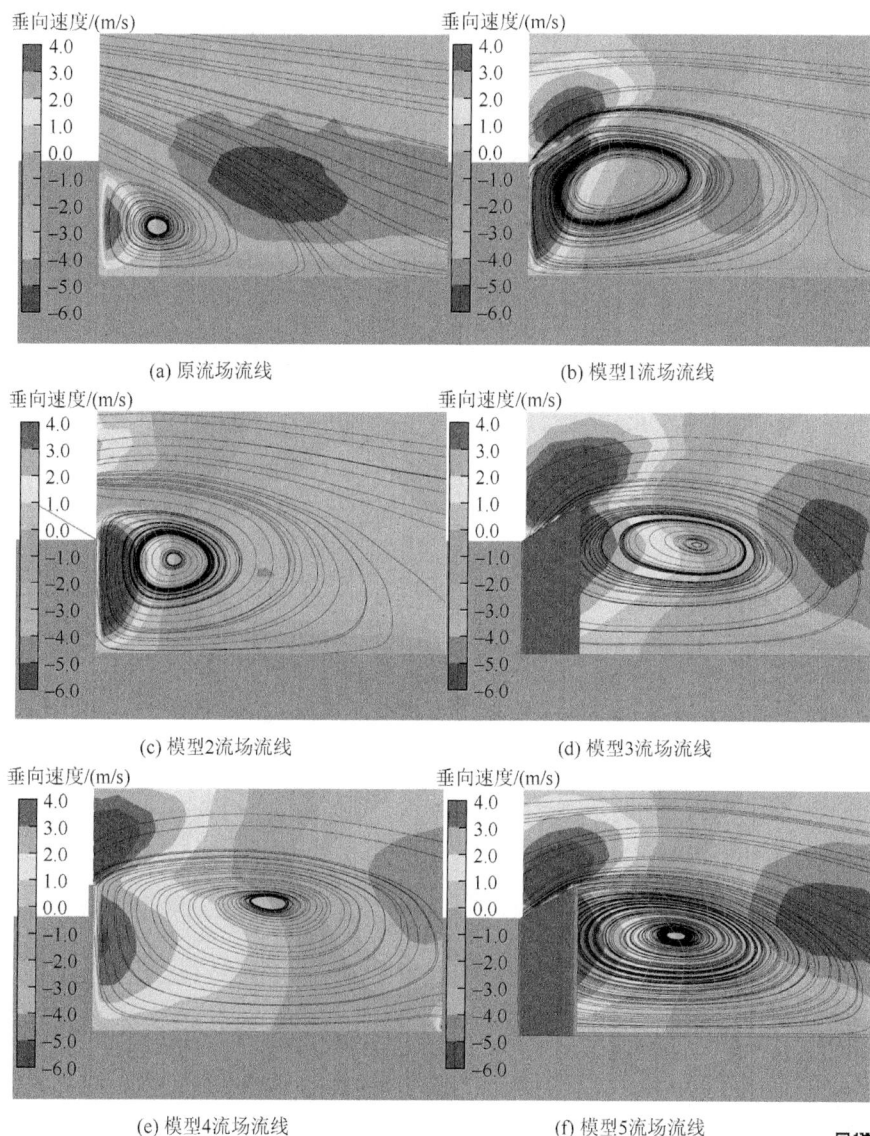

(a) 原流场流线　　　　　　　　　　(b) 模型1流场流线

(c) 模型2流场流线　　　　　　　　　(d) 模型3流场流线

(e) 模型4流场流线　　　　　　　　　(f) 模型5流场流线

图 4.16　添加扰流板对流线影响（彩图扫二维码）

　　扰流板的加装对甲板流场湍流分离边界的影响明显，添加扰流板后甲板流场的湍流分离边界向上移动明显，再循环区显著增大，再附着区向舰艉方向移动。

4.3.3　旋翼瞬态气弹响应控制效果

　　在前面内容扰流板对流动控制的基础上对旋翼起动过程瞬态气弹响应进行分

析。以速度 30m/s、方向垂直于甲板纵向中心线的右侧来流为例，桨尖位移变化曲线如图 4.17 所示。旋翼起动位置选取最便于操作的甲板中心。从图 4.17（f）可以看出，当加装模型 5 的扰流板时，旋翼桨盘位置流场的垂向速度及速度变化梯度与原流场相比都有显著的减小，加装模型 5 的扰流板时能对舰面旋翼起动过程瞬态气弹响应产生较好的控制效果。模型 5 是在模型 3 的基础上再增加甲板两侧的扰流板，因此，甲板两侧的扰流板也能有效地对旋翼瞬态气弹响应产生控制效果。

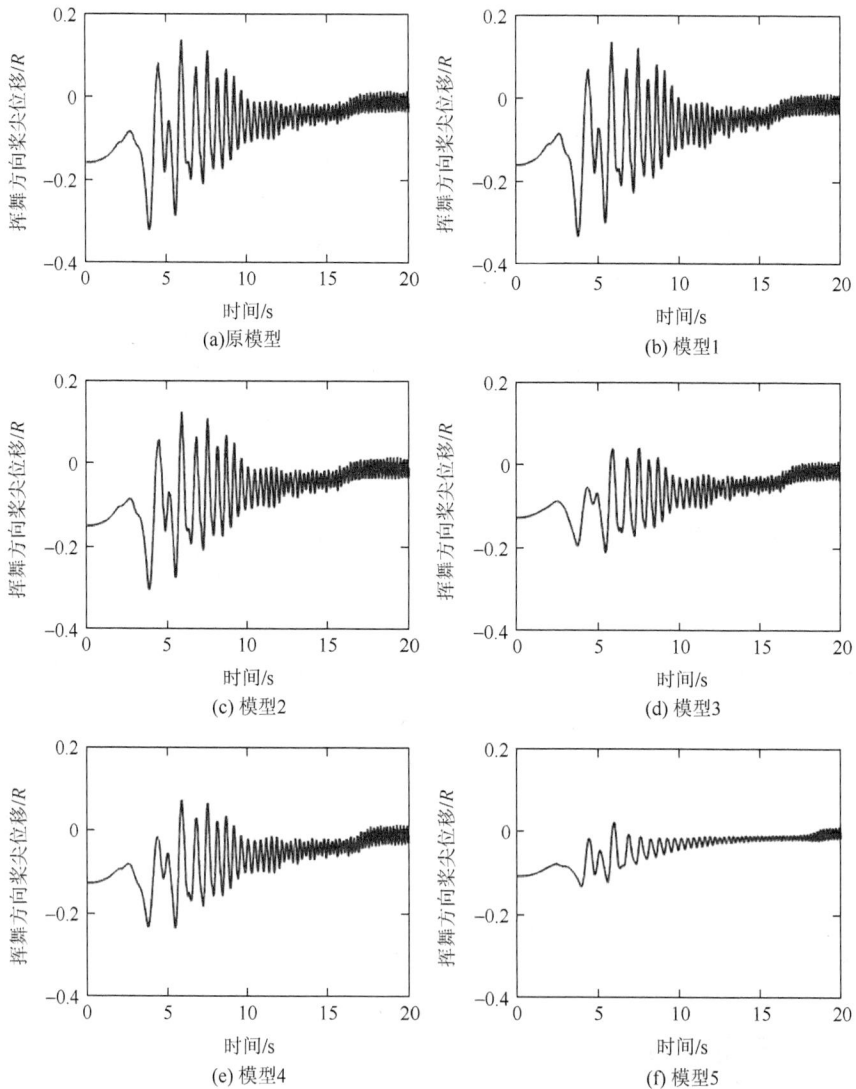

图 4.17　桨尖位移变化

　　各模型桨尖负向位移最大值如表 4.1 所示。对比可以发现，不同位置扰流板对舰面旋翼起动过程瞬态气弹响应的影响不同，在模型 1 中扰流板的影响下，旋翼桨尖负向位移最大值相比于原模型略有增大，而其余模型扰流板均使旋翼桨尖负向位移最大值有所减小，模型 5 中扰流板对旋翼桨尖负向位移最大值的减小效果最好，从原模型的–32.1%R 减少到–13.6%R，减少了 57.6%。

表 4.1　各模型桨尖负向位移最大值

模型编号	桨尖负向位移最大值/%R
原模型	–32.1
模型 1	–33.2
模型 2	–30.6
模型 3	–21.0
模型 4	–23.7
模型 5	–13.6

4.3.4　旋翼瞬态气弹响应控制原理分析

　　原流场流线如图 4.18 所示。由图可知，原模型流场中桨盘大部分位于湍流分离边界上，受到湍流分离边界中高速气流的影响，只有桨盘右上角有小面积位于湍流分离区，受到湍流分离区中低速气流的影响。

　　加装了模型 1 的扰流板后，流场流线如图 4.19 所示，在扰流板的阻塞作用下，湍流分离边界向下偏转，桨盘更多区域受到湍流分离边界上高速气流的影响，流

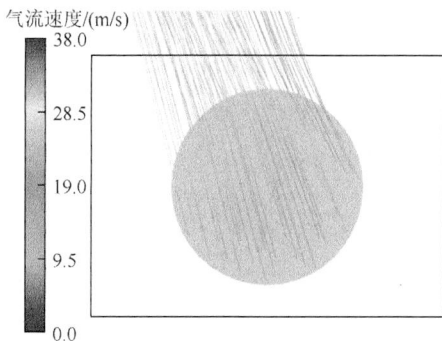

图 4.18　原流场桨盘流线（彩图扫二维码）　　　图 4.19　模型 1 流场桨盘流线

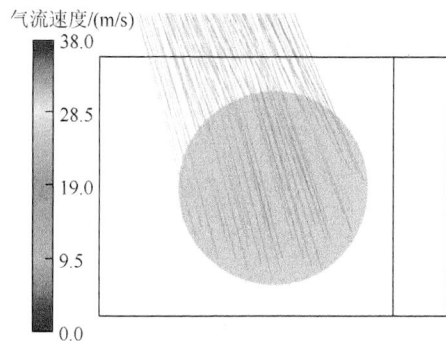

速也相较原模型流场流速更大。因此，加装模型 1 的扰流板后舰面旋翼起动过程桨尖最大负向位移有所增大。

加装了模型 2 的扰流板后，流场流线如图 4.20 所示，在扰流板的诱导作用下，湍流分离边界向上偏转，桨盘受到湍流分离边界上高速气流影响的区域减小，因此，加装模型 2 的扰流板后舰面旋翼起动过程桨尖最大负向位移有所减小。

加装了模型 3 的扰流板后，流场流线如图 4.21 所示。在扰流板的阻塞作用下，湍流分离边界向舰艉方向移动且向上偏转，桨盘受到湍流分离边界上高速气流影响的区域进一步减小，因此，桨尖最大负向位移的控制效果也有所提升。

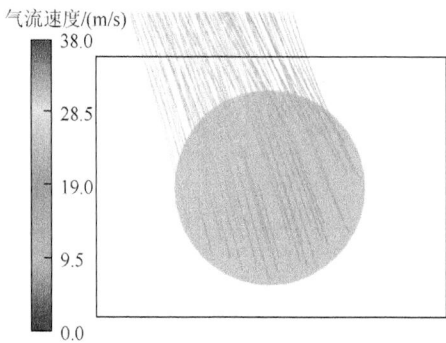

气流速度/(m/s)

38.0

28.5

19.0

9.5

0.0

气流速度/(m/s)

38.0

28.5

19.0

9.5

0.0

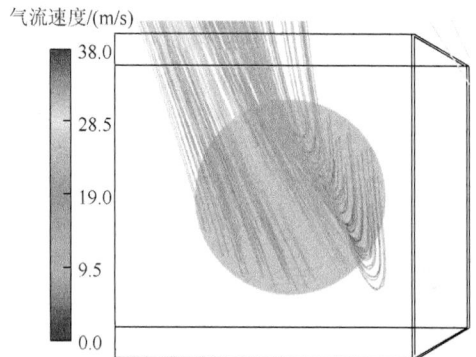

图 4.20　模型 2 流场桨盘流线　　　　　图 4.21　模型 3 流场桨盘流线

加装了模型 4 的扰流板后，流场流线如图 4.22 所示。扰流板阻塞作用下湍流分离边界相比于模型 2 的进一步向上偏转，只有接近一半的桨盘区域会受到湍流分离边界上高速气流的影响。

加装了模型 5 的扰流板获得了最好的控制效果，这是由于在扰流板的作用下湍流分离边界向舰艉方向移动且向下偏转，结合图 4.23 可以看出，在模型 5 的扰

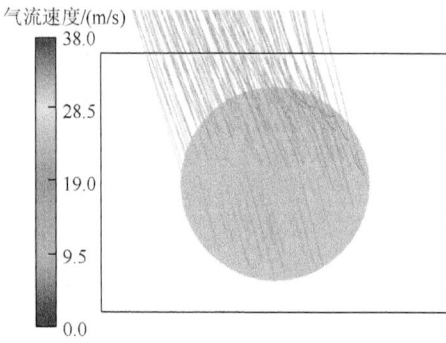

气流速度/(m/s)

38.0

28.5

19.0

9.5

0.0

气流速度/(m/s)

38.0

28.5

19.0

9.5

0.0

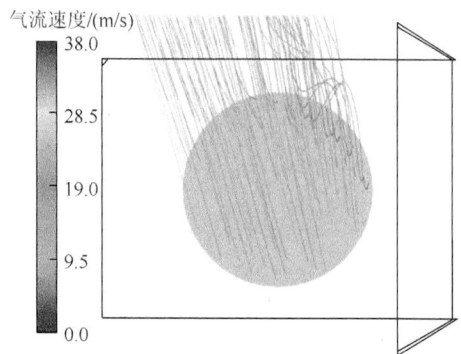

图 4.22　模型 4 流场桨盘流线　　　　　图 4.23　模型 5 流场桨盘流线

流板作用下的流场中桨盘位置垂向速度相比于其他模型桨盘位置垂向速度减少超过 40%，且模型 5 的扰流板作用下的桨盘位置流场更大区域位于湍流分离区内，受到湍流分离区内低速气流的影响。

分析表明，扰流板对旋翼起动过程瞬态气弹响应的控制来源于扰流板对于舰面甲板流场中湍流分离区和湍流分离边界位置分布的影响，当桨盘位于湍流分离边界时，受到湍流分离边界上高速气流的影响，桨尖易出现过大负向位移；当桨盘位置位于湍流分离区内时，受到湍流分离区内低速气流的影响，桨尖负向位移显著减小。

4.3.5　来流方向对控制效果影响

为对比不同来流方向时扰流板对旋翼瞬态气弹响应的影响，取 30°间隔对各来流方向旋翼瞬态气弹响应进行分析。各个模型在不同来流时瞬态气弹响应分析结果如表 4.2 所示。从表中可以看出，扰流板在某些来流角度可以达到对舰面旋翼瞬态气弹响应的控制，但是控制效果受来流方向影响很明显。0°、120°、150°和 210°时，桨尖最大负向位移小于加装扰流时桨尖最大负向位移，在这四个角度加装扰流板会导致舰面旋翼起动过程瞬态气弹响应增大，影响直升机起动过程安全性。30°和 330°时，模型 1 达到最佳控制效果，其他角度时模型 5 达到最佳控制效果。

表 4.2　各模型桨尖最大负向位移　　　　　　（单位：R）

角度/(°)	模型 1	模型 2	模型 3	模型 4	模型 5	原流场
0	−0.081	−0.082	−0.084	−0.084	−0.084	−0.078
30	−0.068	−0.073	−0.080	−0.076	−0.084	−0.092
60	−0.159	−0.136	−0.084	−0.120	−0.082	−0.162
90	−0.332	−0.306	−0.210	−0.237	−0.136	−0.321
120	−0.255	−0.228	−0.301	−0.231	−0.238	−0.225
150	−0.223	−0.183	−0.235	−0.195	−0.206	−0.181
180	−0.164	−0.164	−0.140	−0.138	−0.129	−0.161
210	−0.181	−0.149	−0.224	−0.159	−0.176	−0.147
240	−0.272	−0.253	−0.270	−0.266	−0.236	−0.245
270	−0.298	−0.300	−0.239	−0.291	−0.206	−0.300
300	−0.262	−0.265	−0.084	−0.163	−0.081	−0.276
330	−0.067	−0.086	−0.079	−0.075	−0.084	−0.075

　　加装扰流板能控制舰面旋翼起动过程瞬态气弹响应，但是，不同来流情况下，加装扰流板的方案具有较大的局限性。扰流板在多个来流角度（来流角度为0°、120°、150°和210°）时无法完全实现对旋翼起动过程瞬态气弹响应的控制。各模型中控制效果最好的模型5可以在大部分情况下（来流角度为60°、90°、180°、240°、270°和300°）达到很好的控制效果，来流角30°时控制效果有限，其他角度时扰流板会使弹响应比原流场时更大。达到较好控制效果的模型1可在来流角30°和330°时达到最佳的控制效果，来流角60°、270°和300°时控制作用较弱，其余来流角度时旋翼起动过程瞬态气弹响应会增大。因此，扰流板对各个来流方向并不能起到很好的控制效果，甚至会增大旋翼瞬态气弹响应，给直升机舰面起动带来新的危险。

4.3.6　扰流板方法的优劣分析

　　扰流板加装于舰船上，相比于安装于直升机桨叶或桨毂上的控制装置，避免了控制装置对直升机本身飞行性能和可靠性等的影响。桨叶是旋转件，承受很大的离心力和较高水平的交变载荷，加装控制系统时需要对桨叶结构进行设计更改，并分析其对强度、刚度、可靠性和维护性等的影响，而加装于舰船上的实现难度明显低于加装于桨叶或桨毂，极大地降低了控制旋翼瞬态气弹响应所付出的代价。

　　上述研究中发现，加装扰流板的方法无法避免的缺点在于，加装某一构型扰流板后，不同来流时，扰流板对流场和旋翼瞬态气弹响应的控制效果不同，某些来流时，具有较好的控制效果，而某些来流时，旋翼瞬态气弹响应反而有可能增大，对来流角度的敏感性使得该方法无法在各方向来流都能达到好的控制效果。具有较好控制效果的模型5和模型1中扰流板均位于机库门顶部，桨盘与扰流板方位如图4.24所示。从图中可以看出，加装的具有较好控制效果的机库门顶部扰流板压缩了直升机起动时的操作空间，直升机起降过程中如受到舰面流场影响，可能出现滚转并向机库位置移动（陈华健等，2020），机库门顶部扰流板的添加将会使得直升机起动过程危险性增大。因此在机库门顶部加装扰流板的方案虽然可以降低旋翼起动过程瞬态气弹响应，但对于直升机起动过程的操作会带来新的危险。这会阻碍扰流板方法在控制舰面旋翼起动过程瞬态气弹响应的应用，因此需要进一步寻找不会增大直升机的操纵难度且能降低旋翼起动过程瞬态气弹响应的扰流板安装方案。

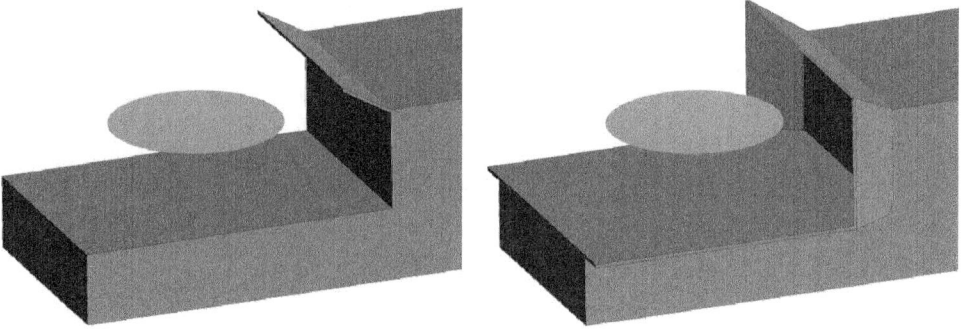

图 4.24　桨盘与扰流板安装

4.4　基于流场主动控制的旋翼瞬态气弹响应控制方法

已有的研究表明了基于甲板流动控制的旋翼瞬态气弹响应控制方法是切实有效的，而 Keller（2001）的研究也指出：被动流动控制方法，即基于扰流板的控制方法难以在不同的来流方向的情况下都达到旋翼起动过程瞬态气弹响应控制的目的。这是被动控制的特性决定的，被动控制系统在设计时在某个特定的来流情况效果较好，当来流情况发生变化时，被动控制系统难以适应，因此，同一套扰流板方案无法在各个来流方向均起到很好的流动控制效果，在适用性上难以满足实际情况的需求。主动流动控制根据来流条件的变化主动改变相关参数，能适应不同的流场环境，在各种情况均能达到较好的控制效果。主动流动控制在应用上具有明显的优势。借鉴前人的研究经验（Gallas et al.，2016），本节提出了在机库门与甲板加装射流装置的旋翼瞬态气弹响应控制方法，并对射流方法的控制原理和控制效果进行分析。

4.4.1　射流系统布置方案

射流系统的布置方案结合文献中抽气吹气主动控制系统的设计经验和扰流板的布置经验，提升基于射流方法的适用性。射流装置安装在机库门或甲板的边缘，如图 4.25 所示。射流系统包括 8 个独立的射流孔，每个射流孔的宽度为 1.0m。图 4.25（a）给出了位于机库门上的射流孔的位置与射流角坐标轴，图 4.25（b）给出了甲板上射流孔的位置和射流角坐标轴，表 4.3 列出了射流孔以及射流的角度。

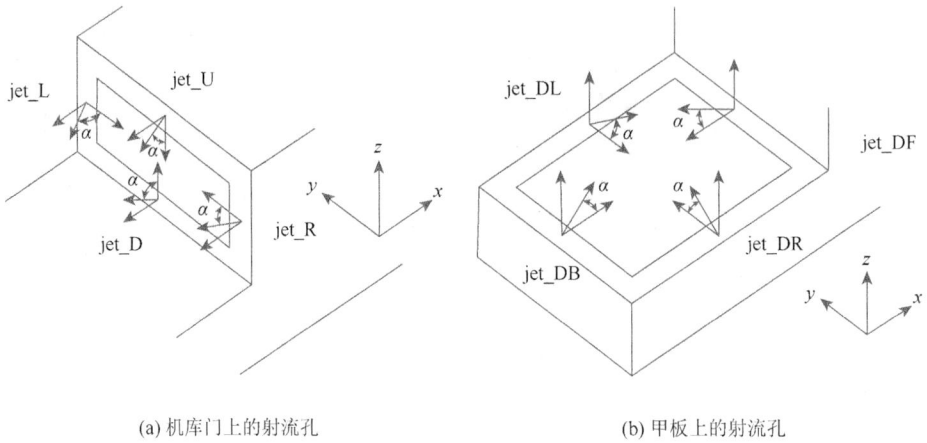

(a) 机库门上的射流孔   (b) 甲板上的射流孔

图 4.25　射流孔与射流角

表 4.3　射流孔以及射流角

射流孔	射流角度
jet_L	45°, 60°, 75°, 90°, 105°, 120°, 135°
jet_R	45°, 60°, 75°, 90°, 105°, 120°, 135°
jet_U	45°, 60°, 75°, 90°, 105°, 120°, 135°
jet_D	45°, 60°, 75°, 90°
jet_DL	45°, 60°, 75°, 90°, 105°, 120°, 135°
jet_DR	45°, 60°, 75°, 90°, 105°, 120°, 135°
jet_DB	45°, 60°, 75°, 90°, 105°, 120°, 135°
jet_DF	45°, 60°, 75°, 90°

4.4.2　射流系统流场控制效果研究

射流孔选择以 jet_U 为例验证射流系统的有效性。来流方向为 0°即舰艉来流，来流速度为 30m/s，射流速度分别选取 7m/s、10m/s 和 15m/s，射流角度为 90°。

1. 射流对流场影响

原流场和加装射流装置后的流场对比如图 4.26 所示。由图可知，射流的加入对甲板流场速度分布影响显著，随着射流速度的增大，甲板靠近机库位置流场的低速区域减小，甲板两侧的高速气流区域向甲板中心移动。

气流速度/(m/s)

(a) 原流场

气流速度/(m/s)

(b) 加装7m/s射流

气流速度/(m/s)

(c) 加装10m/s射流

气流速度/(m/s)

(d) 加装15m/s射流

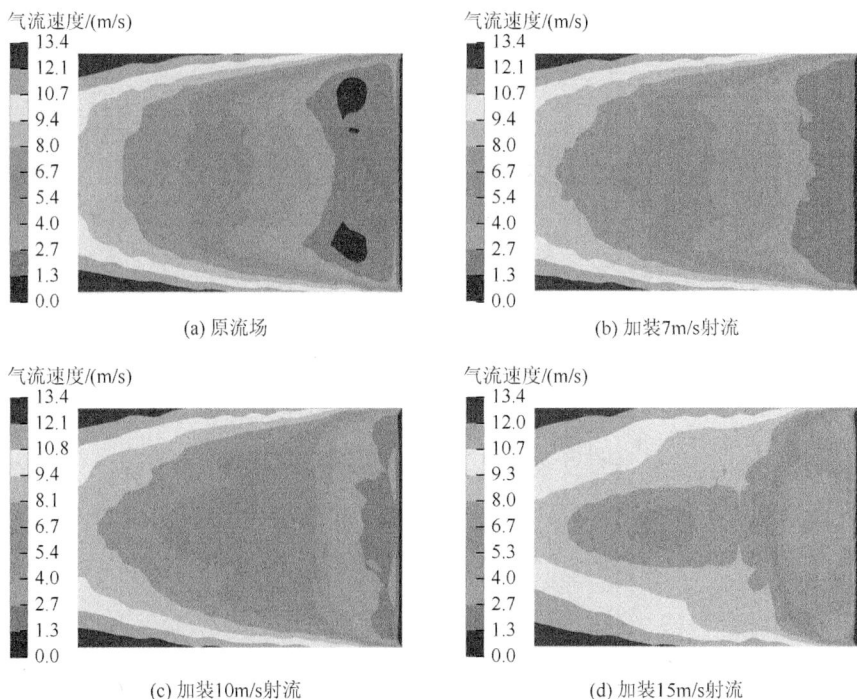

图 4.26　不同射流速度甲板流场

　　桨盘位置流场是影响旋翼瞬态气弹响应的主要因素，为了直观地对比射流对甲板流场的控制效果，选取直升机位于甲板中心点时桨盘位置流场图进行对比分析。不同速度射流时，桨盘位置流场如图 4.27 所示。随着射流速度的增大，桨盘流场速度逐渐增大，这是由于上射流的加入，甲板流场流速增大。机库顶部气流分离时动能的增大使得再循环区的涡能量增大，再循环区的范围减小。桨盘位置处原流场，由于处于湍流分离边界且在再循环区影响下，因此具有较大的速度梯

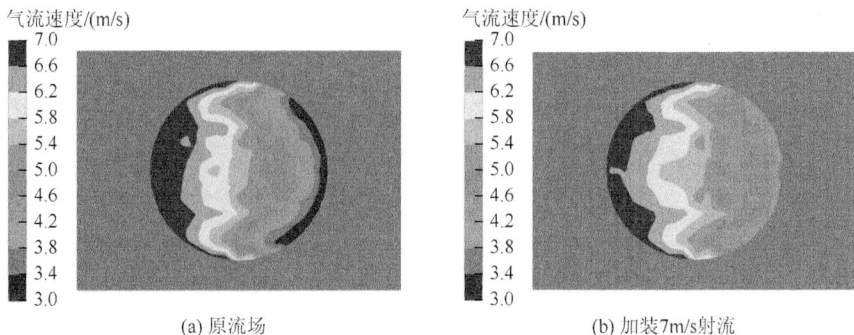

气流速度/(m/s)

(a) 原流场

气流速度/(m/s)

(b) 加装7m/s射流

(c) 加装10m/s射流　　　　　　　　　　(d) 加装15m/s射流

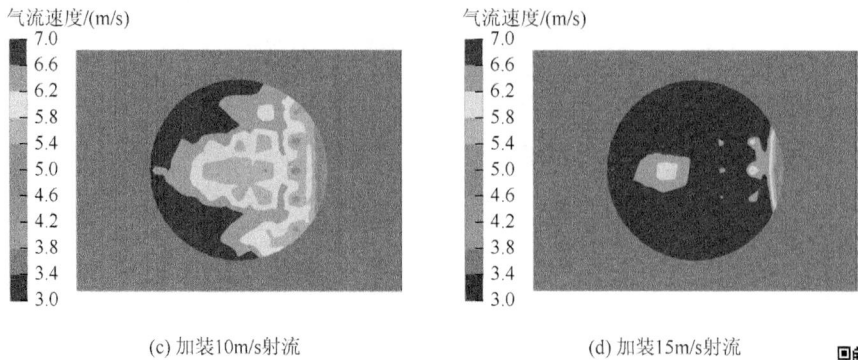

图 4.27　不同射流速度桨盘流场（彩图扫二维码）

度。随着射流的加入，再循环区减小，湍流分离边界向下偏转，桨盘位置流场受到湍流分离边界的影响增大。随着射流速度的增大，再循环区范围进一步减小，湍流分离边界向下偏转幅度增加，桨盘位置流场流速增大明显。

2. 射流对垂向速度和流线影响

垂向速度和湍流分离边界是影响旋翼瞬态气弹响应的重要因素，本小节对比了射流对垂向速度和流线的影响。

图 4.28 给出 SFS2 模型在没有射流影响时甲板流场垂向速度分布和流场流线，垂向速度平面为甲板纵向中心线所在平面，黑线为流场再附着点位置。由图可知，气流流过机库时，诱导作用使得机库附近甲板流场产生了再循环区，再附着点距离机库门 14.2m。

图 4.29 给出射流速度 7m/s 时甲板流场垂向速度和流线分布。由图可知，射流的添加使得再循环区范围减小、高度降低明显，湍流分离边界向下偏转，再附着点距离机库门 13.8m。由于射流给流场附加了动能，再循环区的涡强度增大，再循环区能量增大、范围减小。

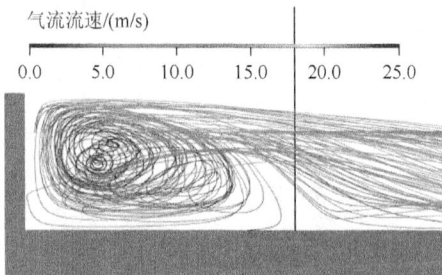

图 4.28　原流场垂向速度分布和流线图　　　图 4.29　加装 7m/s 射流垂向速度分布和流线图
（彩图扫二维码）

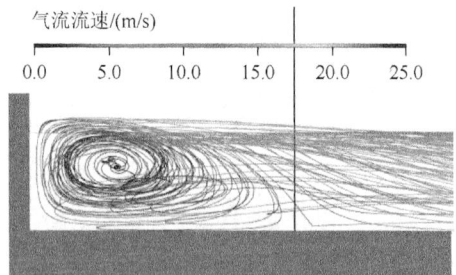

图 4.30 给出射流速度 10m/s 时甲板流场垂向速度和流线分布。从流线分布中可以看出，随着射流速度的增大，射流给流场附加的动能增加，再循环区的涡强度增大导致再循环区范围进一步减小。再附着点距离机库门 13m。

图 4.31 给出射流速度 15m/s 时甲板流场垂向速度和流线分布。由图可知，当上射流速度增大至 15m/s 时，再循环区的影响范围更加集中，再循环区的涡强度增大明显。此时，再附着点距离机库门 12.3m，涡的范围明显减小。

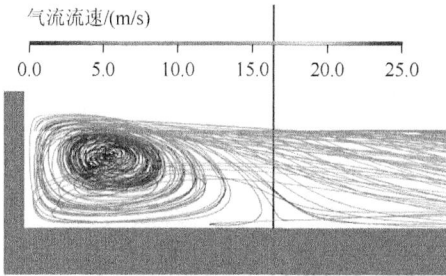

图 4.30　加装 10m/s 射流垂向速度分布和流线图

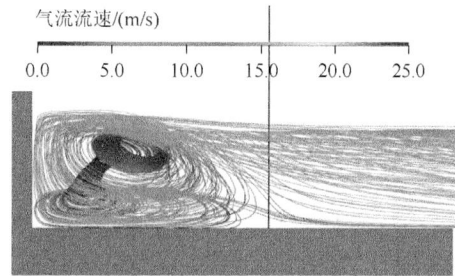

图 4.31　加装 15m/s 射流垂向速度分布和流线图

研究结果表明，射流的添加可以通过对再循环区范围和湍流分离边界位置的影响控制舰船甲板流场分布，说明射流可用于流场主动控制。

3. 不同来流时射流的有效性

舰船航行过程中来流方向并非一成不变，为验证不同来流角时射流的有效性，射流孔选择为 jet_U，射流速度为 7m/s，以射流方向与机库门垂直为例，对不同来流角时的流场进行分析。来流角分别选取 0°、90°、180°和 270°。

各来流角度射流时的流场与原流场的对比如图 4.32 所示。0°时射流装置明显地减小了再循环区的范围，再循环区中低速流场对甲板流场的影响范围变小。来流角为 90°和 270°时，由图 4.32 可知，添加射流装置后，低速范围即再循环区减小。来自 jet_U 的射流对由机库拖出的涡具有加速作用，使得再循环区的涡强度增大，随着再循环区涡强度的增大，涡的黏性增强，影响范围有所减小。来流角为 180°时，从甲板流场图可以看出，添加射流装置后，再循环区增大，由于机库的阻塞作用，在靠近机库位置产生再循环区，添加的射流会减小自由来流的绕流速度，由于射流速度与再循环区涡的速度方向相反，再循环区的涡强度降低，再循环区范围有所增大。

对比桨盘位置流场可更为直观地对比不同来流情况下射流对桨盘位置流场和瞬态气弹响应的影响。桨盘流场结果如图 4.33 所示。由图可知，在各个来流角度

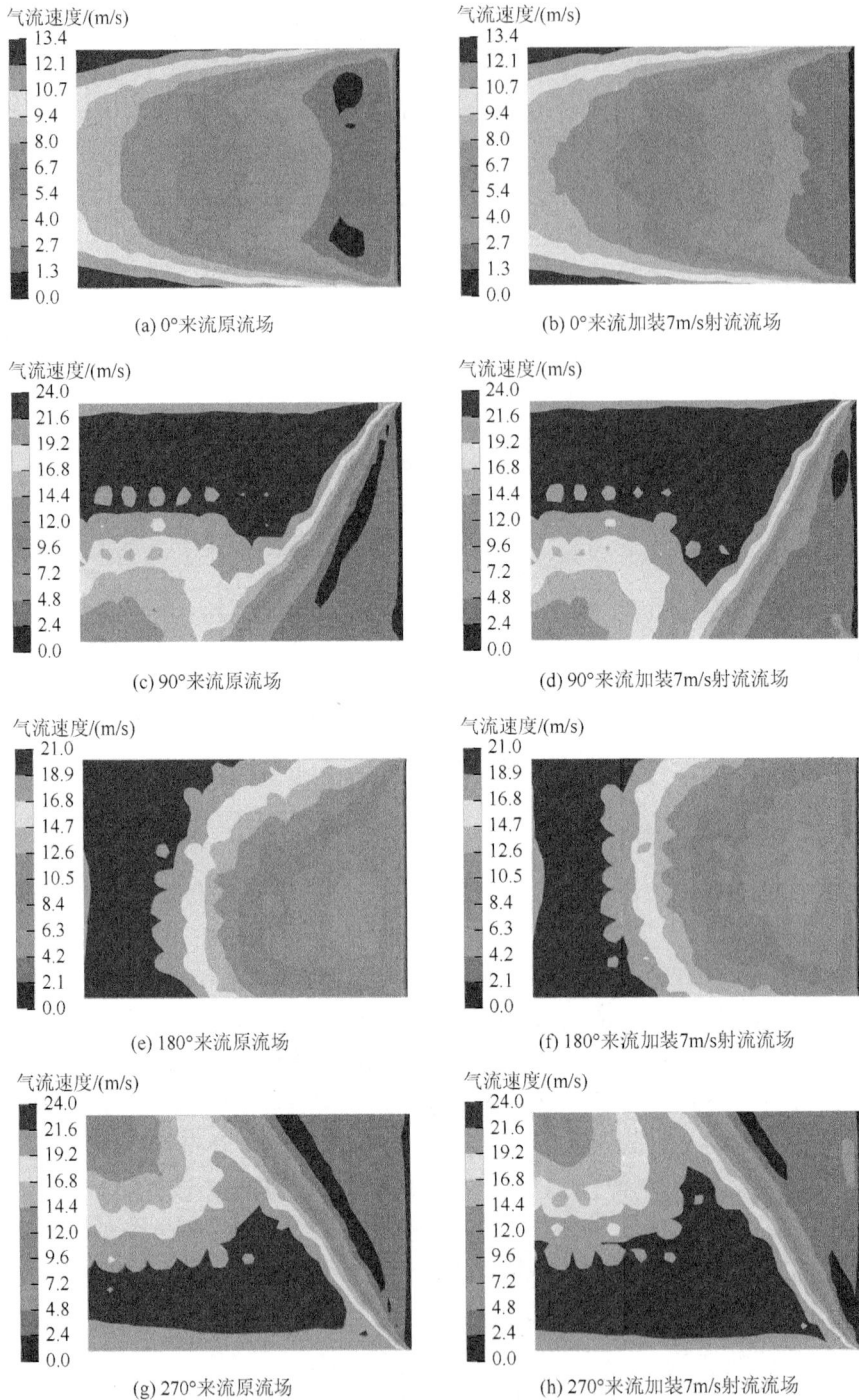

(a) 0°来流原流场

(b) 0°来流加装7m/s射流流场

(c) 90°来流原流场

(d) 90°来流加装7m/s射流流场

(e) 180°来流原流场

(f) 180°来流加装7m/s射流流场

(g) 270°来流原流场

(h) 270°来流加装7m/s射流流场

图 4.32　不同来流甲板流场对比

下，添加的射流均能有效地减小桨盘流场速度梯度。对桨盘处流场速度梯度的改变产生的原因有所不同，来流角为 0°、90°和 270°时，桨盘速度梯度的降低源于再循环区的减小使得再循环区的低速气流对桨盘位置流场的影响减小，整个桨盘位置流场的平均速度增大。来流角为 180°时，桨盘速度梯度的降低源于再循环区的增大使得湍流分离边界上高速气流对桨盘位置流场的影响减小，整个桨盘位置流场的平均速度降低。

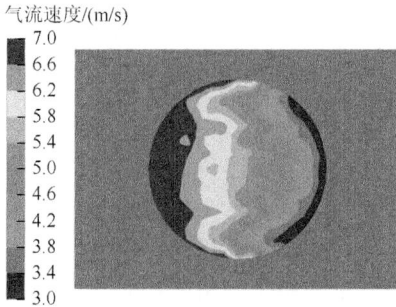

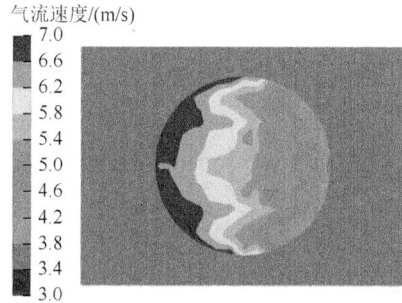

(a) 0°来流原桨盘流场　　　　　　　　(b) 0°来流加装7m/s射流桨盘流场

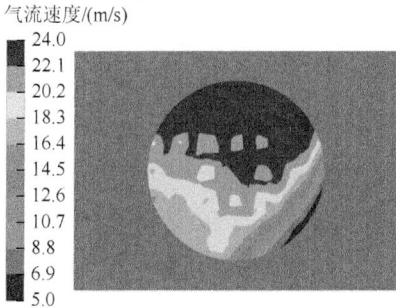

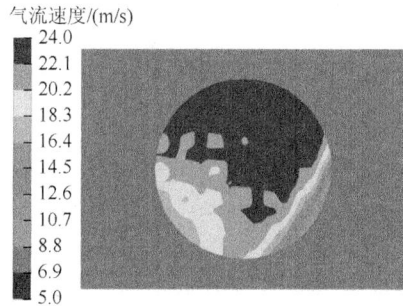

(c) 90°来流原桨盘流场　　　　　　　　(d) 90°来流加装7m/s射流桨盘流场

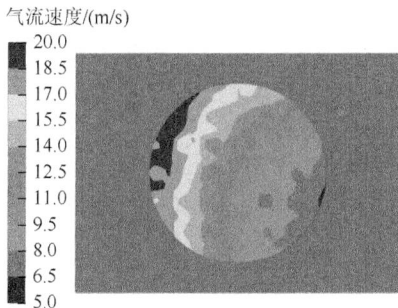

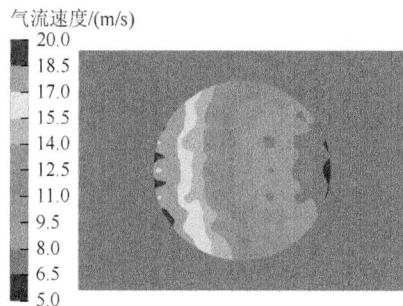

(e) 180°来流原桨盘流场　　　　　　　　(f) 180°来流加装7m/s射流桨盘流场

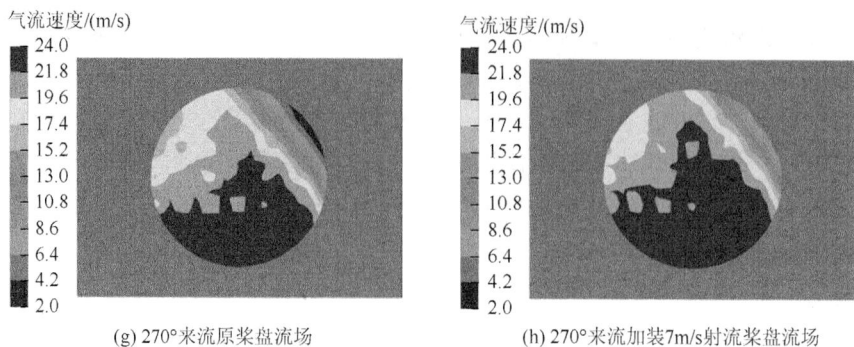

(g) 270°来流原桨盘流场   (h) 270°来流加装7m/s射流桨盘流场

图4.33   不同来流桨盘流场对比

4.4.3   射流对旋翼瞬态气弹响应影响

以舰艇来流角 0°、速度为 30m/s 为例，研究射流对旋翼起动过程瞬态气弹响应的影响。针对每个射流孔，选择不同的射流速度和射流角度对旋翼瞬态气弹响应进行影响分析，射流孔和射流角度见表 4.3。研究表明射流速度会影响射流控制效果，射流速度的增加会使得流动控制效果更加明显，为便于对比，射流速度选为 10m/s、15m/s 和 20m/s。

1. 射流孔 jet_L

射流孔选择 jet_L 时，随射流角和射流速度的变化桨尖负向位移最大值的变化如图 4.34 所示。由图可知，随着射流角的增大，10m/s 和 15m/s 的射流使得桨

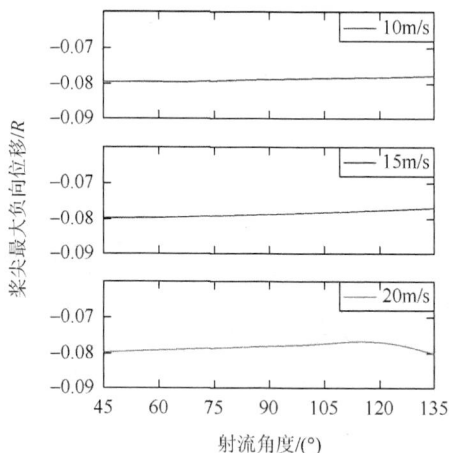

图4.34   jet_L 处射流的控制效果

尖负向位移最大值均减小，而在 20m/s 的射流影响下，随射流角增大，桨尖负向位移最大值先减小，射流角度 120°时达到最小值，然后随着射流角度的进一步增大，桨尖负向位移最大值再次增大。随着射流速度的增大，桨尖位移变化幅度增大。

从数值上看，射流速度为 10m/s 时，在射流角变化范围内，旋翼瞬态气弹响应均大于控制之前，即无法达到旋翼瞬态气弹响应控制目的。射流速度为 15m/s 和 20m/s 时，在射流角变化范围内，旋翼瞬态气弹响应的最小值均小于控制之前的结果，即可实现对瞬态气弹响应的控制。15m/s 的射流时可使得旋翼瞬态气弹响应减小 1.0%，20m/s 射流时可使得旋翼瞬态气弹响应减小 1.3%。

结合桨盘位置流线对射流后旋翼瞬态气弹响应变化原因进行分析，射流速度为 10m/s 时，不同射流角度下的桨盘位置处流线如图 4.35 所示。由图可知，10m/s 的射流对甲板流场产生了影响，由于添加的射流流速较小，对流场的影响也较小。从图 4.35（a）可以看出，射流角为 45°时，甲板左舷的湍流分离边界向机库偏转，桨盘受到湍流分离边界影响增大。射流对流场所附加的动能使得湍流分离边界上流速有所增大，相较于原流场，加装 45°、10m/s 射流后，旋翼起动过程瞬态气弹响应有所增大。随着射流角度的增大，甲板左舷的湍流分离边界向机库的偏转减小，湍流分离边界的偏转使得桨盘位置处流场受到甲板左舷湍流分离边界上高速气流的影响减小，旋翼瞬态气弹响应也逐渐减小。当射流角超过 90°后，随着射流角的进一步增大，甲板左舷湍流分离边界的移动进一步增大，射流角达到 135°时，甲板左舷湍流分离边界对于桨盘位置处流场影响减小，对桨盘左侧位置影响的气流变为再循环区低速气流，当射流角达到 135°时，旋翼瞬态气弹响应出现最小值。该角度时，甲板流场左侧湍流分离边界偏转，再循环区体积增大、高度增加，导致桨盘左侧气流的垂向速度和垂向速度梯度增大，而原流场桨盘位置处垂向速度处于较低的范围。因此，来自 jet_L 的 10m/s 射流在各个射流角度下均无法达到控制旋翼瞬态气弹响应的效果，最佳角度 135°时响应仍然大于原流场中的数值。

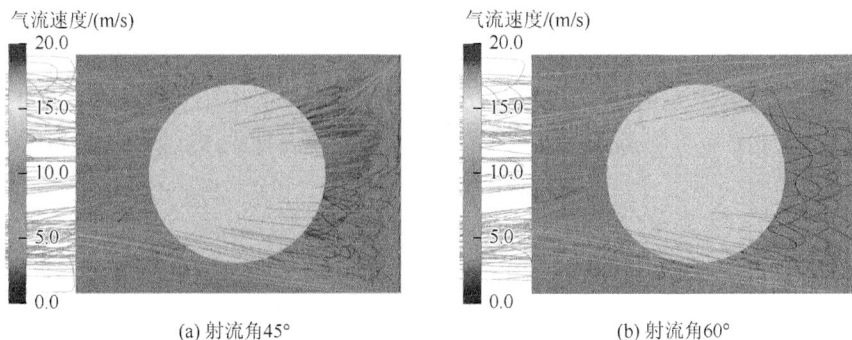

(a) 射流角45°　　　　　　　　　　　　　(b) 射流角60°

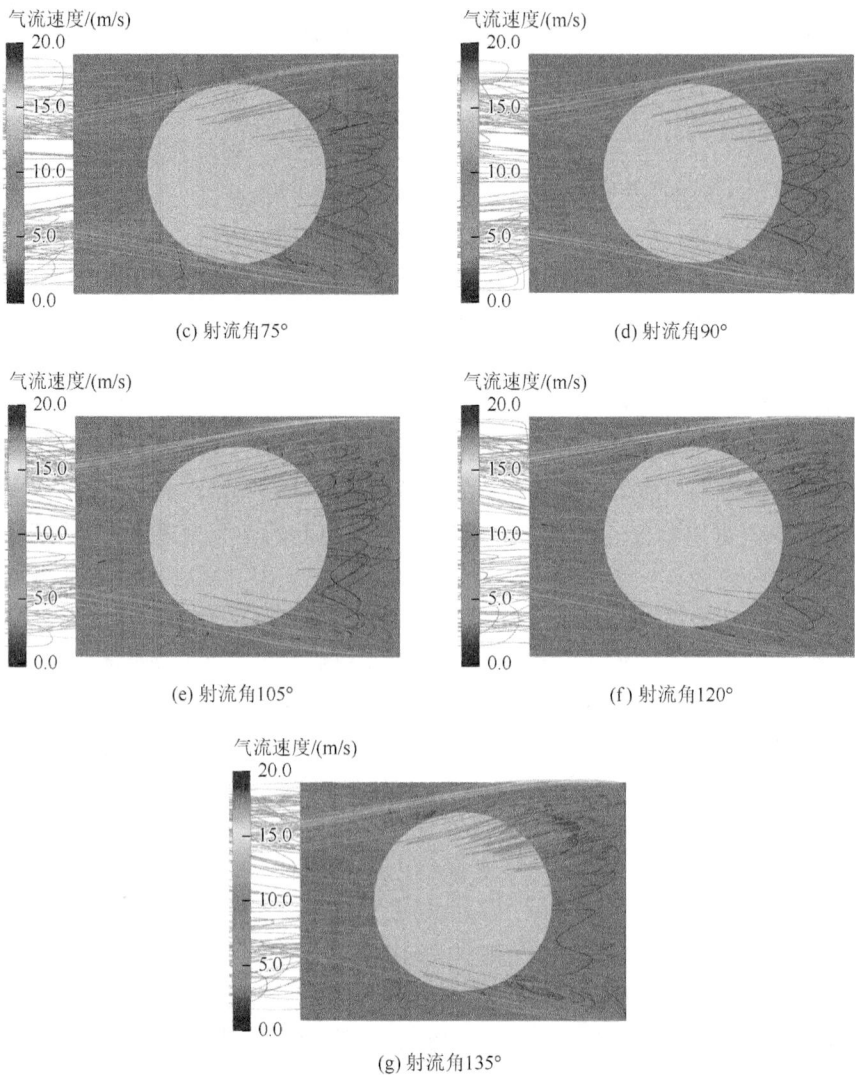

(c) 射流角75°

(d) 射流角90°

(e) 射流角105°

(f) 射流角120°

(g) 射流角135°

图 4.35　射流位于 jet_L 处时桨盘位置流线（射流速度为 10m/s）

　　当射流速度增大到 15m/s 和 20m/s 后，射流对甲板流场的影响有所增大，但流场的变化趋势与 10m/s 射流时相同。当射流角增大到 135°时，15m/s 射流给再循环区附加的动能比 10m/s 射流时更大，15m/s 射流使得再循环区动能增大、体积增大，且向甲板左舷方向移动。湍流分离边界上高速气流的影响减小，桨盘位置靠近右舷的地方，再循环区体积减小使得流动偏转减小，垂向速度梯度减小。因此，添加 15m/s、135°射流可以达到控制旋翼瞬态气弹响应的效果。

　　随着射流速度的进一步增大，20m/s、120°射流使得旋翼瞬态气弹响应小于原流场中的结果。当射流角进一步增大至 135°时，再循环区附加的动能更大，进而再循环区动能增加、体积进一步增大，且进一步向甲板左舷方向移动。相比于 15m/s 射流时向左舷移动得不明显，20m/s 射流时，再循环区向左舷移动明显，导致桨盘位置处流场受到湍流分离边界上高速气流的影响增大。因此，20m/s、135°射流非但无法降低旋翼起动过程瞬态气弹响应，甚至会出现更大的桨尖挥舞，将严重影响旋翼起动过程的安全性。

以上分析表明，当射流位于 jet_L 处时，射流速度和角度均不是越大越好。射流速度的增大虽然增强了甲板流场的控制效果，但是射流对流场的加速作用使得甲板流场湍动能增大，再循环区的涡强度也有所增加，这可能会导致旋翼瞬态气弹响应的增大。射流角度的增大可使得湍流分离边界向甲板边缘偏转，减小湍流分离边界上高速气流对旋翼瞬态气弹响应的影响，随着湍流分离边界位置的改变，另一侧的湍流分离边界也将改变，另一侧桨盘位置流场受到湍流分离边界上高速气流的影响增强，这同样会使得旋翼瞬态气弹响应增大。

2. 射流孔 jet_R

当射流位于 jet_R 位置时，随射流角度和速度的变化桨尖负向位移最大值的变化如图 4.36 所示。随着射流角的变化，桨尖最大负向位移的变化与射流孔选择 jet_L 时变化趋势相似，同样是 10m/s 的射流无法达到旋翼瞬态气弹响应控制效果，15m/s 的射流可使得桨尖最大负向位移减小 1.1%，20m/s 射流时可使得桨尖最大负向位移减小 1.4%。

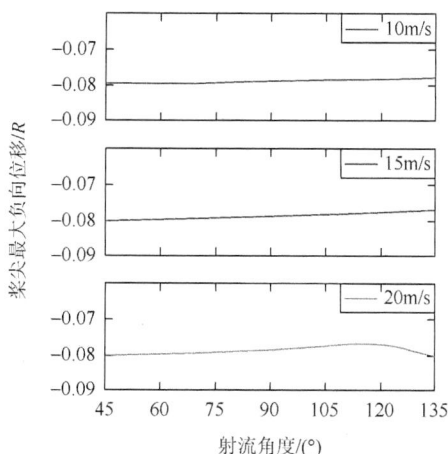

图 4.36　jet_R 处射流的控制效果

由流场的对称性，jet_R 位置射流对流场的影响与 jet_L 位置射流相同。对比两位置时桨尖最大负向位移的变化曲线可知，两者变化趋势相同，两位置时旋翼旋转方向相反，但桨尖最大负向位移随射流角的变化很小。jet_R 位置射流对流场影响的分析不再赘述。

3. 射流孔 jet_U

当射流位于 jet_U 处时，射流角度和速度对桨尖负向位移最大值的影响如图 4.37 所示。由图可知，随着射流角的增大，10m/s 射流对桨尖最大负向位移的影响趋势是先增大后减小再增大，而 15m/s 和 20m/s 射流时，桨尖最大负向位移的变化趋势是先增大后减小，并不会在 135°时出现再次增大的情况。从数值上看，10m/s 和 15m/s 射流时，在射流角变化范围内，桨尖最大负向位移均大于控制之前的结果，即无法达到旋翼瞬态气弹响应控制效果。20m/s 射流时，在射流角变化范围内，桨尖最大负向位移的最小值小于控制之前的结果，即可实现旋翼瞬态气弹响应控制。20m/s 射流降低桨尖最大负向位移的幅值很小，仅为 0.5%。

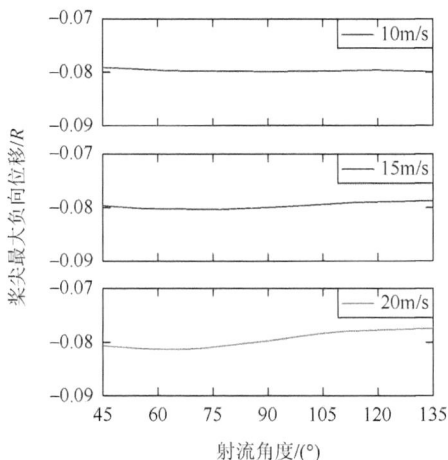

图 4.37　jet_U 处射流的控制效果

不同射流角度下的桨盘位置流线如图 4.38 所示，射流速度均为 10m/s。由图可知，10m/s 射流对甲板流场产生了影响，由于添加的射流流速较小，对于流场的影响相应较小。从图 4.38（a）可以看出，射流角为 45°时，气流流过机库门顶部时气流分离，在向下偏转的射流影响下向下偏转，即湍流分离边界向下偏转。45°射流时，再循环区范围减小，靠近甲板两侧的位置处，再循环区在湍流分离边界的诱导下边缘破碎，甲板两侧湍流分离边界偏转减小。湍流分离边界向下偏转使得桨盘位置流场受湍流分离边界上高速气流的影响增大，旋翼瞬态气弹响应较大。

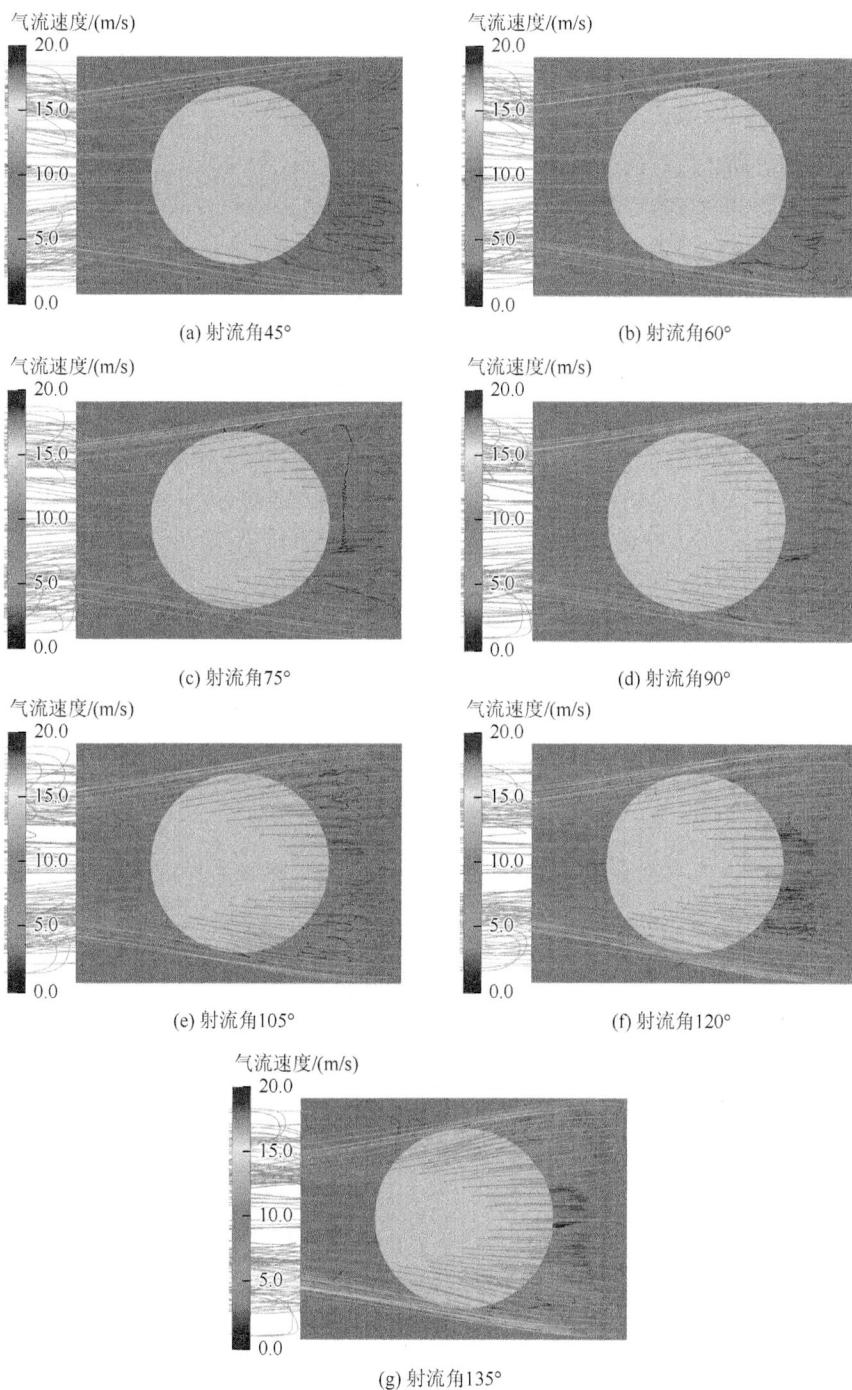

(a) 射流角45°

(b) 射流角60°

(c) 射流角75°

(d) 射流角90°

(e) 射流角105°

(f) 射流角120°

(g) 射流角135°

图 4.38　射流位于 jet_U 处时桨盘位置流线

随着射流角度的增大，靠近甲板纵向中心线位置湍流分离边界逐渐上偏，甲板两侧破碎的再循环区逐渐恢复，75°时再循环区再次变为一个完整不破碎的区域，在这个变化过程中甲板两侧的湍流分离边界逐渐向下偏转。相对于来流来说，甲板两侧正好对应旋翼前行侧和后行侧，对气动力的影响较大，射流角增大到 75°的过程中，旋翼瞬态气弹响应会进一步增大。随射流角继续增大，湍流分离边界进一步向上偏转，桨盘平面受到湍流分离边界上高速气流影响的区域逐渐减小，旋翼瞬态气弹响应逐渐减小。射流角增大到 135°时，10m/s 速度的射流动能不足，导致湍流分离边界在上偏的同时曲率增大，即垂向速度增大，旋翼瞬态气弹响应再次增大。

射流速度增大到 15m/s 和 20m/s 时，变化趋势与射流速度为 10m/s 时相同，区别在于，当射流角增大到 135°时，由于 15m/s 和 20m/s 速度射流具有足够的动能，湍流分离边界的曲率相比于 10m/s 射流时有所增大，垂向速度减小且受湍流分离边界上高速气流影响减小，135°时旋翼瞬态气弹响应进一步减小。因此，当射流位于 jet_U 处、射流角为 135°时，速度足够大的射流能达到控制旋翼瞬态气弹响应的效果。

4. 射流孔 jet_D

当选择 jet_D 处射流时，桨尖负向位移最大值随射流角度和射流速度的变化如图 4.39 所示。由图可知，射流速度的不同使得桨尖最大负向位移变化趋势有所不同，当射流速度为 10m/s 时，随着射流角的增大，桨尖负向位移最大值先减小后增大，而当 15m/s 和 20m/s 时，随着射流速度的增大，桨尖负向位移最大值先增大后减小。位于 jet_D 处射流难以达到旋翼瞬态气弹响应控制的目的。

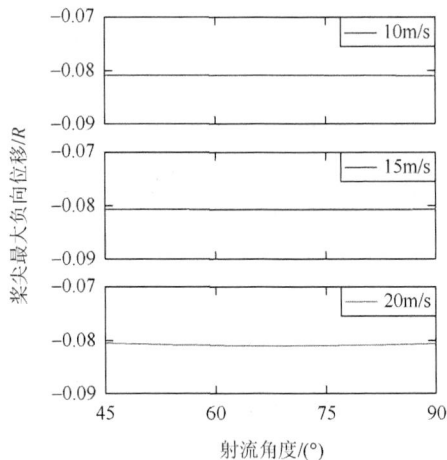

图 4.39　jet_D 处射流的控制效果

不同射流角时桨盘位置处流线如图 4.40 所示，射流速度均为 10m/s。由图可知，当添加 jet_D 位置射流后，甲板位置再循环区结构会发生变化，当射流角度为 45°时，射流在自由来流的诱导下偏转至顶部湍流分离边界上，并在射流与机库门之间的区域里生成一个新的再循环区，影响桨盘位置流场的主再循环区会向舰艉移动，射流的加入使得湍流强度增加，主再循环区范围减小导致湍流分离边界向下偏转，进而导致桨尖负向位移最大值有所增加。随着射流角的增大，当射流角增大到 60°时，射流与机库门之间的新再循环区增大，而主再循环区减小，主再循环区的再次减小使得靠近甲板两侧位置再循环区在湍流分离边界的诱导下破碎，桨盘两侧位置湍流分离边界向下偏转有所减小，射流角为 60°时桨尖负向位移最大值略有减小。随着射流角的进一步增大，射流与机库门之间新的再循环区范围逐步增大，而主再循环区不断缩小破碎，然后湍流分离边界向下偏转增大，桨尖负向位移最大值逐渐增大。

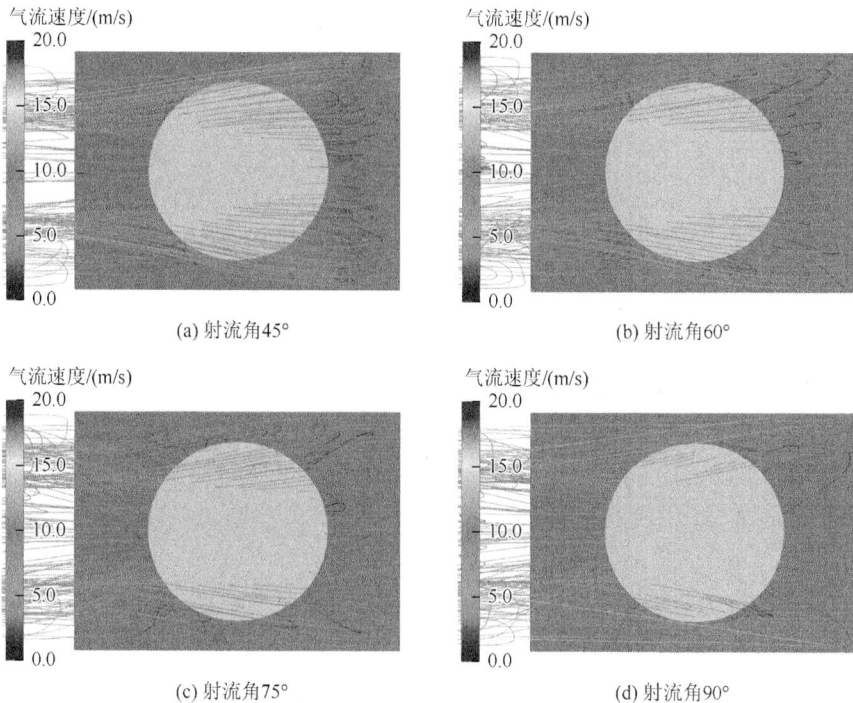

图 4.40　射流位于 jet_D 处时桨盘位置流线（射流速度为 10m/s）

当射流速度增大到 15m/s、射流角为 45°时，甲板流场特征与添加 10m/s 射流时相同，均产生了一个新的再循环区。射流角的增大使得再循环区的动能增大，主再循环区范围减小，湍流分离边界向下偏转增大。在射流动能影响下，湍流分离边界向舰艉方向移动。因此，45°射流时桨盘位置受湍流分离边界上高速气流的影响减弱，相比 10m/s 射流时桨尖负向位移最大值有所减小。当射流角增大为 60°时，由于 15m/s 射流具有更大的动能，再循环区附加的能量够大使得再循环区破碎延迟且湍流分离边界向下偏转幅度增加，桨尖负向位移最大值进一步增大。射流角为 75°时，主再循环区破碎使得湍流分离边界向下偏转减缓，桨尖负向位移最大值有所减小。射流角为 90°时，由于射流具有较大的动能，在诱导作用下射流向上偏转幅度较小，新再循环区体积增大使得湍流分离边界偏转减小，桨尖负向位移最大值进一步减小。

射流速度为 20m/s 时，甲板流场特性与 15m/s 射流时甲板流场相似，由于射流所附带动能的增大，甲板流场变化相比 15m/s 射流时的流场变化幅度更大。因此，20m/s 射流时旋翼瞬态气弹响应随射流角度的变化趋势与 15m/s 射流时的变化趋势相同、变化幅度更大。

jet_D 处射流在各个射流速度和射流角度下难以实现旋翼起动过程瞬态气弹响应控制。

5. 射流孔 jet_DR

当射流位于 jet_DR 处时，桨尖负向位移最大值随射流角度和射流速度的变化如图 4.41 所示。由图可知，当射流速度为 10m/s 时，射流对瞬态气弹响应的影响很小，随射流角度的增加变化不大。而当射流速度为 15m/s 和 20m/s 时，随着射流角度的增大，桨尖负向位移最大值先减小，当射流角度为 90°时桨尖负向位移最大值减小至最小值，然后随着射流角度的增加桨尖负向位移最大值开始增大，当

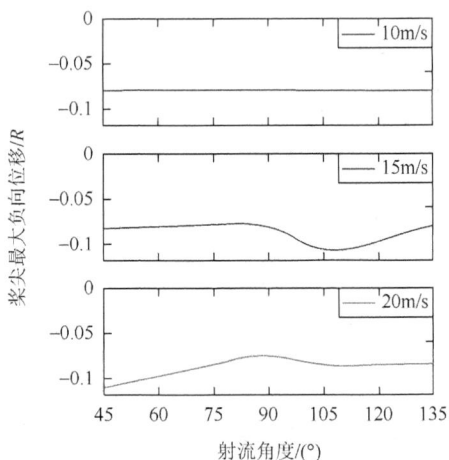

图 4.41　jet_DR 处射流的控制效果

射流角度为 105°时桨尖最大负向位移达到最大值，之后最大值再次减小。10m/s 射流时，在射流角变化范围内桨尖负向位移最大值均大于控制之前的数值，即难以达到响应控制。射流速度为 15m/s 或 20m/s 时，在射流角变化范围内桨尖负向位移最大值均小于控制之前的结果，即可实现旋翼瞬态气弹响应控制。15m/s 射流时桨尖负向位移最大值减小 1.3%，20m/s 射流时桨尖负向位移最大值减小 7.9%。

射流速度为 10m/s 时，不同射流角度下的桨盘位置流线如图 4.42 所示。由图可知，再循环区的结构发生变化。45°射流角时，如图 4.42（a）所示，射流使得甲板右舷位置再循环区的形状发生了变化，将原来靠近右舷接近舰艏位置的较大

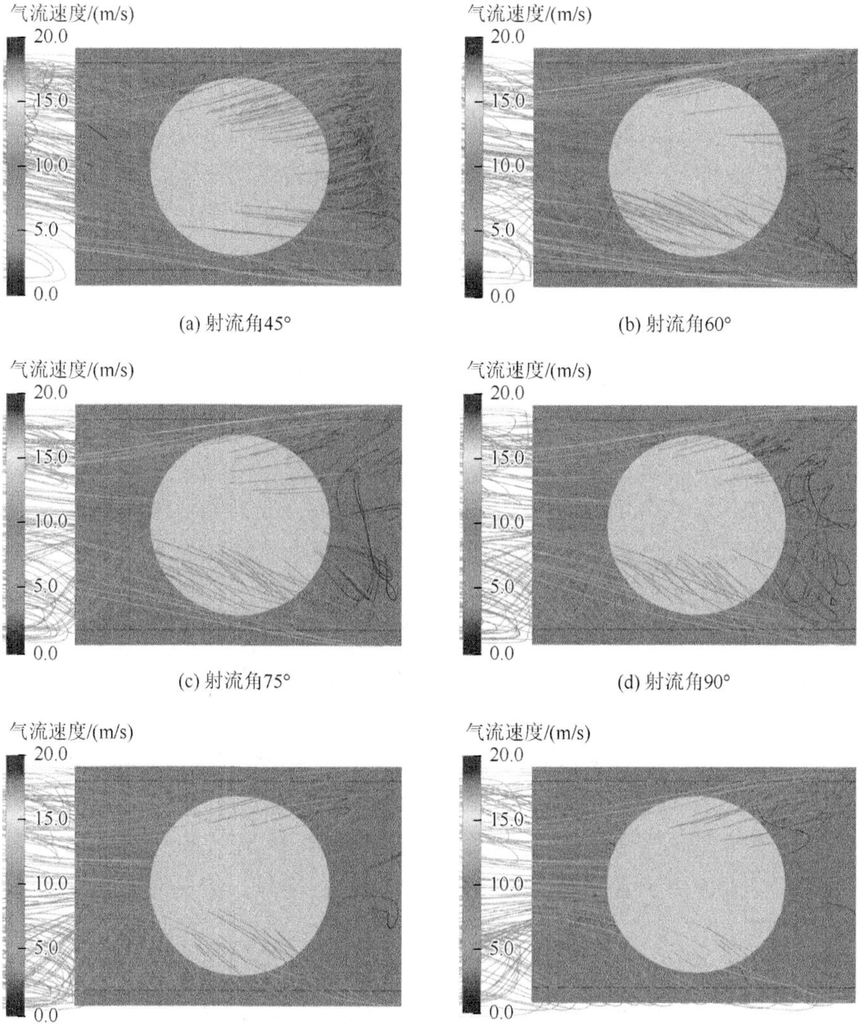

(a) 射流角45°　(b) 射流角60°

(c) 射流角75°　(d) 射流角90°

(e) 射流角105°　(f) 射流角120°

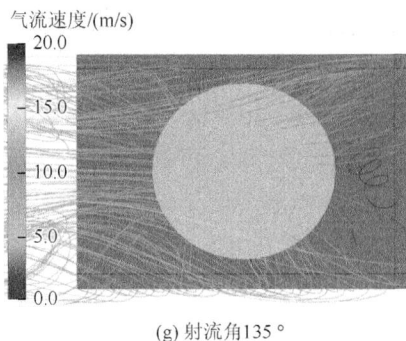

(g) 射流角135°

图 4.42　射流位于 jet_DR 处时桨盘位置流线（射流速度为 10m/s）

的部分的高度降低，而原来靠近右舷接近舰艉的较小部分在射流的影响下增大。在靠近舰艏接近右舷的位置出现一个再循环区高度最低的位置。与此同时，再循环区在甲板左舷的部分由于受到右舷位置湍流分离边界的挤压，上方的湍流分离边界向左舷偏转，甲板左舷再循环区高度有所增加，湍流分离边界上气流向下偏转幅度增大。在射流的作用下，桨盘位置流场受到的湍流分离边界上高速气流的影响增大，且高速气流向下偏转增大，出现较大的旋翼瞬态气弹响应。60°射流角时，靠近舰艏接近右舷位置的再循环区高度最低位置依然存在，但靠近右舷部分的再循环区高度增加，湍流分离边界上高速气流对桨盘位置的影响有所减弱。湍流分离边界的升高也使得湍流分离边界上高速气流的向下偏转减小，旋翼瞬态气弹响应有所减小。随着射流角度一直增大到 90°，甲板流场特性没有发生变化，只是甲板右舷部分再循环区的扩大使得靠近右舷部分的再循环区高度增加，湍流分离边界上高速气流对桨盘位置的影响减弱，湍流分离边界上高速气流的向下偏转也有所减小。在这个过程中旋翼瞬态气弹响应逐渐减小。当射流角增大到 105°时，甲板右舷的再循环区向甲板右舷方向移动，且影响位置向舰艉方向移动，再循环区范围也有所缩小。右舷位置再循环区的移动使得其对甲板左舷位置再循环区的挤压减少，右舷位置再循环区的影响区域增大，高度有所降低。右舷位置再循环区的减小使得湍流分离边界向下的偏转增加，桨盘位置受到湍流分离边界上高速气流的影响增强，旋翼瞬态气弹响应再次增大。随着射流角度的进一步增大，甲板右舷位置再循环区逐渐缩小且逐渐向舰艉移动，此时左舷位置的再循环区影响范围逐渐扩大，由于受到左舷位置再循环区影响增强，旋翼起动过程瞬态气弹响应又有所减小。

　　当射流速度增大到 15m/s 或 20m/s 时，添加射流对甲板流动控制效果与添加 10m/s 射流时的控制效果相同，但控制效果有所增强，旋翼瞬态气弹响应随射流角度增加的变化也相似。15m/s 射流时，射流角增大到 105°会使甲板右舷再循环区范围扩大、高度增加，桨盘位置流场湍流分离边界上高速气流向下的偏转增大，旋翼瞬态气弹响应出现较大幅度的增加。

20m/s、45°射流时，射流动能的增加使得甲板右舷位置再循环区范围显著扩大，湍流分离边界偏转加剧，而湍流分离边界偏转的加剧使得对甲板左舷位置再循环区的挤压加剧，甲板左舷再循环区对桨盘位置流场影响减弱。湍流分离边界较大的偏转以及桨盘靠近左舷位置受到湍流分离边界上高速气流影响的增强使得旋翼瞬态气弹响应明显增大。射流角度为105°时，射流动能的增加使得再循环区范围扩大，湍流分离边界上高速气流对桨盘位置流场的影响减弱，旋翼瞬态气弹响应增大幅度有所降低。

以上分析表明，当射流位于 jet_DR 处时，射流速度和射流角度均不是越大越好，速度的增加有可能使得射流造成的靠近右舷的不封闭再循环区影响范围缩小，从而使得湍流分离边界向下偏转更大，且桨盘位置受到湍流分离边界上高速气流的影响更大，旋翼起动过程瞬态气弹响应增大。射流角度的增大可能使得靠近右舷的不封闭再循环区位置移动，虽然在速度的增加，如 20m/s 射流时，由于靠近右舷的不封闭区范围有所扩大，105°时旋翼瞬态气弹响应增大幅度有所减小，但依然会使得旋翼瞬态气弹响应增大。

6. 射流孔 jet_DL

当射流位于 jet_DL 处时，桨尖负向位移最大值随射流角度和射流速度的变化如图4.43所示，随着射流角度的变化，桨尖最大负向位移的变化与射流位于 jet_DR 处时的变化趋势相似，10m/s 射流时，无论射流角度为多少，对瞬态气弹响应的

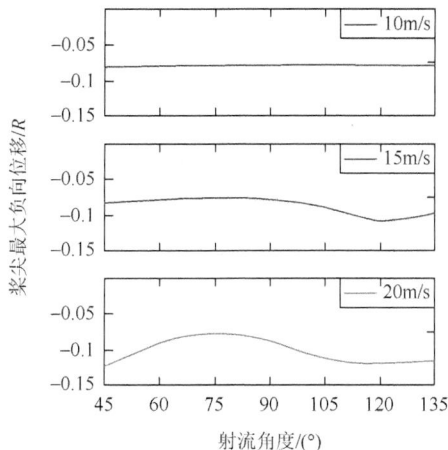

图 4.43 jet_DL 处射流的控制效果

影响都很小。15m/s 或 20m/s 射流速度时，变化趋势与射流位于 jet_DR 处时相似，但最小值点对应的射流角度变为 75°，而最大值点对应的射流角度变为 120°。从数据上来看，10m/s 射流无法使得桨尖负向位移最大值减小，15m/s 射流可使得桨尖负向位移最大值减小 3.7%，20m/s 射流可使得桨尖负向位移最大值减小 6.2%。

　　由于流场的对称性，jet_DL 处射流对流场的影响与 jet_DR 处射流相同，对旋翼瞬态气弹响应的影响趋势也相同，旋翼瞬态气弹响应随射流角度的变化趋势与旋翼旋转方向相关度较小。

7. 射流孔 jet_DB

　　当射流位于 jet_DB 处时，桨尖负向位移最大值随射流角度和射流速度的变化如图 4.44 所示。不同射流速度时，桨尖负向位移最大值随射流角度的变化趋势相同，随射流角度的增大，桨尖负向位移最大值减小，随着射流速度的增大，桨尖负向位移最大值有所增加。各射流角度和射流速度时，来自 jet_DB 的射流均难以达到控制旋翼瞬态气弹响应的目的。

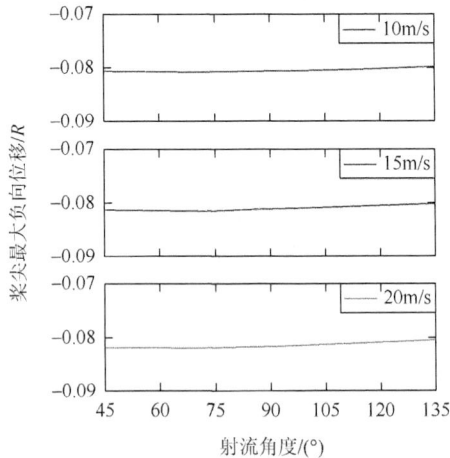

图 4.44　jet_DB 处射流的控制效果

　　不同射流角度时桨盘位置流线如图 4.45 所示，射流速度均为 10m/s。jet_DB 处射流改变了甲板流场湍流分离边界和为再循环区流动附加了动能。45°射流角时，如图 4.45（a）所示，射流直接增加了再循环区的动能，使得再循环区能量增加，流速与范围都有增大，受限于射流的位置，再循环区的面积增大较小、高度增大较多，湍流分离边界向上移动且曲率增大。桨盘位置流场受到偏转更大的湍流分离边界和再循环区影响，垂向速度和垂向速度梯度都有所增加，桨尖负向位移最大值增大。随着射流角度的增大，直到 90°时，才使得湍流分离边界的曲率逐渐减小，再循环区能量增加的同时面积有所增大，桨盘位置垂向速度和垂向速度梯度逐渐减小。射流角度超过 90°后，在射流的诱导作用下再循环区范围进一步扩大，桨盘位置受到湍流分离边界上高速气流影响减弱，桨尖负向位移最大值逐渐减小。由于射流附加给再循环区能量，即使降低至 135°射流角时的最小值，桨尖负向位移最大值依然大于原流场中的数值。

15m/s 或 20m/s 射流速度时，流场变化原理与 10m/s 射流速度时相同。射流速度越大，附加给再循环区的能量越大，桨尖负向位移最大值也会增大。来流角为0°时，jet_DB 位置的射流难以控制舰面旋翼起动过程瞬态气弹响应，较大的射流速度会导致更加严重的桨叶挥舞。

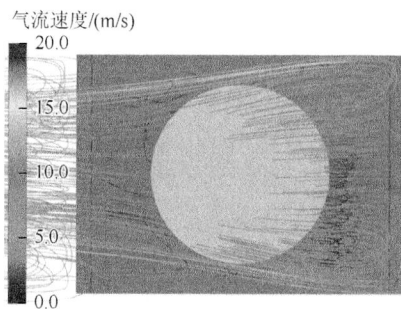

(a) 射流角45°

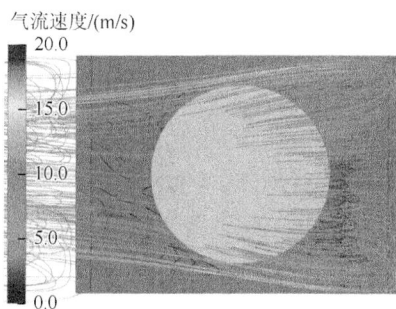

(b) 射流角60°

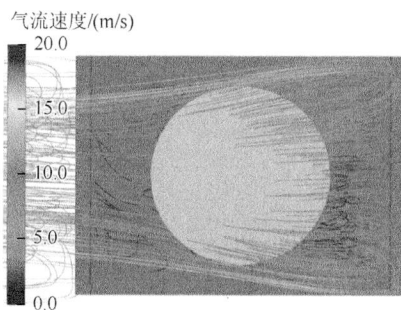

(c) 射流角75°

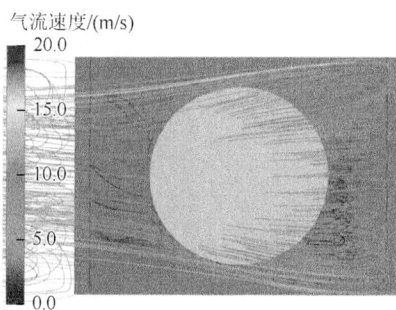

(d) 射流角90°

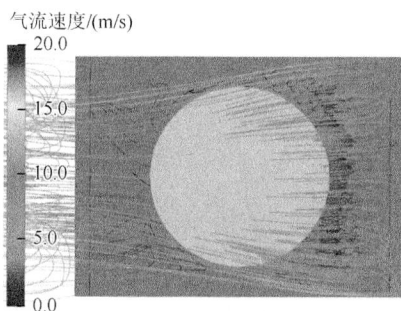

(e) 射流角105°

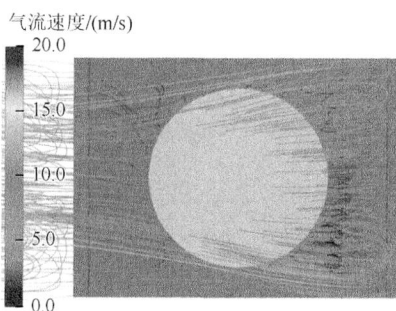

(f) 射流角120°

气流速度/(m/s)

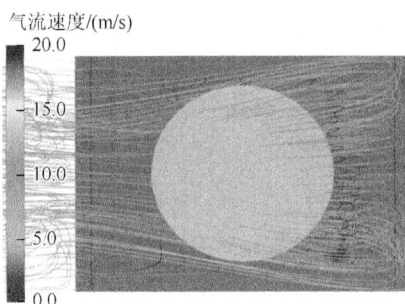

(g) 射流角135°

图 4.45　射流位于 jet_DB 处时桨盘位置流线（射流速度为 10m/s）

8. 射流孔 jet_DF

射流位于 jet_DF 处时，桨尖负向位移最大值随射流角度和射流速度的变化如图 4.46 所示。射流速度为 10m/s 或 15m/s 时，桨尖负向位移最大值随射流角度的增大先增大后减小。20m/s 射流速度时，桨尖负向位移最大值随着射流角度的增大而减小。各个射流角度和射流速度时，位于 jet_DF 的射流均难以达到控制旋翼瞬态气弹响应的目的。

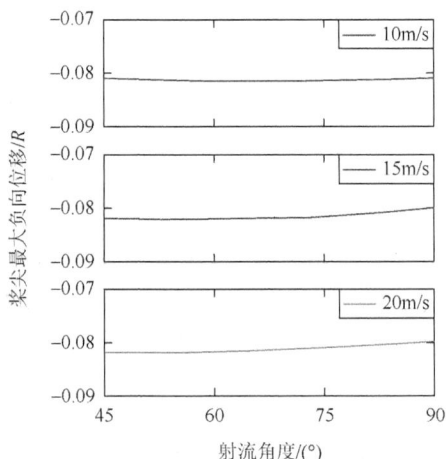

图 4.46　jet_DF 处射流的控制效果

不同射流角度时，桨盘位置流线如图 4.47 所示，射流速度均为 10m/s。10m/s、45°射流时，如图 4.47（a）所示，湍流分离边界向下移动，再循环区由于射流动能的加入流速增加，湍流分离边界向下移动使得桨盘位置流场受到湍流分离边界上高速气流的影响而增加，再循环区能量的增加使得垂向速度和垂向速度梯度均

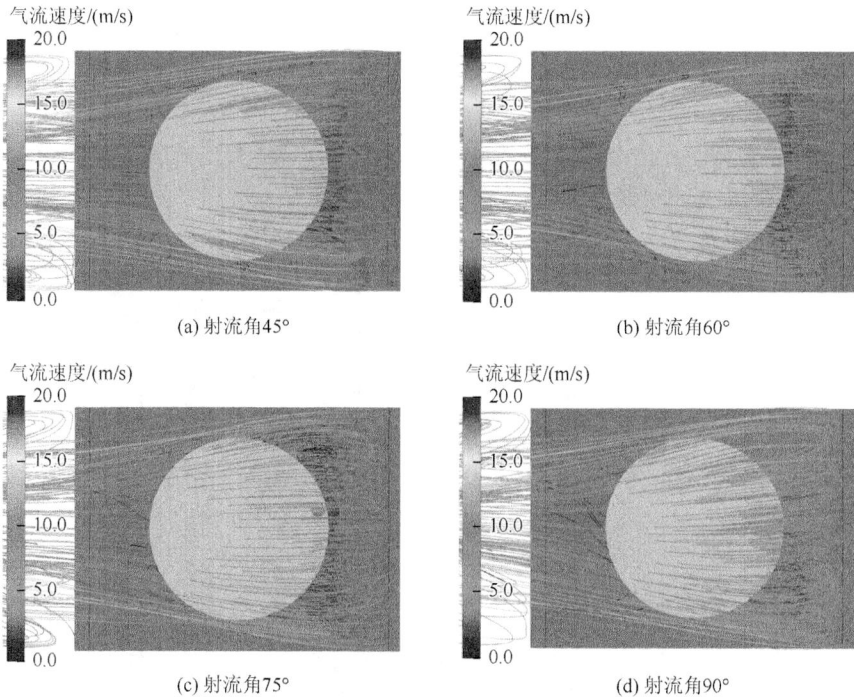

(a) 射流角45°　　　　　　　　　　　　　　(b) 射流角60°

(c) 射流角75°　　　　　　　　　　　　　　(d) 射流角90°

图 4.47　射流位于 jet_DF 处时桨盘位置流线（射流速度为 10m/s）

有所增大，桨尖负向位移最大值比原流场中的值有所增加。随着射流角度的增大，湍流分离边界向下移动减少，再循环区向机库位置移动，垂向速度和垂向速度梯度有所增大，桨尖负向位移最大值相比 45°射流角度时有所增大。当射流角度增大到 90°时，湍流分离边界向上移动明显，桨盘位置受到湍流分离边界上高速气流影响的范围缩小，桨尖负向位移最大值又略有减小。

15m/s 或 20m/s 射流时，随着射流速度的增大，湍流分离边界向上移动更加显著。15m/s、75°射流时，桨尖负向位移最大值已经小于射流角度为 45°时的最大值。20m/s 射流速度时，湍流分离边界的移动已经成为主要的影响因素，随着射流角度的增大，桨尖负向位移最大值逐渐减小，由于射流附加动能的影响依然大于湍流分离边界移动的影响，来流角为 0°时，位于 jet_DF 处射流难以控制舰面旋翼起动过程瞬态气弹响应。

9. 射流对旋翼瞬态气弹响应影响分析

各射流位置处不同射流速度和射流角度对桨尖负向位移最大值的影响如图 4.48 所示，图中横线为原流场中旋翼起动过程最大负向位移值。由图可知，射流装置的位置和射流速度对瞬态气弹响应计算结果影响显著。桨尖负向位移最大值随 jet_DB 处射流速度的增大而增大，而其他射流对桨尖负向位移最大值的影响都是随着射流速度的增大而减小。jet_DB、jet_DF 和 jet_D 三处射流难以达到减小桨尖负向位移最大值的效果，反而会使得位移增大。jet_DR 处射流在射流速度为 20m/s、角度为 90°时，获得了最佳的旋翼瞬态气弹响应控制效果，最大负向位移减小 7.9%，但 10m/s 射流速度时难以减小最大负向位移。

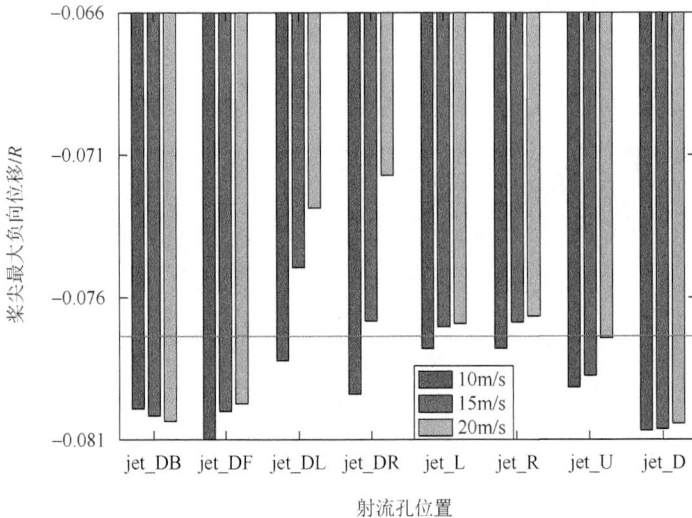

图 4.48　不同射流孔影响下旋翼起动过程桨尖负向位移最大值

　　射流对旋翼瞬态气弹响应的控制主要通过改变湍流分离边界的位置和形状，射流速度和射流角度不同对湍流分离边界的影响不同。因此，在选择射流孔位置、射流速度和射流角度时并没有统一的经验方法，需要对流场进行分析和对比。射流选择不当有可能增大旋翼起动过程瞬态气弹响应，进一步加剧直升机起动时的危险性。

4.4.4　不同来流时射流对瞬态气弹响应影响

　　通过来流方向的选取来模拟舰船前行过程中存在侧风的情况，来流速度取为 30m/s，射流速度取为 10m/s、15m/s 和 20m/s。射流对桨尖负向位移最大值的最佳控制效果如图 4.49 所示。由图可知，射流的合理选取能有效地控制起动过程旋翼瞬态气弹响应。0°、210°和 240°时的桨尖最大负向位移减小得比较少，其他位置处桨尖最大负向位移减小均超过 10%，90°、270°和 300°来流时，桨尖最大负向位移减小超过了 50%。

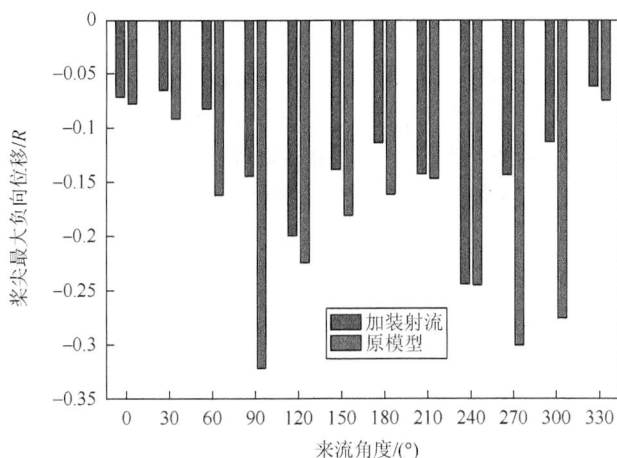

图 4.49　加装射流装置后最佳控制结果

对比桨盘位置流线变化对控制效果产生原理进行分析。来流角为 90°时，桨盘位置流线和旋翼瞬态气弹响应如图 4.50 所示。90°来流时，最优的射流口为

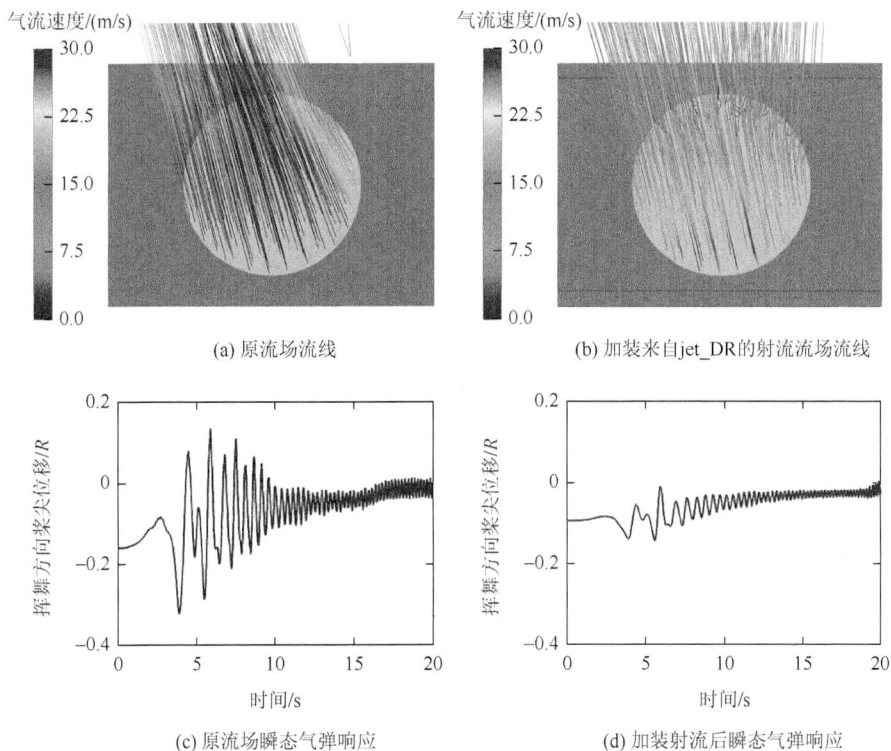

(a) 原流场流线

(b) 加装来自jet_DR的射流流场流线

(c) 原流场瞬态气弹响应

(d) 加装射流后瞬态气弹响应

图 4.50　90°来流时射流对流线和瞬态气弹响应控制效果（彩图扫二维码）

jet_DR，射流角度为 135°，射流速度为 20m/s。加装射流装置后桨尖负向位移最大值由原流场中的 32.1%R 降低为 14.4%R，降低了 55%。从桨盘流线图可以看出，原流场中桨盘位置位于湍流分离边界，流速较大，整个桨盘位于向上偏转的流场中，旋翼起动时，由于受到向上偏转的来流影响产生升力，随着桨叶的旋转，向上偏转的来流变为反流从而产生负升力，桨叶继续旋转来流又从反流变为正向来流产生升力。由于湍流分离边界上流速较大，周期变化的升力与负升力也较大，桨叶产生强烈的挥舞运动，瞬态气弹响应出现较大值。加装射流装置后，由于射流的诱导作用，湍流分离边界向上偏转，再循环区影响范围明显增大，桨盘位置受到湍流分离边界上高速气流的影响明显减小，流场与原流场相似而流速明显降低，桨叶挥舞运动减小，桨尖负向位移最大值有明显减小。

270°时，最优的射流口为 jet_DL、射流角度为 135°、射流速度为 20m/s。加装射流装置后，桨尖负向位移最大值由原来的 30.0%R 降低至 14.4%R，减少了 52%。由于流场的对称性，270°来流时，射流对旋翼瞬态气弹响应的控制原理与 90°来流时相同，流场流线和旋翼瞬态气弹响应如图 4.51 所示。

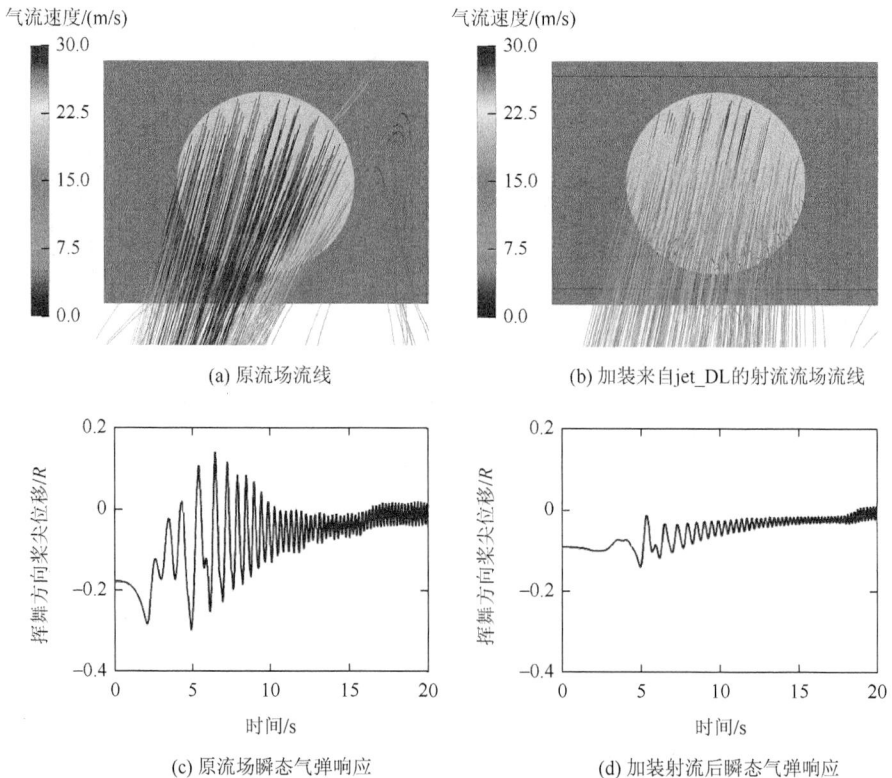

(a) 原流场流线

(b) 加装来自jet_DL的射流流场流线

(c) 原流场瞬态气弹响应

(d) 加装射流后瞬态气弹响应

图 4.51　270°来流时射流对流线和瞬态气弹响应控制效果

　　300°时，最优的射流口为 jet_DL、射流角度为 135°、射流速度为 20m/s。流场流线和旋翼瞬态气弹响应如图 4.52 所示。加装射流装置后，桨尖负向位移最大值由 27.6%R 减小至 11.2%R，降低了 59%。从桨盘流线图可以看出，300°来流时，桨盘的左侧位于湍流分离边界上，桨盘的右侧位于再循环区。当桨叶开始旋转时，由于受到再循环区中向下偏转的来流影响产生负升力，旋转至后行侧时桨叶受到向上偏转的反流影响产生升力，由于湍流分离边界上流场流速较大，周期变化的升力与负升力较大，桨叶会出现强烈的挥舞运动。射流改变了湍流分离边界位置，降低了桨盘位置流场流速，从而有效地减小了桨叶的过度挥舞。

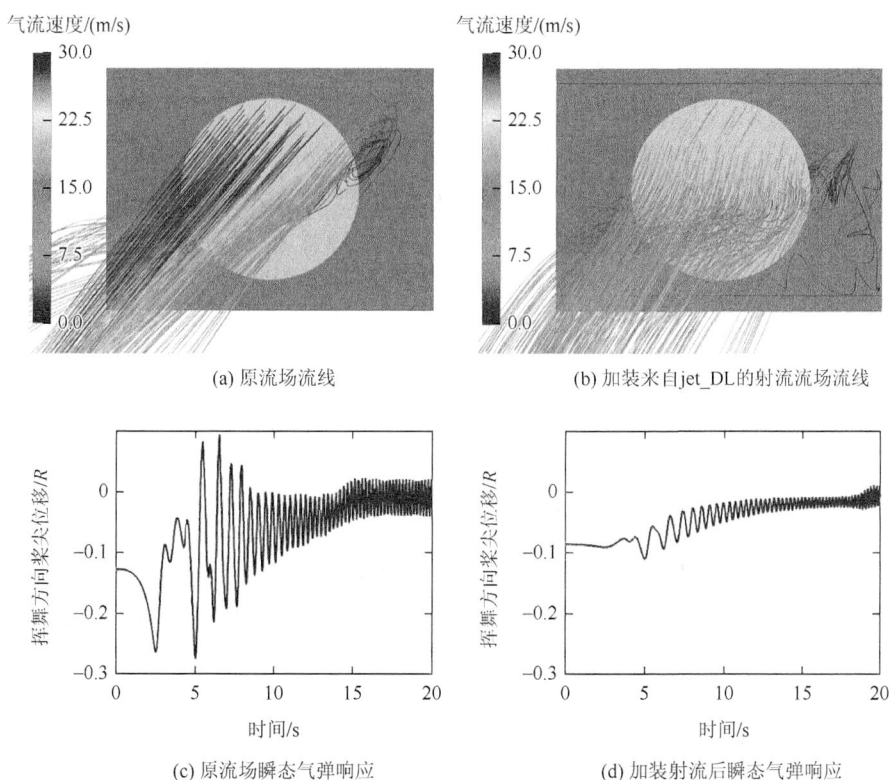

(a) 原流场流线

(b) 加装来自jet_DL的射流流场流线

(c) 原流场瞬态气弹响应

(d) 加装射流后瞬态气弹响应

图 4.52　300°来流时射流对流线和瞬态气弹响应控制效果

　　研究表明，射流可通过射流孔、射流速度和射流角度的选择优化控制效果，达到减小桨尖最大负向位移的目的，在大部分来流方向上都能达到较好的控制效果，尤其是当来流角为 90°、270°和 300°时，射流减小的桨尖最大负向位移超过 50%，分别达到 55%、52%和 59%。通过射流孔位置的选择可以看出，在靠近来流方向选择射流孔能更好地控制桨尖挥舞。从流线图中可以看出，当在靠近来流方向的位置添加射流时可以使得湍流分离边界位置发生变化，减小对桨盘位置流场的影响。射流对湍流分离边界影响时，对不稳定剪切流的分离发生位置添加一个不同方向的动能使得湍流分离边界的位置发生改变，带来湍流分离边界和再循环区对桨盘位置的影响的变化。湍流分离边界上高速气流会使桨盘位置流场流速增大，使得桨叶出现较大的气动力，可能会导致更大的气动力变化，从而出现桨尖过度挥舞位移。再循环区中低速气流的影响会降低桨叶出现的气动力，从而达到控制旋翼起动过程瞬态气弹响应的目的。

4.5　本 章 小 结

本章主要开展了基于格尼襟翼和射流的旋翼瞬态气弹响应主动控制方法研究，主要包括以下内容。

（1）提出了采用主动格尼襟翼来控制直升机起动过程舰面旋翼瞬态气弹响应。对于做给定谐波运动的主动格尼襟翼来说，合适的运动相位可以有效减小桨尖最大负向位移，风速对最佳相位的影响较小，格尼襟翼运动的幅值过大可能会导致更大的桨尖位移。主动格尼襟翼的最优运动位置在桨尖，这是因为桨尖处的动压更大，可以产生更大的升力。通过主动格尼襟翼作动策略的设计可以提升主动格尼襟翼的性能。转速很低时，主动格尼襟翼的效果受到限制。

（2）提出了一套基于射流的旋翼瞬态气弹响应控制方法，射流装置安装于舰船甲板和机库，通过流场的控制达到减小桨尖最大负向位移的目的，该方法避免了加装于旋翼的控制装置对于旋翼结构强度、刚度、可靠性等的负面影响。

（3）探讨了射流对流场的控制效果，分析了流动控制常关注的流场流速分布、湍动能分布和对旋翼起动影响较大的流场垂向速度分布以及湍流分离边界位置等关键参数的影响，确认了射流对流动控制的可行性，并明确了射流对流动控制的原理。射流可通过改变湍流分离边界位置对流场进行控制，附加动能可减小湍流分离边界的曲率，使得再循环区增大，射流的方向可以直接影响湍流分离边界的偏转，达到流场控制的目的。

（4）归纳了射流位置、射流速度和射流角度对旋翼瞬态气弹响应的影响。射流位置不同时，对流场的影响也不同，有的会改变湍流分离边界的位置，有的会直接改变甲板流场特性，射流角度的变化会使得射流对甲板流场影响发生变化，射流速度的改变会影响流场变化幅度。在流场改变的影响下，旋翼瞬态气弹响应会发生变化，可能会产生控制效果，但也有可能使得响应增大。合理地选择射流孔、射流速度和射流角度对旋翼瞬态气弹响应控制非常重要。

（5）分析了不同来流方向时射流对旋翼瞬态气弹响应的控制效果。不同来流方向时，合理的射流能达到舰面旋翼起动过程瞬态气弹响应控制的效果，适用性上优于基于扰流板的旋翼瞬态气弹响应控制方法。在大部分来流方向上，射流都能达到较好的控制效果，尤其是来流角为 90°、270°和 300°时，桨尖最大负向位移减小超过 50%，分别达到 55%、52%和 59%。对射流位置的分析表明，射流位于靠近来流方向的位置能达到最佳的控制效果，并且能极大地提升直升机舰面起动的安全性。

第5章 直升机海上平台起动过程旋翼瞬态气弹响应

5.1 引 言

海上钻井平台作为另一种重要的海上平台，随着科技发展和海洋资源的开发而逐渐被广泛使用。海上钻井平台上人员和物资的运送使得直升机在海上钻井平台的应用越来越多。海上钻井平台停机坪相比于舰面甲板具有更加复杂的上层建筑，舰船上层建筑集中分布，而海上钻井平台上层建筑分散分布，使得钻井平台直升机停机坪流场更加复杂。钻井平台空间较大，可以通过上层建筑的设计提高直升机起降安全性。本章分析海上钻井平台流场特征以及上层建筑对流场的影响，进而探讨海上钻井平台旋翼起动过程瞬态气弹响应，重点分析在海上钻井平台上的旋翼起动位置和来流方向对旋翼瞬态气弹响应的影响，结合上层建筑位置的变化探讨上层建筑对旋翼瞬态气弹响应的影响。

5.2 海上钻井平台建模

海上钻井平台模型采用 BINGO-9000。将上层建筑简化，忽略平台周围的栏杆以及钢结构吊臂，保留操作台与控制室。为模拟海上工作状态，浮箱位于海平面以下。停机坪的形状由不规则形状简化为正方形。网格划分采用非结构化网格，在停机坪和控制室附近对网格进行加密，并在停机坪上方桨盘高度位置构建加密区域。钻井平台模型简化如图 5.1 所示，网格划分如图 5.2 所示。假设海面为刚性

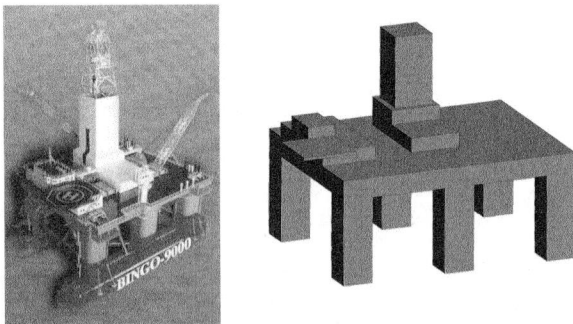

图 5.1 钻井平台模型简化

平面，壁面条件设定为无滑移壁面，入口设定为速度入口条件，出口设定为压力
出口条件。

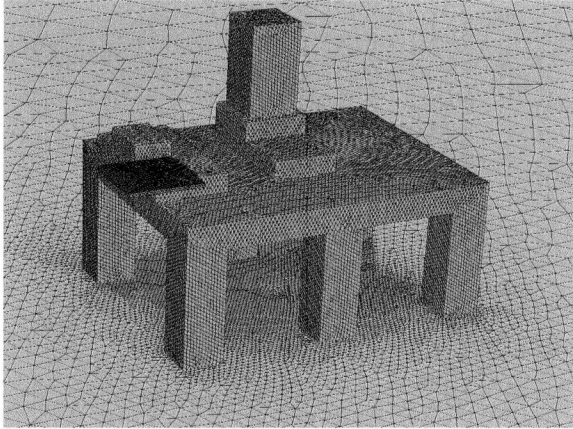

图 5.2　钻井平台网格划分

5.3　上层建筑对停机坪流场影响

5.3.1　上层建筑对流场影响分析

舰船甲板流场对于旋翼瞬态气弹响应的影响来源于机库和甲板边缘对于流场
的扰流作用，扰流产生的垂向气流变化导致桨叶气动力变化从而产生桨叶挥舞。
海上钻井平台由于其结构的复杂性，对于流场的扰流作用会比舰船的更加复杂，
需对海上钻井平台的流场进行分析。

来流方向为 0°，如图 5.3 所示，来流速度为 30m/s，停机坪流场流线如图 5.4
所示。由图可知，当来流流过上层建筑时，会在停机坪产生湍流分离边界和再循
环区，湍流分离边界外是较为稳定均匀的流场。湍流分离边界处于加速效应的范
围，流场速度增大明显，最大增大量超过 30%。再循环区位于建筑与停机坪之间，
被湍流分离边界包围，区内流速减小明显，且存在影响飞行操作的涡。

来流角为 0°时，停机坪流场主要受到停机坪边缘扰流和控制室扰流的影响，
由于操作台位于停机坪流场的下游，对停机坪流场的影响较小。在停机坪边缘扰
流的影响下，来流会出现气流分离，产生向上偏转的湍流分离边界，受边界上高
速气流的诱导，在停机坪与湍流分离边界之间形成了再循环区。控制室同样对流
场产生了扰流作用，来流经过控制室的时候也会出现气流分离，改变了停机坪气
流分离时产生的湍流分离边界位置，使得靠近控制室位置的湍流分离边界向远离

控制室的方向偏转。直升机起动过程中，湍流分离边界的偏转和再循环区中涡的垂向速度都会影响旋翼瞬态气弹响应。

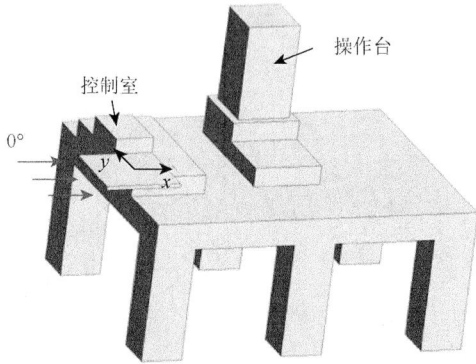

图 5.3　海上钻井平台来流示意图

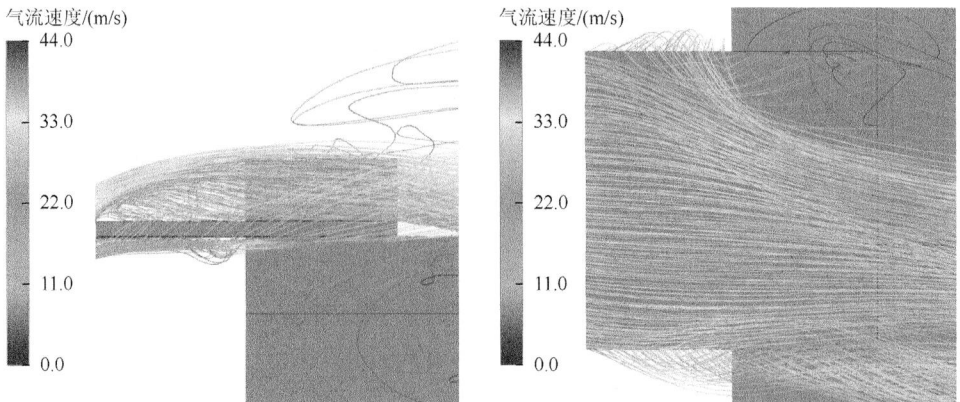

图 5.4　停机坪流场流线分布（彩图扫二维码）

　　钻井平台上层建筑复杂，来流方向不同时，对停机坪流场产生的影响也不同。来流角为 0°时，停机坪只受到停机坪扰流和控制室扰流的影响，来流角变化时，操作台对来流的影响也会使得停机坪流场发生变化。对比不同来流时停机坪流场流线分析钻井平台上层建筑对停机坪流场的影响。按照图 5.3 所示的方向，每隔30°选取一个来流角度对停机坪流场线进行分析，图 5.5 给出不同来流方向时的停机坪流场。

　　图 5.5（a）给出来流角为 0°时的停机坪流场，当气流经过控制室时，在控制室附近产生一个较小的湍流分离区。来流角为 30°时停机坪流场如图 5.5（b）所示，随着来流角度的增大，湍流分离区随流入方向的偏转增大。图 5.5（c）给出

来流角为 60°时的停机坪流场，湍流分离区进一步扩大，影响范围接近停机坪流场的一半。图 5.5（a）～（c）主要给出了控制室引起的湍流分离区随来流角的变化。

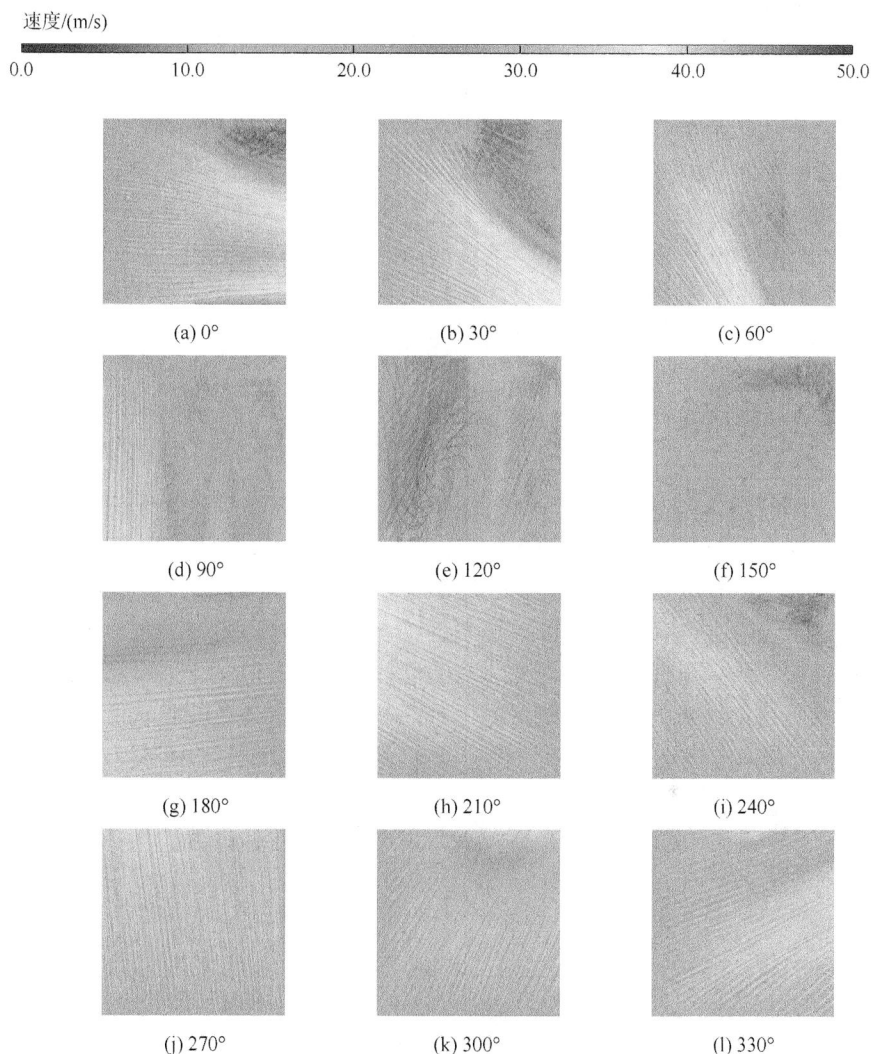

图 5.5 流场流线分布

图 5.5（d）给出来流角为 90°时的停机坪流场，由于控制室的堵塞作用，湍流分离区覆盖了停机坪的一半以上面积，湍流分离区的流速比来流速度降低了30%以上。图 5.5（e）和（f）分别给出来流角为 120°和 150°时的停机坪流场，由于控制室和操作台的阻隔作用，停机坪完全处于湍流分离区，整个停机坪的流速

比来流速度降低 30%以上。图 5.5（g）给出来流角为 180°时的停机坪流场，停机坪上的流场被操作台阻塞，控制室附近的流速降低明显。图 5.5（d）～（g）主要给出上层建筑对停机坪流场的阻塞效应。

图 5.5（h）给出来流角为 210°时的停机坪流场，气流流经停机坪上层建筑的加速作用使整个停机坪的流速比来流速度提高 20%以上。图 5.5（i）给出来流角为 240°时的停机坪流场，流经操作台的气流加速提高了停机坪边缘附近的流速，控制室附近的气流被操作台和控制室阻塞，减小显著。图 5.5（j）～（l）给出来流角为 270°、300°和 330°时的停机坪流场，气流流经停机坪时的加速效应使停机坪上的流场流速增加，且速度比来流速度提高了 10%以上。图 5.5（h）～（l）主要给出上层建筑加速效应对停机坪流场的影响。

上层建筑对停机坪流场影响显著，随着来流的不同，影响并不相同，在上层建筑的影响下，停机坪流场结构会发生显著的变化。

5.3.2　上层建筑改变对流场的影响

海上钻井平台比舰船大，上层建筑分布相对宽松，在以往的研究中可通过上层建筑的改变从而控制流场，在舰船上采用的方法通常是改变上层建筑边缘的形状、加装扰流板或加装湍流发生器之类的小范围改变。在海上钻井平台上可以直接考虑通过上层建筑的位置或者高度等一系列较大的外形改变从而控制停机坪流场。

以控制室为例分析上层建筑变化对流动控制的可行性。选取了控制室的高度变化和控制室与停机坪的相对位置进行研究。控制室的改变为远离停机坪 5m 和增高 5m，来流方向取操作台对停机坪影响较小的 270°。上层建筑变化后停机坪流场对比如图 5.6 所示。

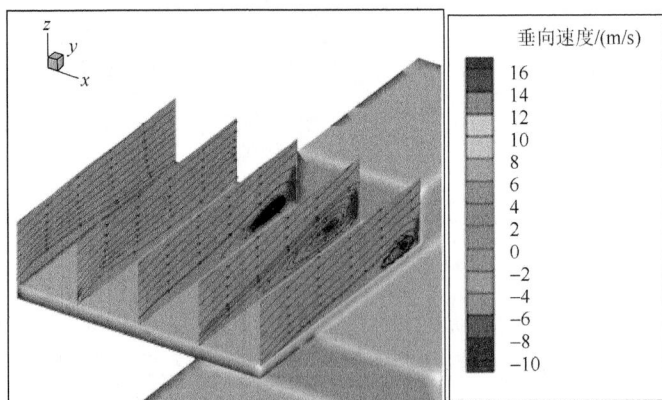

(a) 原停机坪流场

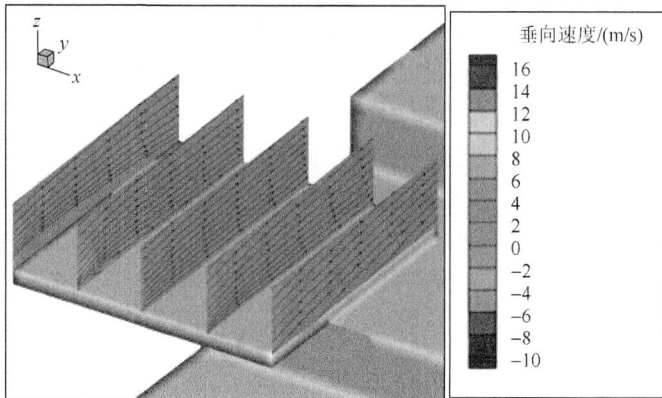

(b) 控制室远离时停机坪流场

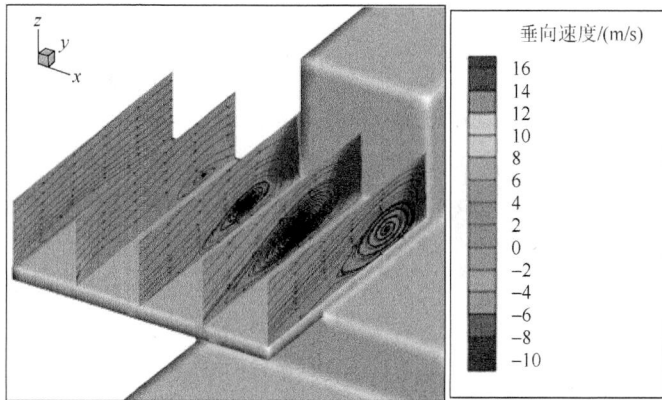

(c) 控制室增高时停机坪流场

图 5.6　停机坪流场

　　图 5.6（a）给出了原模型的停机坪流场，原模型中气流流过停机坪时，在停机坪边缘出现了气流分离现象，湍流分离边界在控制室的阻塞作用下向上偏转，由于控制室的阻塞作用，停机坪与控制室的夹角位置产生了低速区，在湍流分离边界上高速气流的诱导下出现了再循环区，再循环区的宽度略大于控制室的宽度。

　　当控制室远离停机坪 5m 时，图 5.6（b）给出了控制室远离停机坪时的停机坪流场，停机坪边缘的气流分离现象减弱。由于控制室的阻塞作用的位置发生变化，因此再循环区的位置远离停机坪。停机坪流场中湍流分离边界的位置也由于控制室位置的变化而向下偏转。在这样的流场中，旋翼起动过程受到的垂向速度和垂向速度梯度显著减小。

　　当控制室高度增加 5m 时，图 5.6（c）给出控制室高度增加时的停机坪流场，控制室的增高使得控制室的阻塞作用增强，在更大的阻塞作用影响下，停机坪流场的湍流分离边界向上偏转幅度增大，停机坪与控制室的夹角位置产生的再循环区体积显著增大，垂向速度及其梯度也有明显增加。

　　从以上的分析可以看出，上层建筑的改变对停机坪流场影响显著。仅控制室的变化就能对停机坪流场的结构和湍流分离边界与再循环区分布产生明显的影响，上层建筑对停机坪流场的改变将会直接影响旋翼瞬态气弹响应。不同上层建筑会对停机坪流场产生不同的影响，在钻井平台设计时，可通过合理改变上层建筑从而改变停机坪流场，提升直升机起降的安全性。

5.4　起动位置对钻井平台旋翼瞬态气弹响应影响

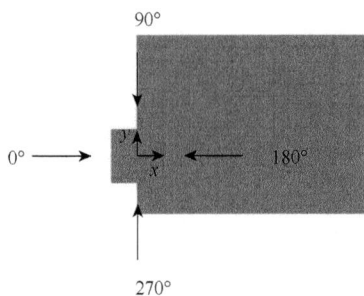

图 5.7　停机坪坐标系

　　建立海上钻井平台停机坪坐标系如图 5.7 所示，坐标原点位于停机坪中心，x 轴正向与 0° 来流方向相同，y 轴正向与 270° 来流方向相同。

　　海上钻井平台上层建筑使得停机坪流场复杂性显著增加，直升机在海上钻井平台起动过程中旋翼瞬态气弹响应随起动位置变化将会比在舰船停机坪上更加复杂。选取海上钻井平台的来流速度时，由于平台位于远海，海洋环境比舰船更加严峻，因此选取来流速度 30m/s，来流角选为 0°。前面已有来流方向对应停机坪流场分布图，直接结合起动位置对旋翼起动过程瞬态气弹响应进行分析。

　　海上钻井平台停机坪比舰面甲板更大，选取更大的起动位置变化范围，起动位置取距离原点 x 和 y 方向正负 4m 范围内的各点，各起动位置桨尖最大负向位移计算结果如图 5.8 所示。由图可知，起动位置变化范围内，各处旋翼瞬态气弹响应相差较大，在靠近停机坪左侧边缘的位置，旋翼起动过程桨尖最大负向位移较大，当起动位置位于原点附近时，最大负向位移较小。很明显，控制室和停机坪边缘扰流产生的湍流分离边界对旋翼瞬态气弹响应的影响明显。

　　0° 来流时，海上钻井平台停机坪旋翼瞬态气弹响应最大值出现在起动位置（−4，−4）m 点，最小值的起动位置为（4，−4）m 点。结合原点处的响应和桨盘位置流场分布进行分析，三个特征位置旋翼瞬态气弹响应和桨盘流场分布如图 5.9 所示。当旋翼在原点位置起动时，桨盘位置流场的垂向速度梯度较小，对应桨尖最大负向位移为 11.4%R。起动处于（4，−4）m 时，桨盘位置流场与原流场分布相似，

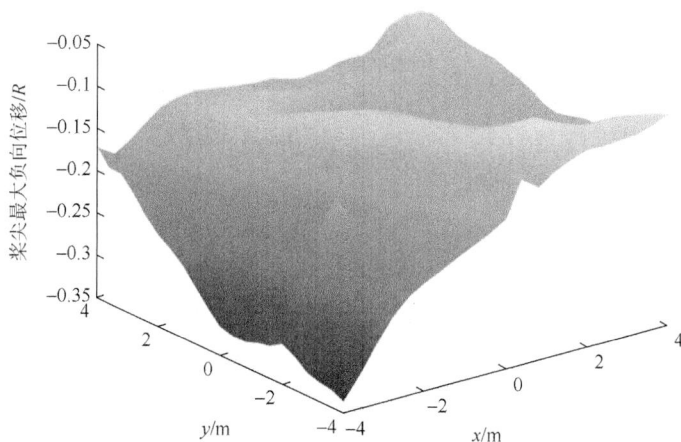

图 5.8　不同起动位置桨尖最大负向位移（彩图扫二维码）

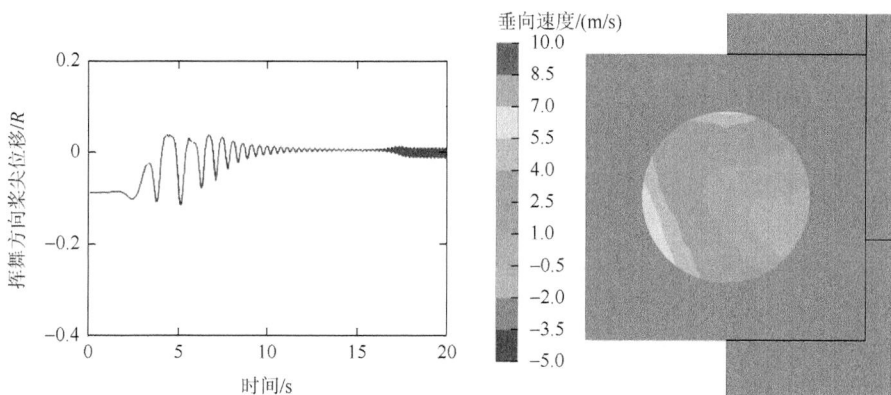

(a) (0, 0)位置

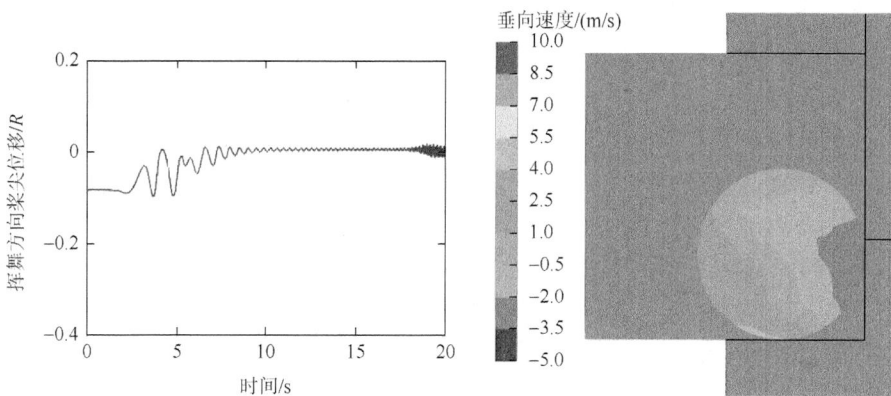

(b) (4, −4)位置

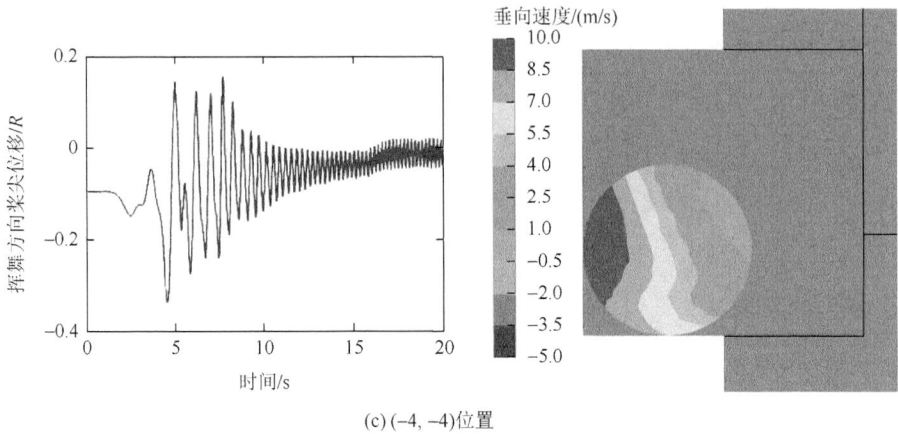

(c) (−4, −4)位置

图 5.9　特征位置瞬态气弹响应曲线和桨盘流场分布

但垂向速度梯度减小，桨尖最大负向位移为 10.0%R。从旋翼瞬态气弹响应曲线可以看出，两者的桨尖位移随时间变化的趋势相似，但较大的垂向速度梯度导致了较大的桨尖位移。起动处于（−4，−4）m 时，桨盘位置流场的垂向速度梯度增大明显，桨尖位移随时间变化的趋势与前两点的不同，桨尖最大负向位移为 33.6%R。由此可知，在停机坪范围内改变直升机起动位置，旋翼瞬态气弹响应最大相差 23.6%R，海上钻井平台停机坪流场中起动位置对旋翼瞬态气弹响应影响显著。

　　由于垂向速度梯度并不能准确衡量流场对旋翼瞬态气弹响应的影响，因此结合停机坪流场流线与旋翼瞬态气弹响应变化曲线对桨叶挥舞运动过程进行分析。流场流线如图 5.10 所示，旋翼瞬态气弹响应与流场对应如图 5.11 所示。

　　从图 5.10 可以看出，来流方向为 0°时，桨尖最大负向位移出现在旋翼起动旋转的第一周。由图 5.11 可以看出，起动位于（0，0）m 处时，在起动过程 1 范围内，桨叶开始旋转，产生较小升力，克服重力后桨尖轻微向上移动；然后在过程 2 位置，桨叶受到流场分布影响，向下的垂向气流使得桨叶迎角减小，升力有所下降，桨叶在重力的影响下向下挥舞；运行至过程 3 位置，桨叶所在位置为向上偏转的流场，向上的垂向气流使得桨叶迎角增大，升力显著增大，桨叶向上挥舞；在过程 4 位置，来流方向与桨叶夹角过小，桨叶弦向来流减小导致升力减小，桨叶在惯性力、弹性力与重力的共同作用下向下挥舞；在过程 5 位置，向上偏转的反流在桨叶上产生升力，桨叶再次向上挥舞；最后在过程 6 位置，流场向下偏转，失去升力并产生负升力，桨叶受到惯性力、弹性力、重力与负升力的共同作用，向下挥舞达到最大值。起动位于（0，0）m 处时，桨叶后行侧位于停机坪扰流引起的诱导流动中，后行侧流速较小，在过程 5 和过程 6 中产生的升力与负升力均较小，旋翼瞬态气弹响应较小。

(a) (0, 0)位置　　　　　　　(b) (4, –4)位置　　　　　　　(c) (–4, –4)位置

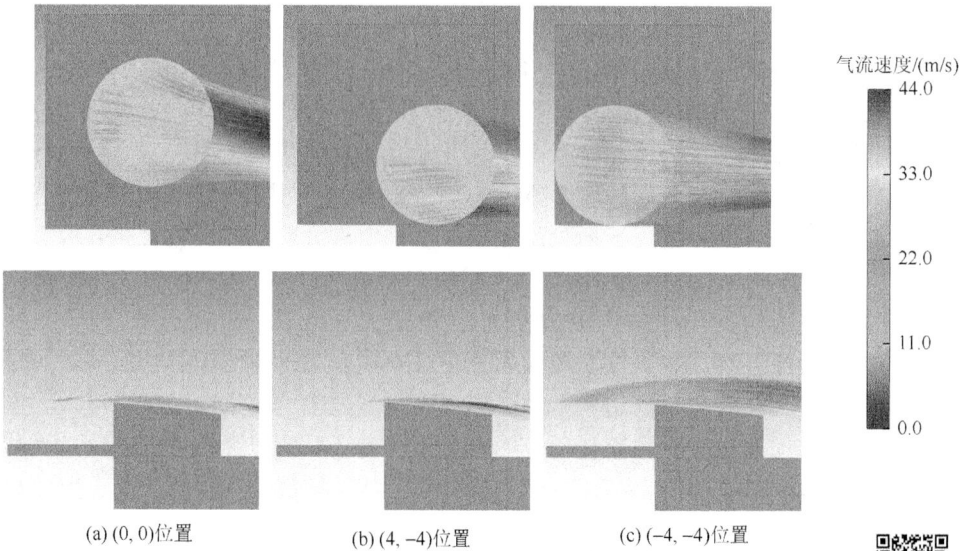

图 5.10　0°来流方向桨盘流线图（彩图扫二维码）

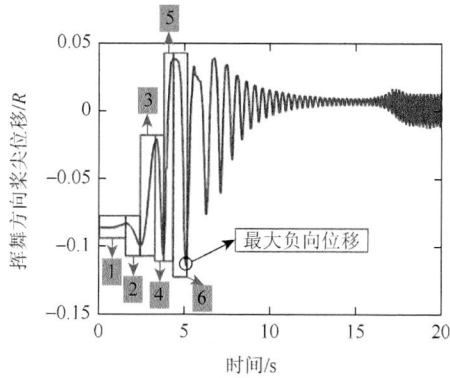

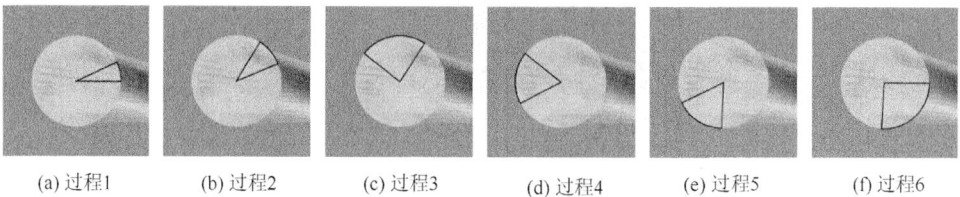

(a) 过程1　　　(b) 过程2　　　(c) 过程3　　　(d) 过程4　　　(e) 过程5　　　(f) 过程6

图 5.11　（0, 0）位置气弹响应与流场对应图

（4, –4）m 位置处桨盘处流场与（0, 0）m 位置处相似。由图 5.10（b）可知，起动位置（4, –4）m 处前行侧来流向下偏转更加明显，后行侧速度也有所减小，桨叶向上挥舞时幅度更小，后行侧桨叶受到的升力、负升力、重力和惯性力也更

小。因此，（4，-4）m 位置在过程 5 和过程 6 中产生的挥舞更小，并小于过程 4 产生的旋翼瞬态气弹响应，在（4，-4）m 位置旋翼的瞬态气弹响应更小。

从图 5.10（c）中可以看出，起动位于（-4，-4）m 位置处时，桨盘所在位置处于停机坪扰流边界，来流速度略大于远方来流，且来流向上偏转明显。后行侧同样位于停机坪扰流边界内，速度显著大于（0，0）m 位置和（4，-4）m 位置。在停机坪扰流影响下，过程 5 所处的流场向上偏转增大明显，反流失速导致过程 5 升力损失，不再出现向上挥舞。旋转至过程 6 时，受到更大的负升力，在惯性力、重力和更大的负升力作用下出现负向位移最大值。

总之，湍流分离边界和再循环区的分布对旋翼瞬态气弹响应影响明显。湍流分离边界的偏转和湍流分离边界上的高速气流会产生较大的垂向速度梯度，当旋翼位于不同起动位置时旋翼桨盘所处的流场不同就会导致气弹响应的变化。当桨盘流场受到湍流分离边界上高速气流的影响时，桨叶的气动力将会增大，可能会导致旋转过程气动力变化的增大，从而出现更大的桨尖位移。当桨盘流场远离湍流分离边界时，流场流速减小明显，进而桨叶的气动力减小带来旋翼瞬态气弹响应的减小。

5.5　来流方向对钻井平台旋翼瞬态气弹响应影响

旋翼瞬态气弹响应的主要影响因素是流场分布，来流方向对旋翼瞬态气弹响应起决定性作用。不同来流方向时，由于钻井平台上层建筑的影响，停机坪流场特征不同。在不同来流方向时，停机坪范围内旋翼瞬态气弹响应如图 5.12 所示，

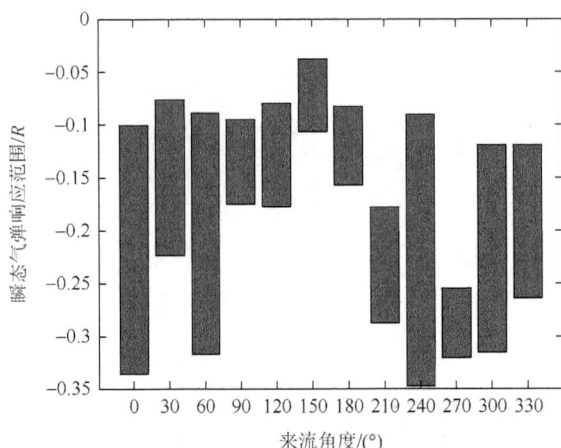

图 5.12　各来流方向旋翼瞬态气弹响应随来流角度变化范围

来流速度均为 30m/s。由图可知，来流角度对旋翼瞬态气弹响应的影响明显，不同来流方向时，上层建筑对停机坪流场影响的不同导致了起动位置对旋翼瞬态气弹响应的影响不同。0°、60°和240°来流时，旋翼起动位置对旋翼瞬态气弹响应的影响变化范围较大，210°和270°来流时，即使改变旋翼起动位置也难以得到较小的旋翼瞬态气弹响应。

5.6　改变上层建筑对钻井平台旋翼瞬态气弹响应影响

改变舰船甲板上层建筑可用于控制桨叶气动力（Shi et al.，2019），同理，通过改变上层建筑也能对旋翼瞬态气弹响应进行控制。上层建筑编号如图 5.13 所示，建筑 1 为操作台，建筑 2 为控制室。上层建筑分布见表 5.1。

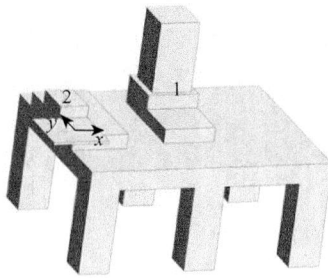

图 5.13　上层建筑编号

表 5.1　各模型上层建筑分布

模型编号	上层建筑分布变化
模型 1	操作台 1 沿 y 方向移动 5m
模型 2	操作台 1 沿 y 方向移动−5m
模型 3	操作台 1 沿 x 方向移动 5m
模型 4	操作台 1 沿 x 方向移动−5m
模型 5	操作台 1 高度增加 5m
模型 6	控制室 2 沿 y 方向移动 5m
模型 7	控制室 2 沿 x 方向移动 5m
模型 8	控制室 2 高度增加 5m

依然选取来流速度为 30m/s，对各模型不同来流角度时停机坪范围内各点瞬态气弹响应进行计算。来流方向不同时上层建筑对于停机坪流场的控制效果也有

所不同，对不同来流方向时上层建筑对旋翼瞬态气弹响应的影响进行了对比，来流角度定义如图5.7所示。

1. 来流角为0°情况

来流角为0°时，各模型影响下的旋翼瞬态气弹响应随起动位置的变化范围如图5.14所示。由图可知，来流角为0°时，上层建筑的变化对停机坪范围内瞬态气弹响应最小值的影响很小，无法进一步降低停机坪范围内旋翼起动过程瞬态气弹响应最小值。改变上层建筑分布对停机坪范围内旋翼瞬态气弹响应最大值有良好的控制效果，其中模型5使得旋翼瞬态气弹响应最大值降低11.4%。

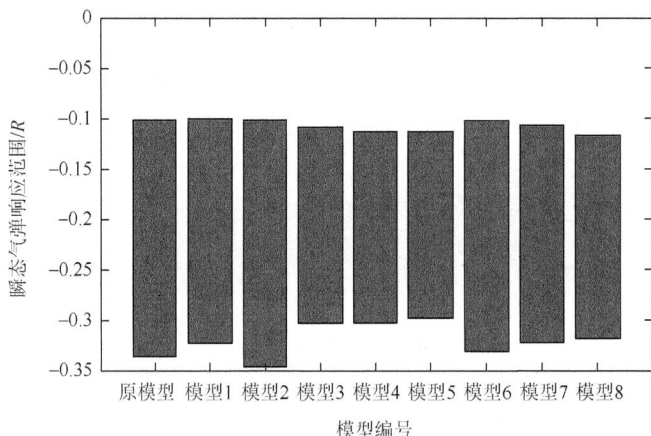

图5.14　来流角为0°时旋翼瞬态气弹响应随起动位置变化范围

模型5和原模型停机坪范围内旋翼瞬态气弹响应和流场分布对比如图5.15所示。来流角为0°时，停机坪范围内响应较小的位置位于停机坪中央，直升机在停机坪中央时相比于停机坪边缘和靠近控制室的位置在起动时具有更好的安全性。来流角为0°时，旋翼瞬态气弹响应最大的位置位于停机坪边缘，影响范围较小，可以通过避免在该位置起降从而提升直升机起动过程的安全性。

随着模型5中建筑1操作台高度增加，阻塞效应相应地增大，停机坪流场流线向上偏转增大，受到建筑2控制室扰流后，湍流分离边界向远离控制室方向偏转增大。流线向上偏转即湍流分离边界向上偏转，使得湍流分离边界上高速气流对停机坪流场的影响减弱，在停机坪边缘受到湍流分离边界影响最大位置（-4, -4）m处旋翼瞬态气弹响应有所减小。由于湍流分离边界的向上偏转，停机坪范围内再循环区的体积增大、高度增加，停机坪范围内垂向速度相比于原模型有所增大。旋翼瞬态气弹响应在上层建筑影响下最小值增大1.2%，幅值变化相对较小。

停机坪范围内旋翼瞬态气弹响应在模型 5 影响下最大值有所减小，但在来流角为 0°时，停机坪边缘气弹响应过高，上层建筑控制效果不够理想，且最有利于直升机起动的停机坪中央区域气弹响应有所增大，反而不利于直升机的安全起动。因此，来流角为 0°时，上层建筑对停机坪旋翼气弹响应控制效果有限，难以提升直升机起动过程的安全性。

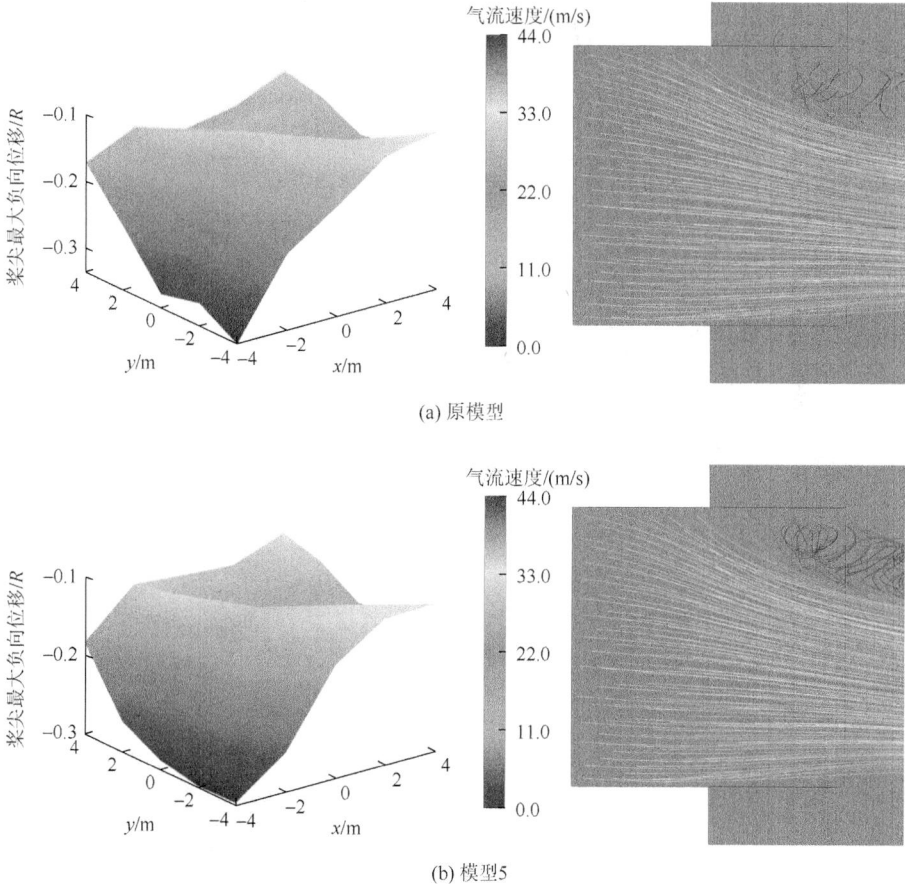

(a) 原模型

(b) 模型5

图 5.15　来流角为 0°时旋翼瞬态气弹响应和停机坪流场分布

2. 来流角为 30°情况

来流角为 30°时，各模型影响下的旋翼瞬态气弹响应随起动位置的变化范围如图 5.16 所示。来流角为 30°时，上层建筑的改变对旋翼瞬态气弹响应变化范围影响较小。模型 6 时，直升机在停机坪中心起动时旋翼瞬态气弹响应有所减小，可提高起动过程的安全性。

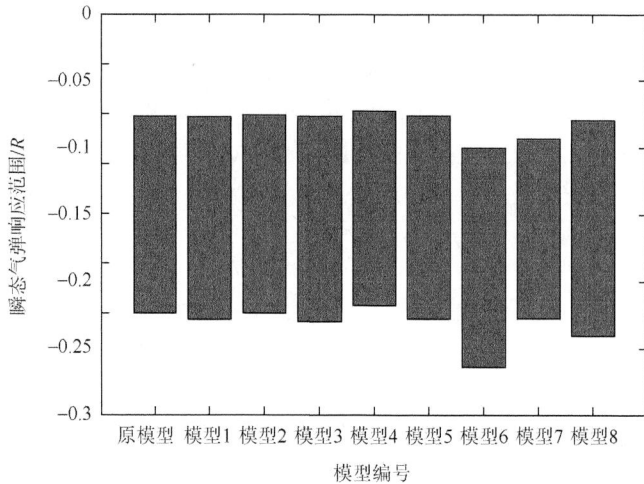

图 5.16 来流角为 30°时旋翼瞬态气弹响应随起动位置变化范围

　　模型 6 和原模型时，旋翼瞬态气弹响应和流场分布如图 5.17 所示。来流角为 30°时，原模型在靠近控制室位置旋翼瞬态气弹响应较小，但在靠近建筑物位置直升机起动操作难度较大、危险性增高，应该尽量予以避免。在靠近停机坪中央位置，气弹响应较大，不利于直升机起动。模型 6 时，随着建筑 2 控制室的移动，控制室的阻塞作用引起的湍流分离边界移动，使得停机坪范围内再循环区增大，气弹响应最小值增大的同时响应较小的范围增大，尤其是停机坪中央响应降低明显，减小了 5.1%。

　　来流角为 30°时，在停机坪内，无论旋翼瞬态气弹响应最低位置还是最高位置，模型 6 都无法产生控制效果。原流场中，旋翼瞬态气弹响应的最低位置靠近控制室，过于靠近建筑物会使得直升机起动时安全性降低。停机坪中央区域，旋翼瞬态气弹响应在模型 6 的影响下控制效果明显，可以提升起动过程安全性。

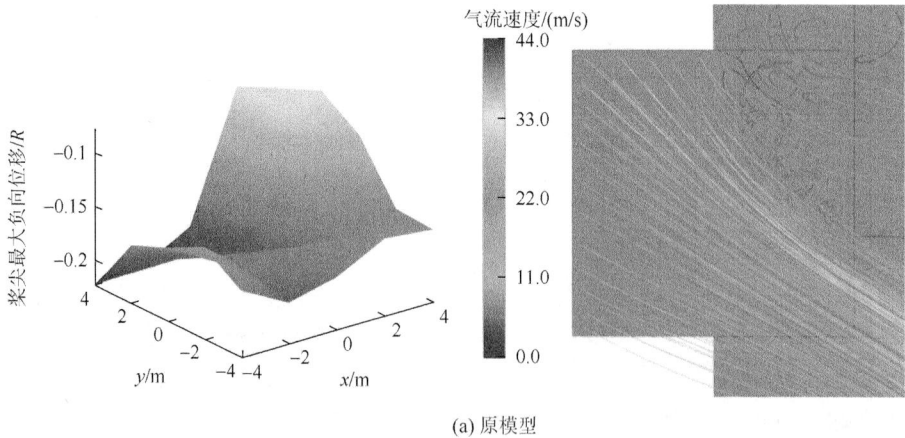

(a) 原模型

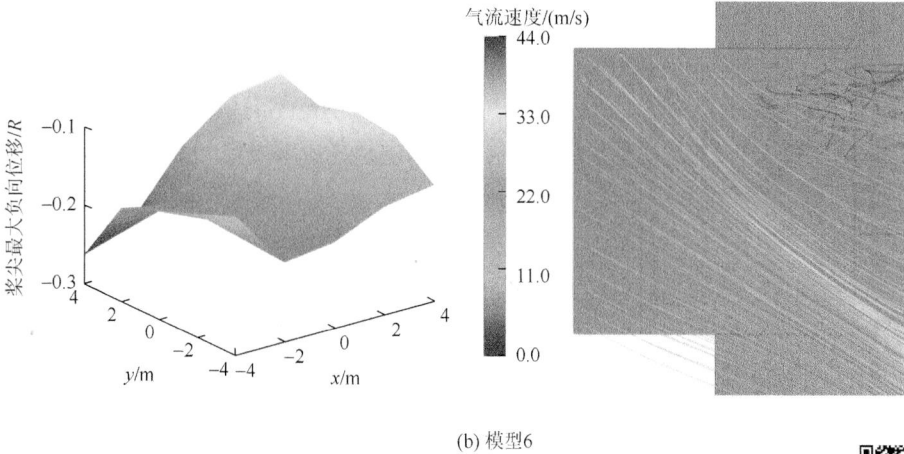

(b) 模型6

图 5.17　来流角为 30°时旋翼瞬态气弹响应和停机坪流场分布（彩图扫二维码）

3. 来流角为 60°情况

来流角为 60°时，各模型影响下的旋翼瞬态气弹响应随起动位置的变化范围如图 5.18 所示。改变上层建筑对降低旋翼瞬态气弹响应最小值效果不明显，上层建筑改变为模型 2 时最大值降低最多，降低了 6.1%。

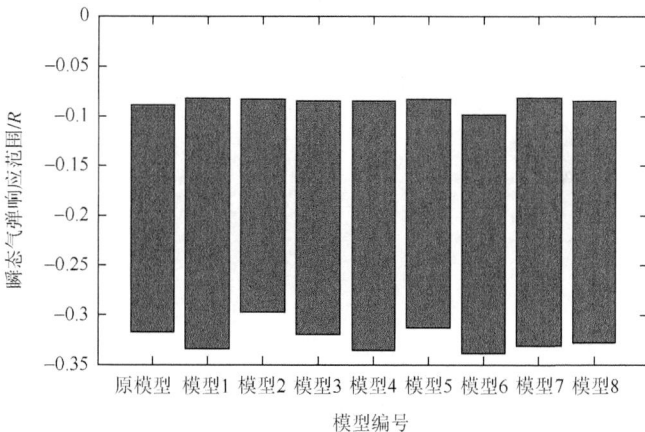

图 5.18　来流角为 60°时旋翼瞬态气弹响应随起动位置变化范围

模型 2 和原模型停机坪范围内旋翼瞬态气弹响应和流场分布如图 5.19 所示。原模型在停机坪中心位置时，旋翼瞬态气弹响应较小，当起动位置向 x 轴负方向或者 y 轴正方向移动时，气弹响应增大明显，移动很小的距离就会使桨尖位移增大至危险范围。当上层建筑按照模型 2 改变时，即上层建筑 1 操作台沿 y 轴负方向移动，移动后停机坪流场变化很小，这是由于60°来流时，停机坪流场主要受到控制室的影响，操作台的改变对于停机坪流场影响较小。操作台沿 y 方向移动使得停机坪左侧偏转略有降低，旋翼瞬态气弹响应较小的范围有所增大。在停机坪中心起动时，起动位置较小的变化会带来旋翼瞬态气弹响应增大的速度降低，即使起动位置相对停机坪中心有所位移，依然可以保持较低的旋翼瞬态气弹响应。

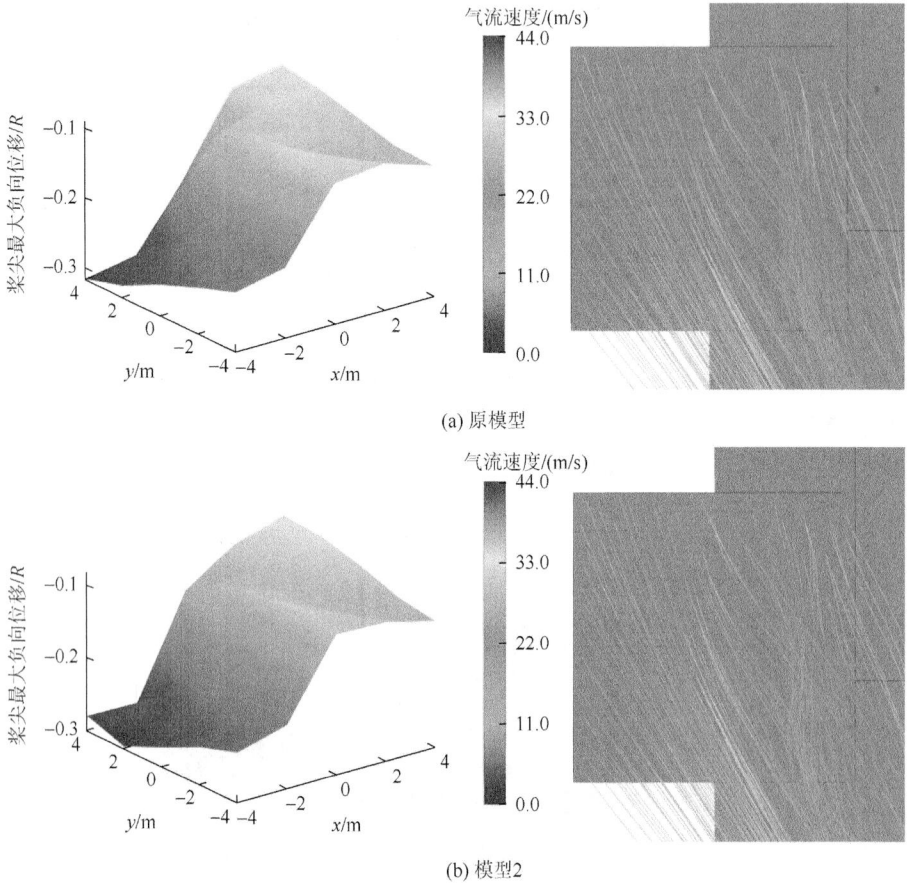

(a) 原模型

(b) 模型2

图 5.19　来流角为 60°时旋翼瞬态气弹响应和停机坪流场分布

4. 来流角为 90°情况

来流角为 90°时，各个模型影响下的旋翼瞬态气弹响应随起动位置的变化范围如图 5.20 所示。改变上层建筑对旋翼瞬态气弹响应的影响显著，尤其是上层建筑改变为模型 8 时，停机坪范围内旋翼瞬态气弹响应最大值和最小值均降低明显，最小值减小了 30.0%，最大值减小了 27.3%。

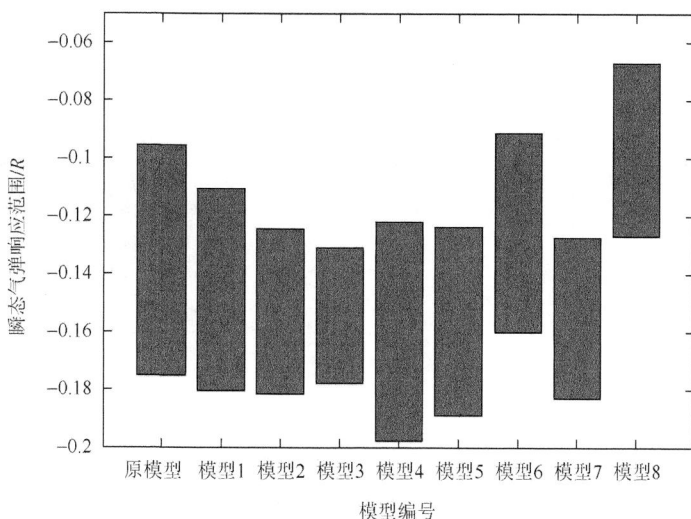

图 5.20　来流角为 90°时旋翼瞬态气弹响应随起动位置变化范围

　　来流角为 90°时，原模型和模型 8 时旋翼瞬态气弹响应和流场分布如图 5.21 所示。停机坪流场主要受到建筑 2 控制室的扰流影响，停机坪左侧受控制室扰流影响较小，湍流分离边界影响下流速较大，当起动位置靠近左侧停机坪边缘时，旋翼瞬态气弹响应增大。停机坪中间部分受到控制室的阻塞出现气流分离，再循环区影响下停机坪中心位置旋翼瞬态气弹响应较小，而停机坪右侧气流在再循环区的诱导下垂向速度增大明显，当起动位置靠近右侧停机坪边缘时，气弹响应同样增大。由于只有停机坪中心点位置旋翼瞬态气弹响应较小，当起动位置沿 x 轴方向移动时，气弹响应增大明显，不利于直升机安全起动。

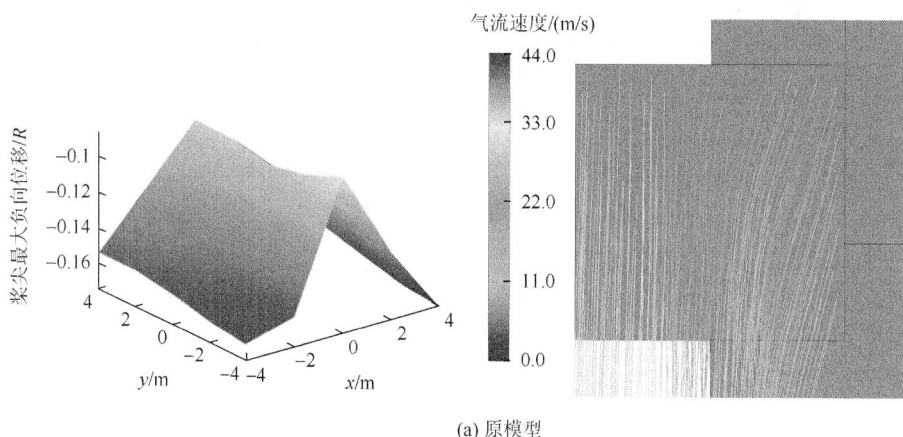

(a) 原模型

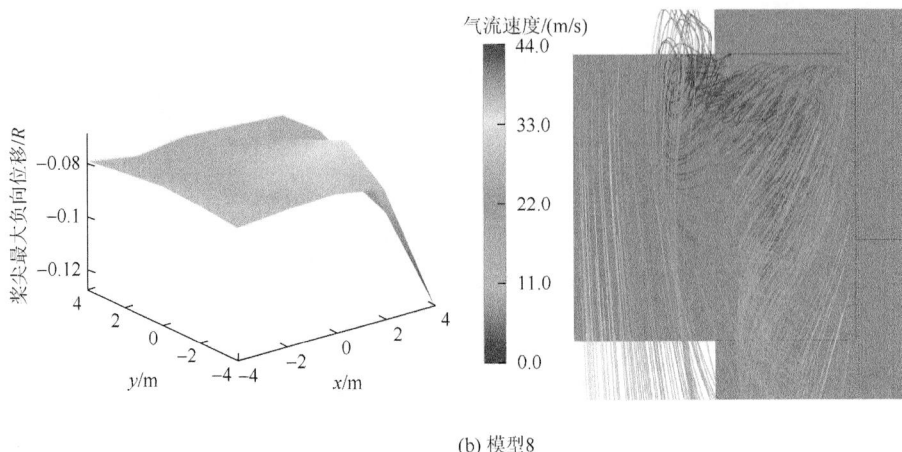

(b) 模型8

图 5.21　来流角为 90°时旋翼瞬态气弹响应和停机坪流场分布

当上层建筑分布按照模型 8 进行改变时，即建筑 2 控制室高度增高，控制室对停机坪的阻塞作用影响增大明显。来流角为 90°时，控制室阻塞作用的增大使得再循环区显著增大，停机坪流场受到湍流分离边界上高速气流的影响减小。从气弹响应图可以看出，模型 8 影响下停机坪气弹响应只有在靠近停机坪右下角时出现较大的值，而停机坪边缘本就不是有利于直升机起动的位置。在最有利于直升机起动的停机坪中心范围内，旋翼瞬态气弹响应都很小，将极大地提升直升机起动的安全性。

5. 来流角为 120°情况

来流角为 120°时，各个模型影响下的旋翼瞬态气弹响应随起动位置的变化范围如图 5.22 所示。旋翼瞬态气弹响应受上层建筑影响明显，当上层建筑改变为模型 6 和模型 8 时，停机坪处旋翼瞬态气弹响应都将降低至一个很小的数值，这将极大地提升直升机起动过程的安全性。原模型在停机坪范围内瞬态气弹响应最小值已经处在一个较低的水平，当上层建筑变为模型 6 时，停机坪范围内旋翼瞬态气弹响应最大值减小 52.2%；当上层建筑变为模型 8 时，停机坪范围内旋翼瞬态气弹响应最大值减小 51.8%。

模型 6、模型 8 和原模型时旋翼瞬态气弹响应和流场分布如图 5.23 所示。来流角为 120°时，原模型时旋翼瞬态气弹响应较小的位置位于停机坪左侧靠近边缘位置，而这个位置并不是有利于直升机安全起动操作的位置。直升机通常起动位于停机坪中心附近，旋翼瞬态气弹响应较大。结合停机坪流场流线可以看出，来流角为 120°时，停机坪左侧位于再循环区中，上层建筑 2 控制室引起的湍流分离

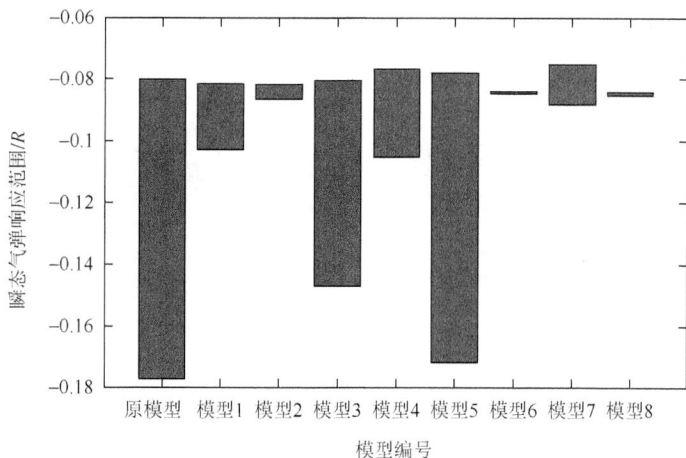

图 5.22　来流角为 120°时旋翼瞬态气弹响应随起动位置变化范围

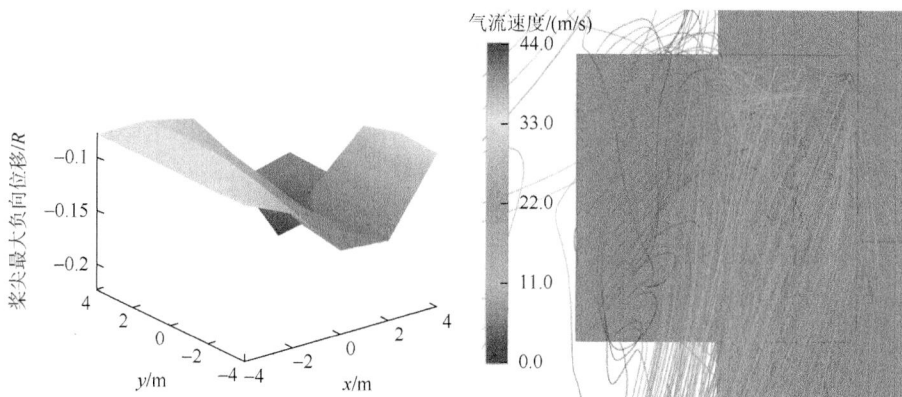

(a) 原模型

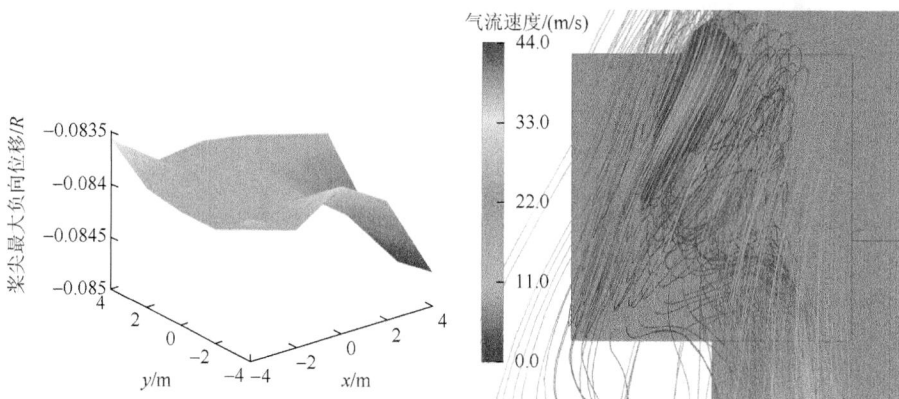

(b) 模型6

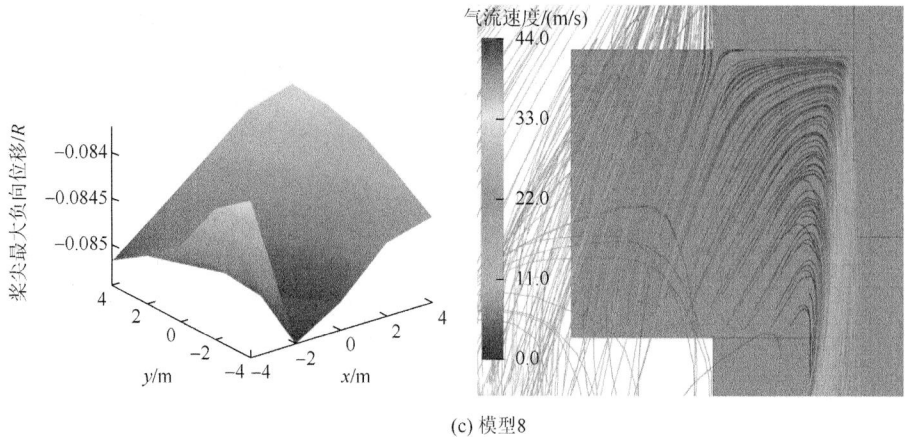

(c) 模型8

图 5.23　来流角为 120°时旋翼瞬态气弹响应和停机坪流场分布

边界刚好经过靠近停机坪中心的位置，这就使得停机坪中心位置在湍流分离边界上高速气流的影响下出现较大瞬态气弹响应，而停机坪左侧区域由于位于再循环区中，受到湍流分离边界上高速气流的影响较小，瞬态气弹响应较小。停机坪右侧边缘位置，由于没有湍流边界的影响，流速较低且受到上层建筑 2 控制室阻塞效应影响较小，流向偏转较小，瞬态气弹响应较小。原模型时旋翼瞬态气弹响应水平较高，不利于直升机的安全起动。

模型 6 时，即上层建筑 2 控制室沿 y 方向移动后，阻塞效应出现的位置远离停机坪，湍流分离边界向外扩张而再循环区显著增大，在这样流场的影响下，停机坪范围都处于再循环区中，范围内各起动位置的旋翼瞬态气弹响应均降低至一个很低的水平，这将极大地提升直升机起动的安全性。

模型 8 时，即上层建筑 2 控制室高度增高，阻塞效应增强，湍流分离边界向上移动，再循环区增大明显，停机坪范围内各起动位置的旋翼瞬态气弹响应降低，有利于提升直升机起动的安全性。

6. 来流角为 150°情况

当来流角为 150°时，各个模型影响下的旋翼瞬态气弹响应随起动位置的变化范围如图 5.24 所示。原模型时，旋翼瞬态气弹响应范围变化较小，即使是响应的最大值也处在一个较低的水平。模型 4 时，停机坪范围内瞬态气弹响应最小值减小最为显著，减少了 43.9%。

模型 4 和原模型时，旋翼瞬态气弹响应和流场分布如图 5.25 所示。来流角为 150°时，旋翼瞬态气弹响应最低的位置靠近控制室，由于靠近建筑会增大直升机起动时的操作难度，因此不利于直升机起动。停机坪两侧各有一个再循环区，在两个反向旋转的再循环区交界的位置流场具有较小的流速，再循环区内流速大于交界处流速，旋翼瞬态气弹响应有所增大。

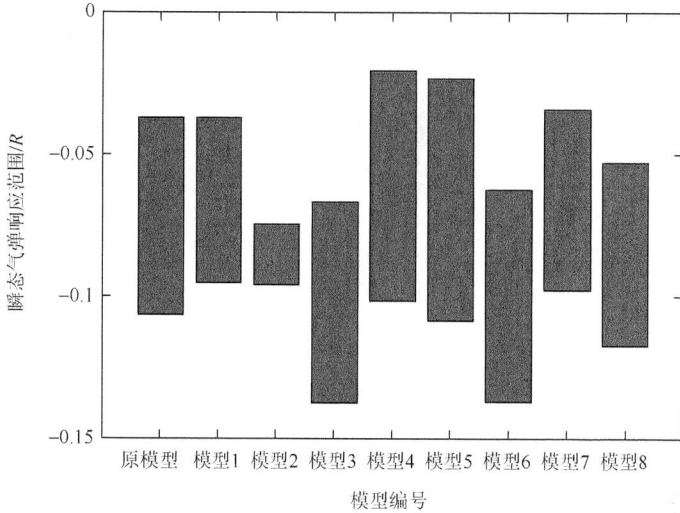

图 5.24　来流角为 150°时旋翼瞬态气弹响应随起动位置变化范围

模型 4 时，即上层建筑 1 操作台沿 x 方向移动，由于操作台靠近停机坪，湍流分离边界靠近停机坪，对停机坪流场的诱导增强。在停机坪右侧的再循环区增强的情况下，再循环区交界位置向左侧移动，旋翼瞬态气弹响应较小的区域位置向停机坪中心位置移动，瞬态气弹响应最小值的降低及其位置的变化将有效提升直升机起动安全性。

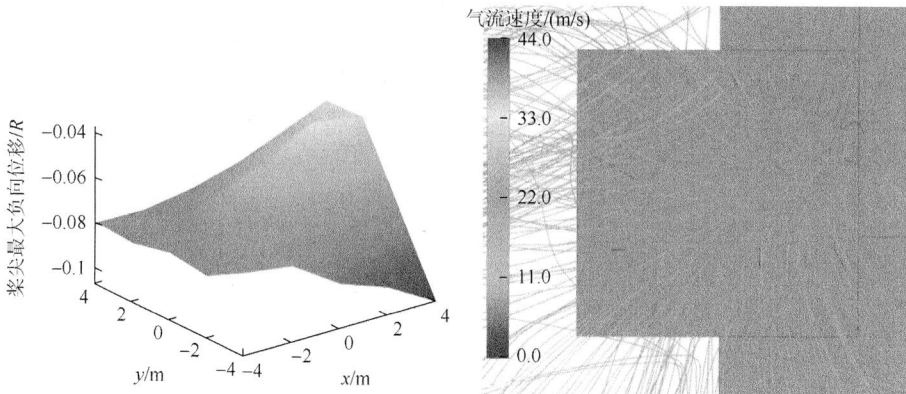

(a) 原模型

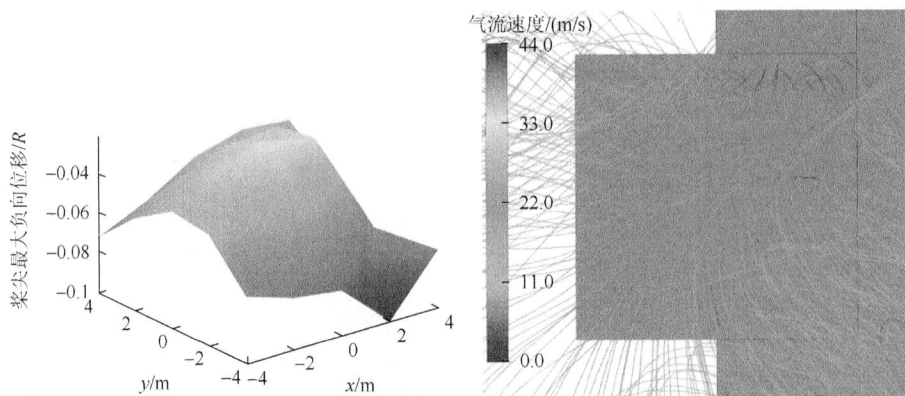

(b) 模型4

图 5.25　来流角为 150°时旋翼瞬态气弹响应和停机坪流场分布

7. 来流角为 180°情况

来流角为 180°时，各个模型影响下的旋翼瞬态气弹响应随起动位置的变化范围如图 5.26 所示。停机坪范围内旋翼瞬态气弹响应最小值处于较低的水平，当上层建筑发生变化时，对停机坪范围内旋翼瞬态气弹响应最小值控制效果较差，但可有效地减小停机坪范围内旋翼瞬态气弹响应的最大值。模型 2 时，停机坪范围内旋翼瞬态气弹响应最大值减小 30.0%。

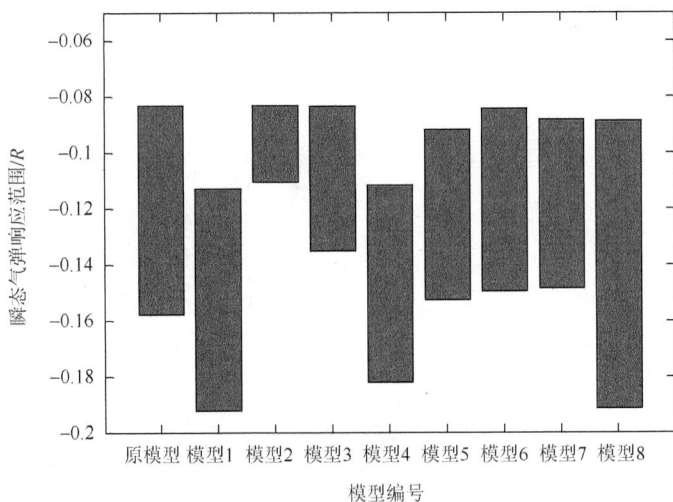

图 5.26　来流角为 180°时旋翼瞬态气弹响应随起动位置变化范围

　　模型 2 和原模型时瞬态气弹响应和流场分布如图 5.27 所示。原模型时，旋翼瞬态气弹响应较小的位置靠近停机坪上边缘和控制室，而在比较有利于直升机起动的停机坪中心位置，旋翼瞬态气弹响应较大，最大值出现在靠近来流的停机坪下边缘位置。结合流线可以看出，来流角为 180° 时，上层建筑 1 操作台引起的湍流分离边界位于停机坪靠近控制室的位置，在湍流分离边界和控制室之间是流速较低的区域，而湍流分离边界以外是流速较高的位置。

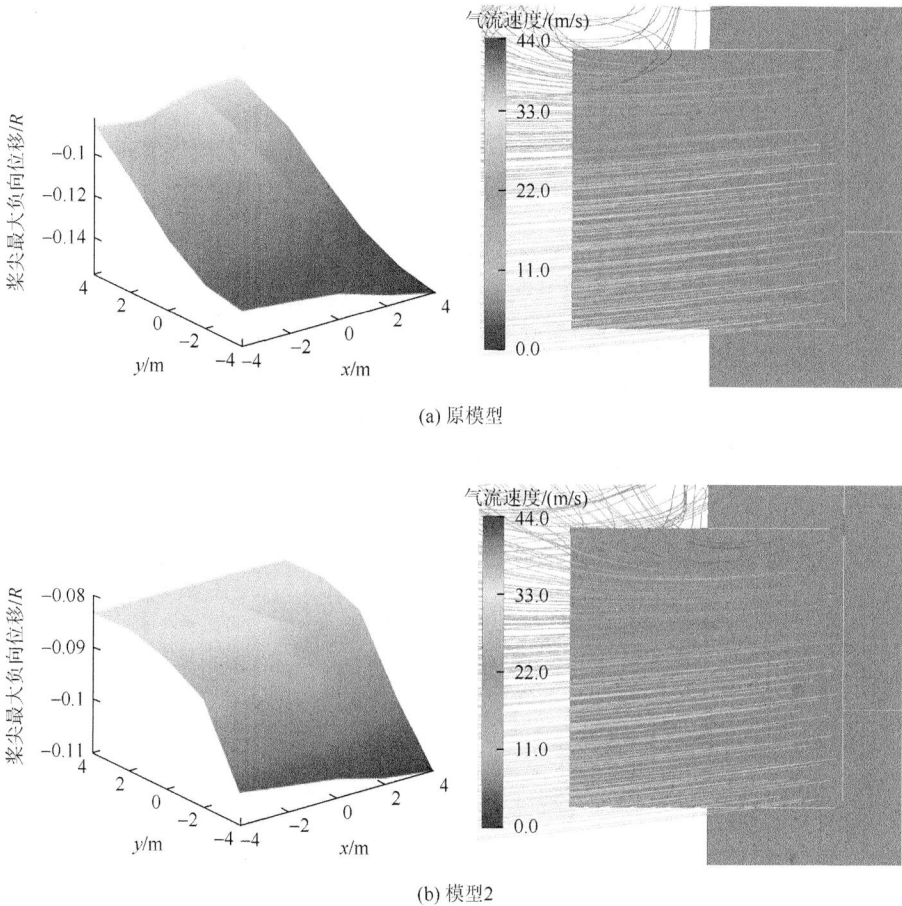

(a) 原模型

(b) 模型2

图 5.27　来流角为 180° 时旋翼瞬态气弹响应和停机坪流场分布

　　模型 2 时，即上层建筑 1 操作台向 y 轴负向移动后，操作台引起的湍流分离边界随之移动，在湍流分离边界向远离控制室的方向移动后流速较低的区域增大明显，停机坪上旋翼瞬态气弹响应较小的位置范围增大，停机坪中心位置响应减小明显。随着湍流分离边界对停机坪流场影响的减弱，停机坪范围内旋翼瞬态气弹响应最大值也明显减小。模型 2 的改变没有降低停机坪范围内旋翼瞬态气弹响应最小值,停机坪中心处响应的减小可提升直升机起动过程的安全性。

8. 来流角为 210°情况

来流角为 210°时,各个模型影响下的旋翼瞬态气弹响应随起动位置的变化范围如图 5.28 所示。原模型时旋翼瞬态气弹响应处于一个较高的水平,最大值和最小值均较大。上层建筑的改变对气弹响应的影响明显,模型 6 对停机坪范围内旋翼瞬态气弹响应的最大值和最小值均有很好的控制效果。模型 6 的改变可以使得停机坪范围内旋翼瞬态气弹响应的最大值减小 25.8%,最小值减小 18.5%。

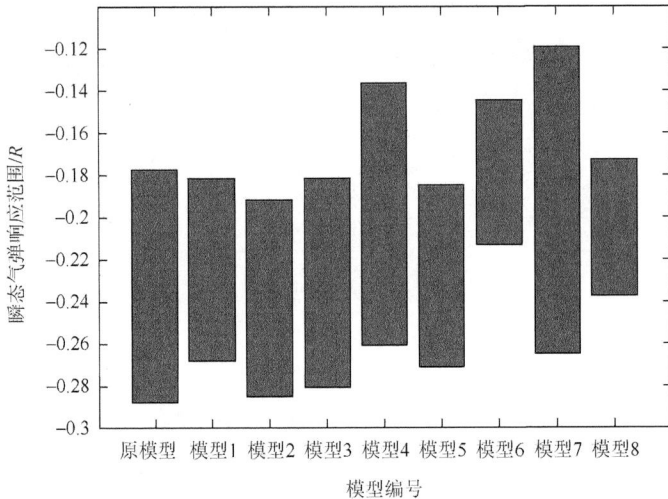

图 5.28 来流角为 210°时旋翼瞬态气弹响应随起动位置变化范围

模型 6 和原模型时旋翼瞬态气弹响应和流场分布如图 5.29 所示。停机坪流场受到上层建筑影响较小,在停机坪边缘扰流的影响下停机坪流场呈现加速后略微向上偏转的状态。原模型时,停机坪流场在靠近来流方向的位置偏转较为稳定,垂向速度梯度较小,旋翼瞬态气弹响应也较小。由于控制室的阻塞作用,靠近控制室位置停机坪流场向上偏转,流速有所增大,靠近控制室位置的旋翼瞬态气弹响应有所增大。在停机坪左侧靠近控制室的边缘位置,当气流经过时,在控制室产生的湍流分离边界的诱导下发生偏转,气弹响应也有所增大。由于流场流线偏转很小,该流场中旋翼瞬态气弹响应变化较小。

模型 6 时,即上层建筑 2 控制室沿 y 方向移动后,上层建筑 2 控制室产生阻塞作用的位置发生移动,停机坪流场由于阻塞作用引起的向上偏转消失。由于控制室产生的湍流分离边界的移动,停机坪流场受到控制室产生的湍流分离边界的诱导位置改变。原模型中旋翼瞬态气弹响应最大位置靠近控制室，模型 6 时变化不明显。由于诱导产生的偏转显著低于阻塞作用产生的偏转，因此停机坪范围内旋翼瞬态气弹响应最大值降低明显。

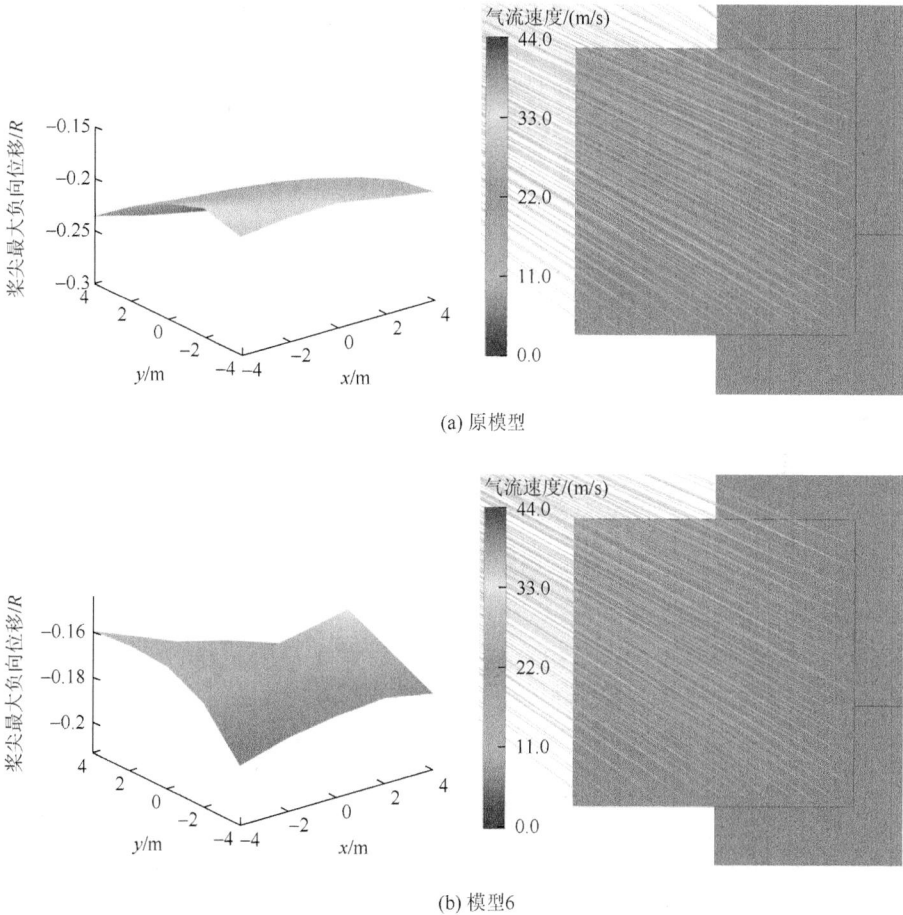

(a) 原模型

(b) 模型6

图 5.29　来流角为 210°时旋翼瞬态气弹响应和停机坪流场分布

　　停机坪中心位置旋翼瞬态气弹响应在上层建筑改变的影响下有明显减小，但减小幅度并不理想，这是由于来流角为 210°时上层建筑位于停机坪的下流，对停机坪流场影响较小，因此难以达到理想的控制效果。

9. 来流角为 240°情况

　　来流角为 240°时，各个模型影响下的旋翼瞬态气弹响应随起动位置的变化范围如图 5.30 所示。与原模型相比，模型 1 和模型 2 时旋翼瞬态气弹响应变化范围变化明显，其他上层建筑分布时旋翼瞬态气弹响应变化较小。模型 1 和模型 2 时，停机坪范围内旋翼瞬态气弹响应有所减小，响应最大值分别减小 29.7%和 25.1%。

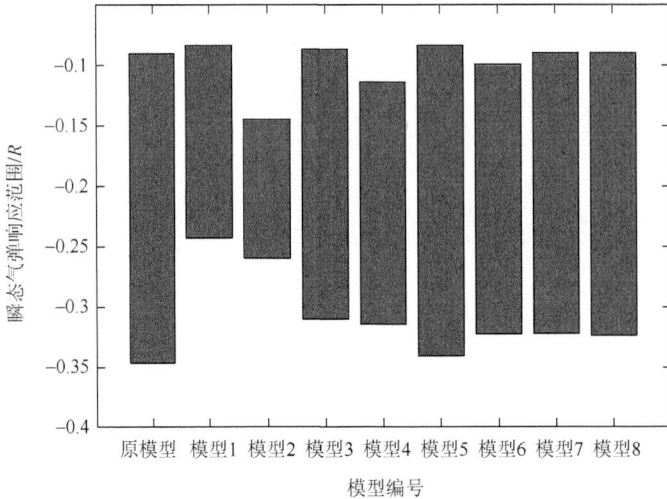

图 5.30　来流角为 240°时旋翼瞬态气弹响应随起动位置变化范围

　　三个模型时停机坪范围内流场分布和旋翼瞬态气弹响应如图 5.31 所示。瞬态气弹响应最大值分布在停机坪边缘靠近来流方向位置。从停机坪流场分布图可以看出，原模型的流场流速相较模型 1 与模型 2 更大。240°来流时，建筑 1 操作台的湍流分离边界会影响到停机坪流场，对停机坪边缘靠近来流方向位置流场产生加速作用，当建筑 1 操作台沿 y 方向移动 5m 和–5m 时，湍流分离边界随之移动。

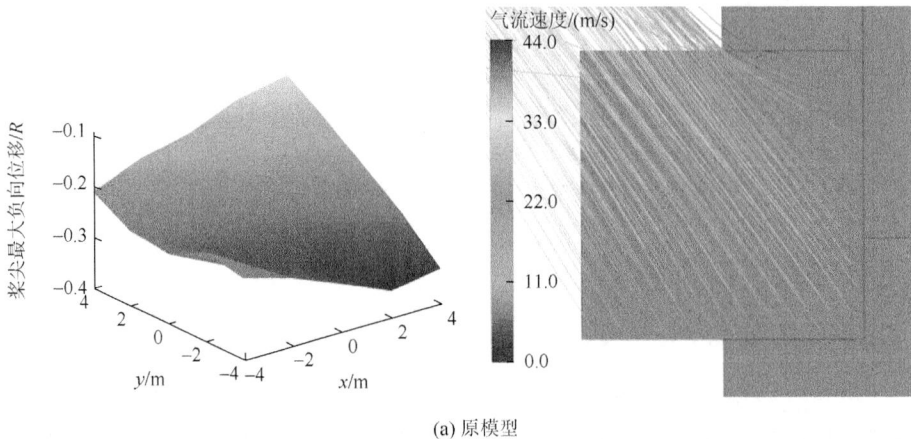

(a) 原模型

(b) 模型1

(c) 模型2

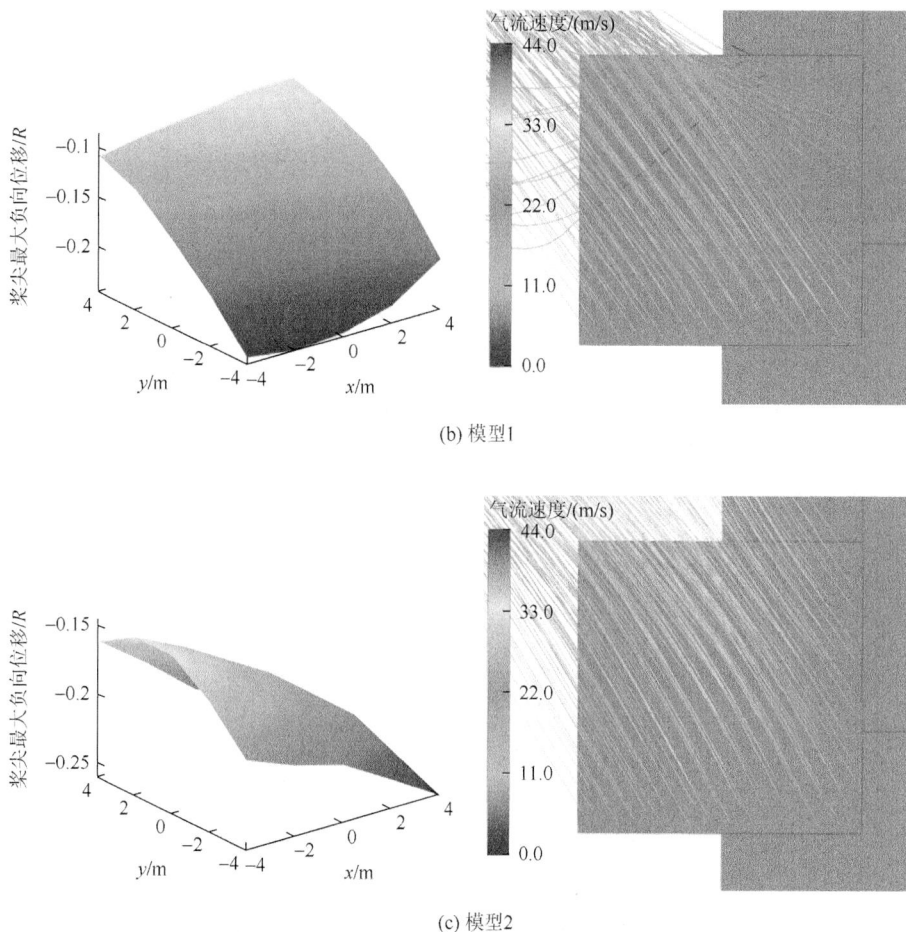

图 5.31　来流角为 240°时旋翼瞬态气弹响应和停机坪流场分布

　　模型 1 中建筑 1 操作台沿 y 方向移动 5m，移动后建筑 1 操作台产生的湍流分离边界不再对停机坪附近流场产生加速作用，流场流速明显减小。建筑 1 操作台产生的湍流分离边界的移动使得该湍流分离边界对停机坪湍流分离边界位置的影响减小，停机坪湍流分离边界向下偏转，停机坪流场的垂向速度减小，停机坪流场湍流分离边界的移动使得停机坪边缘靠近来流位置的旋翼瞬态气弹响应明显降低。

　　模型 2 中建筑 1 操作台沿 y 方向移动−5m，移动后湍流分离边界对停机坪附近流场的加速作用减弱，流场速度比原模型略有减小。建筑 1 操作台引起的湍流分离边界向上偏转，再循环区位置发生变化，停机坪流场流向变化减小，旋翼瞬态气弹响应有所减小。分析表明，改变上层建筑分布时，可通过影响湍流分离边界位置从而进行旋翼瞬态气弹响应控制。

　　从旋翼瞬态气弹响应图还可以看出，随着模型的变化，旋翼瞬态气弹响应较小的位置范围有所增大。原模型在靠近控制室的位置旋翼瞬态气弹响应较小，越靠近控制室的位置响应越小，但靠近建筑可能会带来起飞过程中的其他危险。当上层建筑变为模型 1 时，旋翼瞬态气弹响应较小的区域明显增大，这将极大地提升旋翼起动过程的安全性。模型 2 时旋翼瞬态气弹响应较小区域的范围相比模型 1 时有所减小。

　　10. 来流角为 270° 情况

　　来流角为 270° 时，各个模型影响下的旋翼瞬态气弹响应随起动位置的变化范围如图 5.32 所示。停机坪范围旋翼瞬态气弹响应最大值受上层建筑影响较小，改变最大的情况时减小 6.9%。上层建筑对于停机坪范围内旋翼瞬态气弹响应最小值能起到很好的控制效果，模型 6 时，气弹响应最小值减少了 42.9%，模型 8 时，减少了 50.5%。

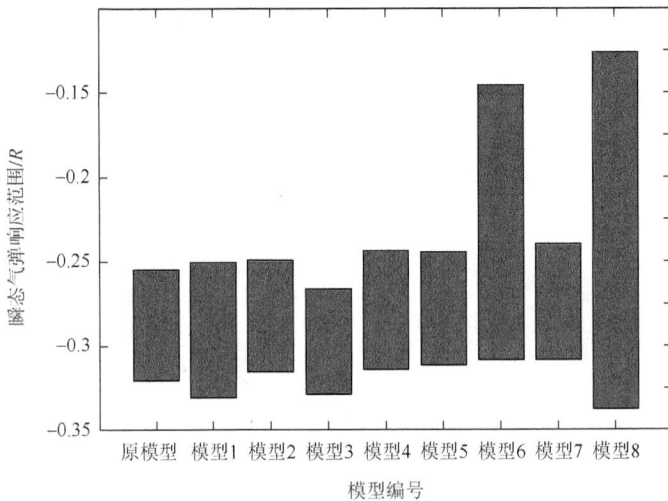

图 5.32　来流角为 270° 时旋翼瞬态气弹响应随起动位置变化范围

　　模型 6、模型 8 和原模型时，旋翼瞬态气弹响应和流场分布如图 5.33 所示。原模型时，停机坪范围内旋翼瞬态气弹响应最小值出现于停机坪左侧边缘，较小值位置靠近控制室，这两个位置对直升机起动都有不利的影响。靠近停机坪中心点位置旋翼瞬态气弹响应较大，原模型时停机坪左侧流场在下方气流的诱导下向上的偏转减小，垂向速度降低，停机坪左侧气动力变化较小，产生的挥舞较小。停机坪右侧由于有上层建筑 2 控制室的阻塞作用，流场的流向向上偏转，垂向速度增大，在靠近来流位置停机坪边缘有最大的流速和流向偏转，瞬态气弹响应最大。在停机坪右侧靠近控制室位置，流速的减小使得旋翼瞬态气弹响应减小。

(a) 原模型

(b) 模型6

(c) 模型8

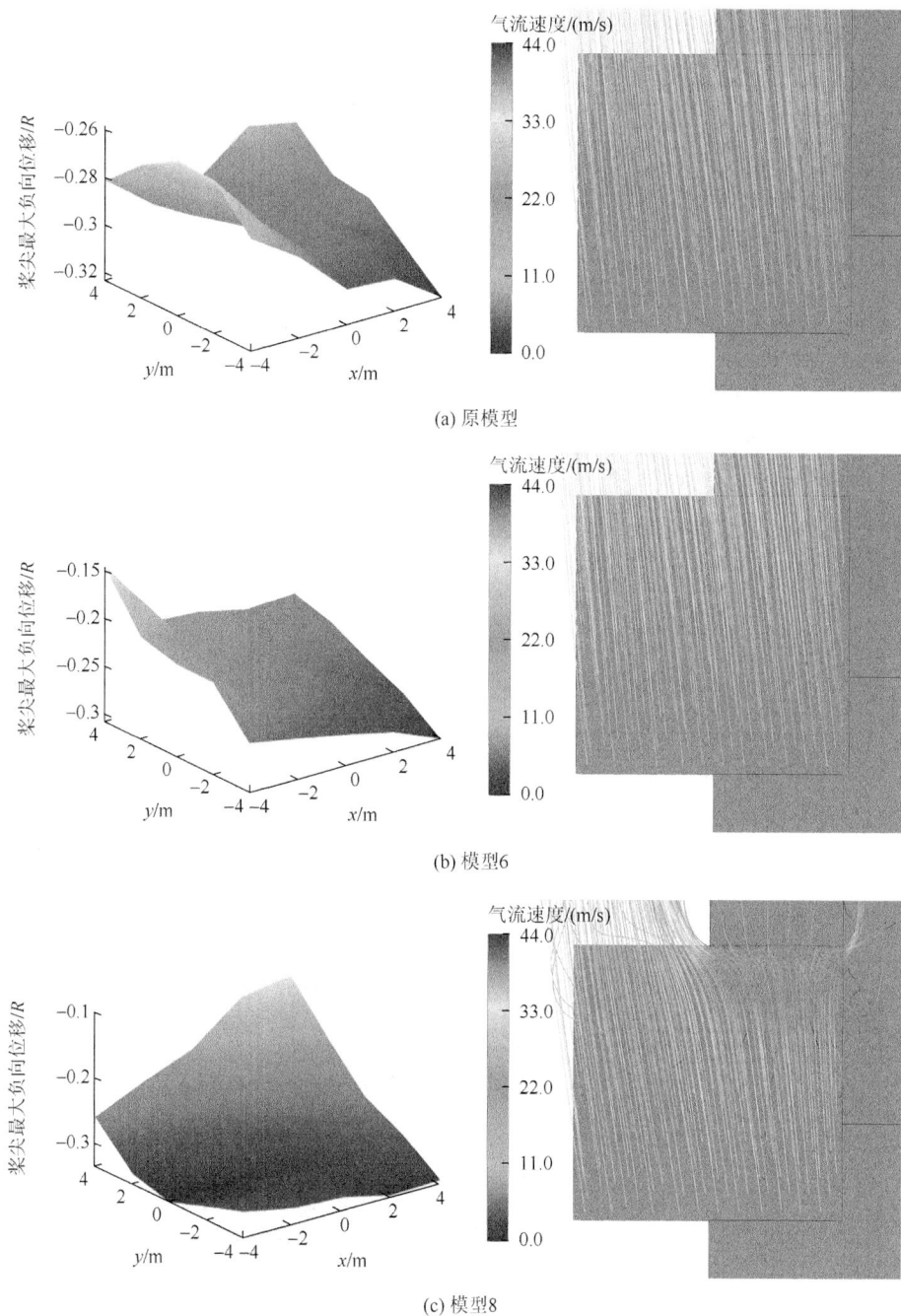

图 5.33　来流角为 270°时旋翼瞬态气弹响应和停机坪流场分布

模型 6 时，即上层建筑 2 控制室沿 y 方向移动，控制室的阻塞作用对停机坪流场的影响减小，停机坪右侧气流偏转有所降低，在靠近控制室位置，控制室的阻塞作用造成的流速减小导致旋翼瞬态气弹响应控制效果减弱。原模型中，停机坪左侧流场在靠近控制室的位置，受到控制室阻塞效应的影响，来流速度的增大使得响应最小值位于停机坪左侧中部位置，而模型 6 中，控制室的移动使得停机坪左侧的阻塞加速减小，响应最小值位置移动到停机坪左侧靠近控制室的拐角，旋翼瞬态气弹响应最小值位置的变化并不理想，依然位于靠近停机坪边缘位置。模型 6 时，控制室移动使得整个停机坪流场流向偏转减小，停机坪中心点附近气弹响应有所减小，停机坪中心点位置响应减少超过 20%，能有效提升直升机起动的安全性。

模型 8 时，即上层建筑 2 控制室高度增高，控制室的阻塞作用对停机坪流场的影响增强，停机坪气流偏转增大，靠近控制室位置流场流速减小、幅度增大，除靠近控制室的停机坪范围，其他位置旋翼瞬态气弹响应都有明显增大。旋翼瞬态气弹响应最小值降低效果最好，但最大值仍然很大，不利于提升直升机起动过程的安全性。

11. 来流角为 300° 情况

来流角为 300° 时，各个模型时旋翼瞬态气弹响应随起动位置的变化范围如图 5.34 所示。上层建筑变化对停机坪内旋翼瞬态气弹响应变化范围影响较小，其中模型 8 时旋翼瞬态气弹响应减小最多，停机坪范围内响应最小值减小了 5.8%，最大值减小了 8.1%。

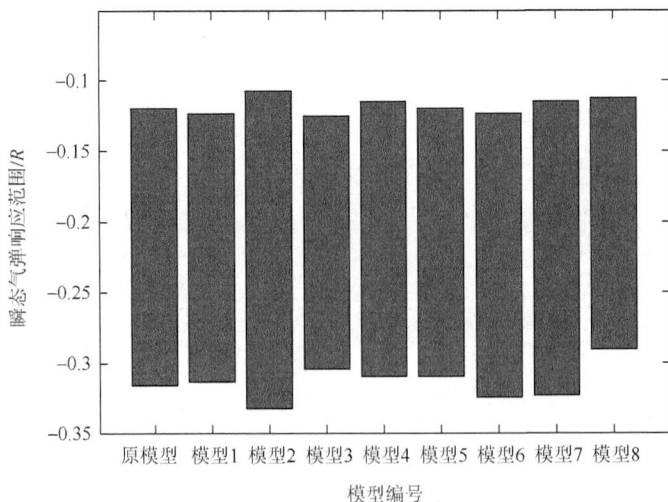

图 5.34　来流角为 300° 时旋翼瞬态气弹响应随起动位置变化范围

模型 8 和原模型时，旋翼瞬态气弹响应和流场分布如图 5.35 所示。停机坪范围内旋翼瞬态气弹响应整体处于一个较低的水平，在靠近停机坪右侧边界出现一个较大值，在平时起动时不会受到这个较大值的影响。随着上层建筑的变化，停机坪范围内气弹响应变化较小，这是由于模型 8 使得停机坪流场流线偏转增大、流速减小。来流角为 300°时，改变上层建筑对旋翼瞬态气弹响应的控制效果较差。

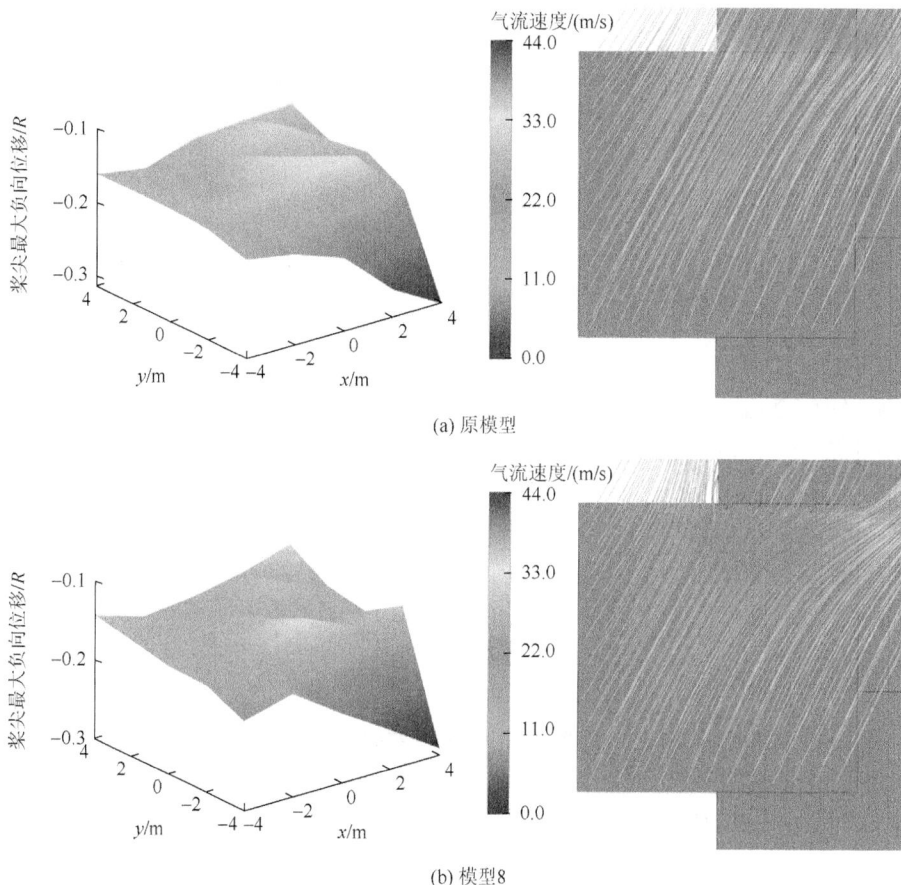

(a) 原模型

(b) 模型8

图 5.35　来流角为 300°时旋翼瞬态气弹响应和停机坪流场分布

12. 来流角为 330°情况

来流角为 330°时，各个模型时旋翼瞬态气弹响应随起动位置的变化范围如图 5.36 所示。改变上层建筑对停机坪范围内旋翼瞬态气弹响应变化范围的影响较小，停机坪范围内旋翼瞬态气弹响应最大值无法降低，最小值在模型 8 时可以减小 25.6%。

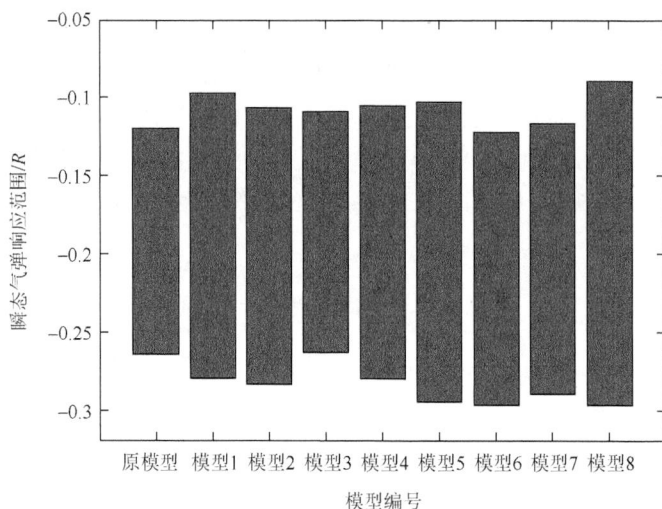

图 5.36　来流角为 330°时旋翼瞬态气弹响应随起动位置变化范围

　　模型 8 和原模型时旋翼瞬态气弹响应和流场分布如图 5.37 所示。靠近停机坪左侧边缘位置出现旋翼瞬态气弹响应最大值,停机坪中心点附近气弹响应值较小。模型 8 时,即上层建筑 2 控制室高度增加后,阻塞效应增大使得停机坪流场偏转增大,气弹响应最小值位置变为靠近控制室的位置,停机坪中心点附近的气弹响应有所增大,虽然模型 8 的上层建筑改变使得停机坪范围内旋翼瞬态气弹响应最小值有所降低,但最小值的位置改变不利于直升机的安全起动,且停机坪中心位置气弹响应的增大也会降低直升机起动的安全性。

　　13. 小结

　　海上钻井平台停机坪流场受上层建筑的影响较为复杂,停机坪流场直接影响旋翼起动过程瞬态气弹响应,合理布置海上钻井平台上层建筑,通过上层建筑拖出的尾流的湍流对停机坪流场的影响,进而减小旋翼起动过程瞬态气弹响应。

　　从上层建筑对直升机起动的限制来看,直升机的起降位置应位于停机坪中心,靠近停机坪边缘或上层建筑可能会给直升机起动带来危险。直升机在停机坪起降时的安全位置位于停机坪的中心点附近,最好的上层建筑分布应使得停机坪中心点附近具有瞬态气弹响应较小,气弹响应最小值的减小不一定能提升直升机起动的安全性。各来流角时,最佳控制效果对应模型的停机坪中心处,旋翼瞬态气弹响应与原模型时对比如表 5.2 所示。由表可知,来流角为 330°时,上层建筑的改变无法使得旋翼瞬态气弹响应降低,而其他各来流情况时,上层建筑的改变都能使得旋翼在停机坪中心起动时桨尖负向位移减小,这将有效地提高直升机起动过程的安全性。

(a) 原模型

(b) 模型8

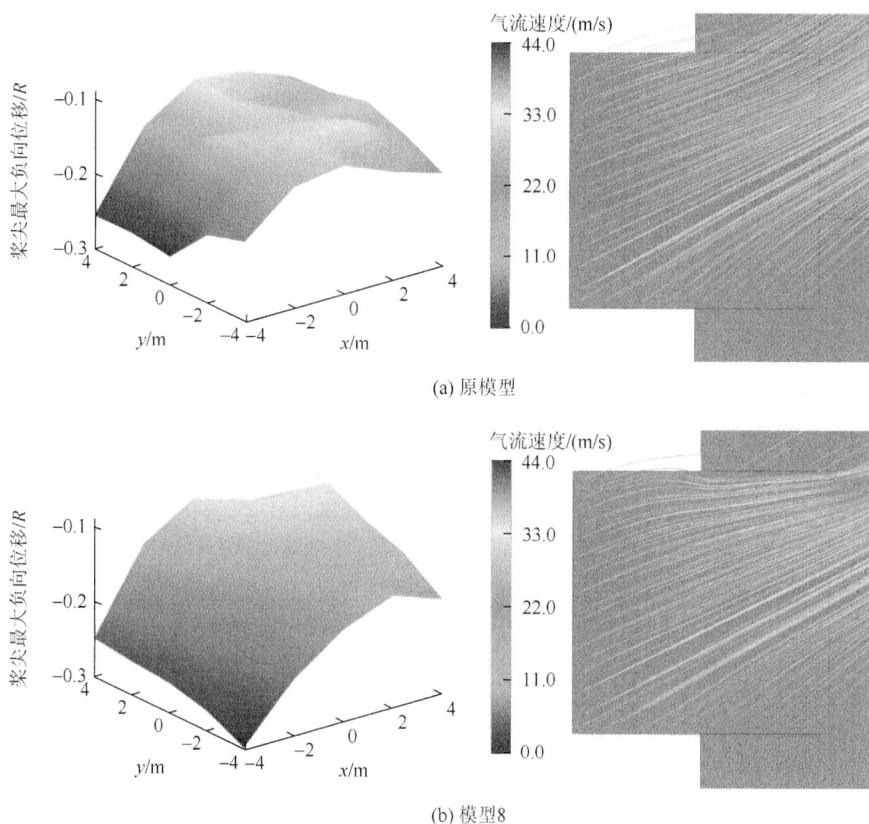

图 5.37　来流角为 330°时旋翼瞬态气弹响应和停机坪流场分布

表 5.2　各来流角时最佳控制效果

来流角/(°)	模型编号	最大负向位移/%R	幅值减小/%
0	原模型	−11.4	4.9
	模型 5	−10.9	
30	原模型	−18.8	20.1
	模型 6	−15.0	
60	原模型	−10.3	3.7
	模型 2	−9.9	
90	原模型	−10.7	30.8
	模型 8	−7.4	
120	原模型	−11.9	35.1
	模型 4	−7.7	

来流角/(°)	模型编号	最大负向位移/%R	幅值减小/%
150	原模型	−5.0	58.5
	模型 4	−2.1	
180	原模型	−12.8	35.2
	模型 2	−8.3	
210	原模型	−20.1	18.4
	模型 6	−16.4	
240	原模型	−26.9	51.2
	模型 1	−13.1	
270	原模型	−29.4	20.1
	模型 6	−23.7	
300	原模型	−12.6	6.8
	模型 8	−11.7	
330	原模型	−13.3	—
	—	—	

5.7　本　章　小　结

本章主要开展海上钻井平台直升机起动过程旋翼瞬态气弹响应研究,主要内容包括海上钻井平台流场建模、停机坪流场分析,以及起动位置、来流方向和上层建筑对海上钻井平台起动过程旋翼瞬态气弹响应影响研究。主要包括以下内容。

(1)通过计算流体力学方法对半潜式钻井平台停机坪流场进行了分析。上层建筑的加速效应和阻塞效应会对停机坪流场产生显著影响,加速效应使得停机坪流场最大流速相比来流速度可增加超过 30%。加速效应和阻塞效应产生的湍流分离边界和再循环区会影响旋翼瞬态气弹响应,湍流分离边界的偏转和高速气流可能会导致直升机起动过程出现旋翼过度挥舞;不同来流时,上层建筑产生的加速效应与阻塞效应共同影响停机坪流场,来流方向对停机坪流场影响明显,停机坪流场湍流分离边界和再循环区分布的变化会影响直升机安全起降。可通过设计改变钻井平台上层建筑,进而改变停机坪流场,从而提升直升机起降的安全性。

(2)建立了海上钻井平台旋翼瞬态气弹响应计算模型。30m/s、0°来流时,停机坪范围内,旋翼桨尖最大负向位移为 33.6%R,中心处最大负向位移仅为 11.4%R。旋翼起动位置对旋翼瞬态气弹响应影响明显。停机坪上层建筑的扰流作用对旋翼瞬态气弹响应影响明显,湍流分离边界的加速可能会使气弹响应增大,再循环区内流速较小将减小桨叶产生的气动力,旋翼瞬态气弹响应随之减小。来流方向的改变会影响停机坪流场分布,进而影响旋翼瞬态气弹响应,上层建筑对旋翼瞬态气弹响应影响明显,来流角为 330°时,上层建筑的改变无法使得停机坪中心直升机起动时旋翼瞬态气弹响应减小,其他来流时,上层建筑的改变都能使得在停机坪中心处旋翼桨尖负向位移减小,来流角为 150°和 240°时,位移减小超过 50%,来流角为 90°、120°和 180°时,减小值也超过 30%,这将有效地提升直升机在钻井平台停机坪起动过程的安全性。

第6章　前飞状态转速过渡过程旋翼瞬态气弹响应

6.1　引　言

直升机的最大前飞速度受到前行桨叶压缩性和后行桨叶失速限制，目前常规直升机最大飞行速度世界纪录是 400.87km/h。为了提高直升机的最大前进速度，须降低旋翼桨叶桨尖速度，以减轻压缩性影响。高速直升机高速飞行中通常会降低旋翼桨尖速度（Blackwell and Millott，2008；Öhrle et al.，2021；Sugawara and Tanabe，2019），旋翼通常会经历从一个转速过渡到另一个转速的瞬态过程。

旋翼转速变化可能会给旋翼带来瞬态载荷，这些载荷可能会传递到旋翼轴或机身上。众所周知，具有相同桨叶的旋翼就像过滤器（Reichert，1981；Johnson，2013），只有频率为$(N_b-1)\Omega$, $N_b\Omega$, $(N_b + 1)\Omega$, $(2N_b-1)\Omega$, $2N_b\Omega$, $(2N_b + 1)\Omega$, …的桨叶载荷会以$N_b\Omega$, $2N_b\Omega$, …的频率传递到固定坐标系（旋翼桨毂、机体）。这一准则适用于稳态的旋翼载荷。瞬态载荷从旋转坐标系传递到非旋转坐标系是否遵循这一原则，需要进一步研究。

过大的瞬态载荷从旋转坐标系传递到固定坐标系，可能会损坏旋翼轴、传动系统或机身，甚至造成更为严重的后果。Han 等研究表明，变转速旋翼通过摆振共振区时会产生过大的瞬态载荷（Han and Smith，2013；Han et al.，2013）。Chandrasekaran 和 Hodges（2022）采用几何精确的梁模型研究了变速旋翼的性能和共振动力学，研究表明，作用于桨叶根部的力在通过共振时会显著增加。通过共振区期间，自然会出现高的瞬态载荷。然而，如果共振区被排除在旋翼转速变化范围之外，是否还有其他的过大瞬态载荷状态？

前飞时，常规直升机通常不会改变其旋翼速度，旋翼速度的变化被限制于较小范围内。自然，很少研究关注前飞状态转速过渡过程旋翼瞬态气弹响应。起飞前和着陆后，直升机的旋翼转速须从零增加到正常旋翼转速，或者相反。已有多项研究关注该方面（Newman，1995；Geyer et al.，1998；Wall et al.，2008；Han et al.，2012；Zhang et al.，2017），桨叶在挥舞方向的变形可能会导致桨叶意外撞击机身、地面或船舶甲板（Keller，2001）。这些研究表明，转速变化过程中，旋翼的瞬态气弹响应可能很大，从而影响飞行安全。

本章重点分析前飞状态转速过渡过程旋翼的瞬态气弹响应，并分析载荷从旋转坐标系传递到固定坐标系的规律。使用经过验证的旋翼模型预测转速过渡过程旋翼瞬态气弹响应，为了降低瞬态载荷，采用增加旋翼桨叶阻尼和优化旋翼转速策略的方法，并探讨了这些方法的有效性。

6.2　总　体　思　路

旋翼转速过渡过程属于瞬态过程，其不同于常规的稳态飞行动力学分析，主要需考虑如下几点重要因素。

（1）旋翼初始条件，即过渡过程开始时，旋翼桨叶的位置、速度和加速度信息的初始值。瞬态过程的开始和结束均对应飞行器稳态飞行过程，因此初始条件按稳态配平时旋翼输入给定。

（2）旋翼操控输入，主要涉及转速过渡过程旋翼总距和纵横向周期变距操纵输入，旋翼桨毂力和力矩由旋翼操纵控制，进而决定直升机的飞行姿态，实际通过飞行员进行操控。瞬态过程的两端（开始和结束）均对应稳态过程，因此旋翼操控输入的起始和终结均按稳态配平量给定，中间过程通过设计进行优化，以降低瞬态过程过大的结构载荷。

（3）飞行环境输入，主要涉及飞行速度变化和气动干扰影响等因素。过渡过程中，旋翼飞行速度有可能变化，也有可能不发生变化，需根据具体情况进行分析。飞行过程中，旋翼飞行状态发生变化，如拉力、前进比等参数改变。

（4）旋翼转速控制，主要针对过渡过程旋翼转速变化的时间历程进行规划，其操控输入的变化核心是由转速变化所引起的，转速变化带来的主要问题是角速度和角加速度变化所产生的相关动力学问题。

给定初始条件和过程控制后，进行旋翼动力学方程求解就可得到旋翼瞬态气弹响应的时间历程，进而得到相应的旋翼扭矩、桨叶力和力矩，以及桨毂力和力矩等信息。

通过过渡过程瞬态气弹响应分析，对旋翼瞬态过程中的转速操控策略、旋翼操控规律进行相应的设计以及优化，保证瞬态过程气弹响应的平稳过渡，不出现过大的载荷状况。分析流程如图6.1所示。

6.3　XH-59A 高速旋翼

XH-59A 直升机旋翼相关参数见表 6.1（Felker，1981；Ruddell，1981；Go et al.，2017），其旋翼桨叶挥舞、摆振和扭转刚度如图 6.2 所示，桨叶剖面质量和扭转惯量如图 6.3 所示，桨叶负扭转分布如图 6.4 所示，通过调节桨叶小拉杆刚度匹配桨叶扭转方向固有频率。额定转速（345r/min，5.75Hz）时桨叶旋转频率计算结果如

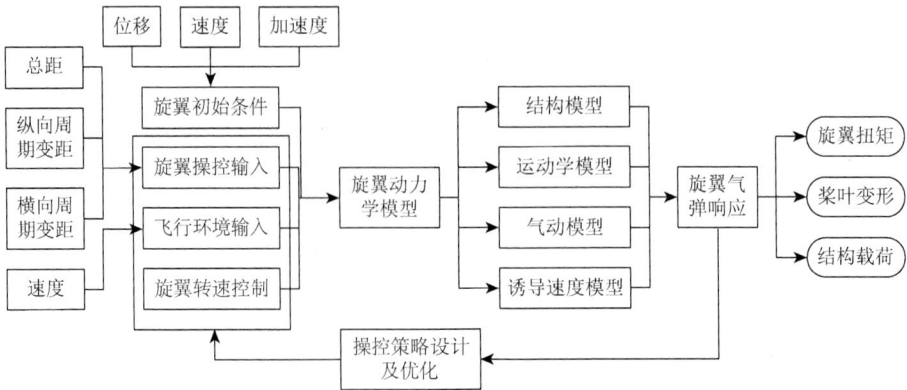

图 6.1　过渡过程分析流程

表 6.2 所示，与文献（Felker，1981）的计算结果一致，表 6.3 为复合式直升机模式（239r/min，3.98Hz）时桨叶旋转频率。由两表对比可以看出，随着旋翼转速降低，挥舞、摆振和扭转频率比均有所增大，挥舞和摆振频率比由接近 1 阶旋翼转速转变为更接近 2 阶旋翼转速，随旋翼转速变化，摆振方向频率比变化更为显著。

表 6.1　XH-59A 旋翼参数

参数		数值
桨毂类型		无铰
旋翼半径		5.4864m
桨叶片数		3
总实度		0.127
预锥角		3°
桨尖弦长		0.2859m
尖梢比		2∶1
桨尖速度	直升机模式	198.12m/s
	复合式直升机模式	137.16m/s
最大速度	直升机模式	296.32km/h
	复合式直升机模式	444.48km/h
桨叶负扭转（非线性）		−10°

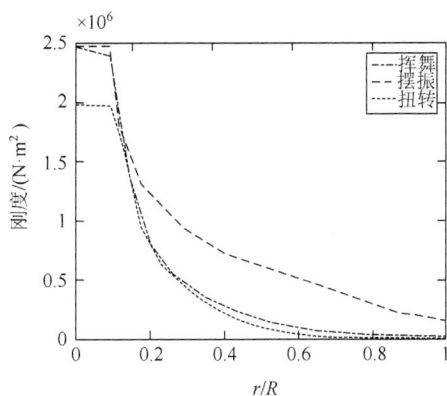

图 6.2　XH-59A 桨叶剖面刚度分布

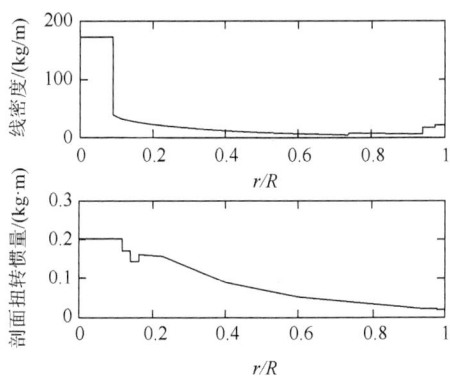

图 6.3　XH-59A 桨叶剖面质量和扭转惯量分布

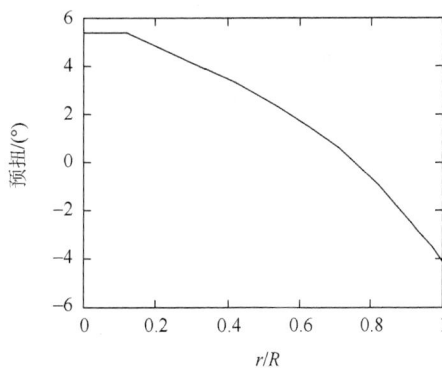

图 6.4　桨叶负扭转分布

表 6.2　直升机模式时桨叶旋转频率（345r/min）

阶次	本章/Hz	本章/rev
挥舞 1 阶	8.12702	1.41
挥舞 2 阶	24.2884	4.22
摆振 1 阶	7.06628	1.23
摆振 2 阶	34.0251	5.92
扭转 1 阶	64.7615	11.26

表 6.3　复合式直升机模式时桨叶旋转频率（239r/min）

阶次	本章/Hz	本章/rev
挥舞 1 阶	6.22946	1.56
挥舞 2 阶	21.1939	5.32
摆振 1 阶	6.79034	1.70
摆振 2 阶	32.5445	8.17
扭转 1 阶	64.8771	16.29

算例采用 XH-59A 旋翼，旋翼桨叶翼型采用 NACA0012，旋翼相关参数见表 6.1，旋翼共振图如图 6.5 所示。转速过渡过程前后前飞速度不变，按 300km/h 计；旋翼过渡转速范围，直升机模式 345r/min（5.75Hz），复合式直升机模式 239r/min（3.98Hz）；旋翼配平状态按风洞配平处理。

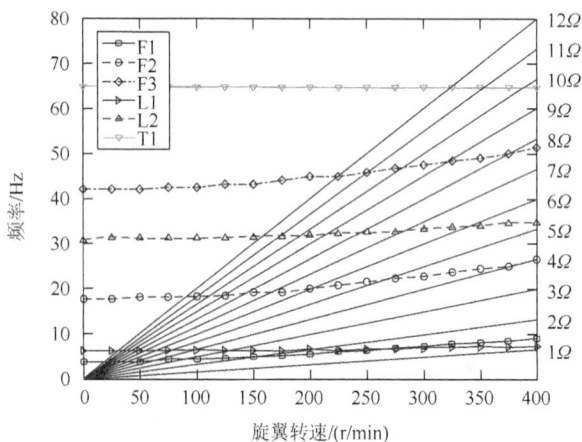

图 6.5　旋翼共振图

6.4　过渡过程分析

转速过渡过程，旋翼拉力保持 1.225×10^4N 不变。稳态时，旋翼配平按风洞配平处理，旋翼纵横向周期挥舞角为 0°。瞬态时，旋翼操纵根据过渡过程中转速对应稳态配平值进行插值，随着旋翼转速变化，旋翼总距和纵横向周期变距进行相应变化。不同旋翼转速时，旋翼总距和纵横向周期变距变化曲线如图 6.6 所示，旋翼转速增大，旋翼总距和横向周期变距均变小。

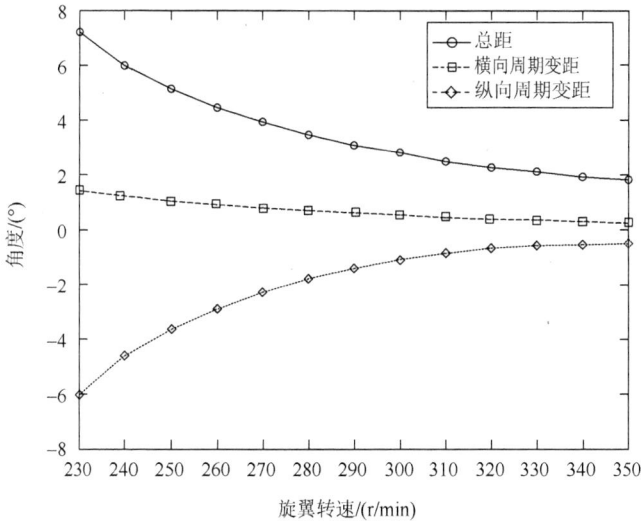

图 6.6　旋翼操纵随旋翼转速变化

6.5　线性转速过渡策略

采用式（6.1）所表达的转速线性变化策略进行转速变化，转速变化范围从直升机模式的旋翼转速 345r/min 变换到复合式直升机模式的旋翼转速 239r/min，前 5s 和最后 5s 为转速保持不变状态，中间为过渡状态，转速过渡时间为 20s。

$$\begin{cases} \Omega_1, & t < t_1 \\ \Omega_1 + \dfrac{t - t_1}{t_2 - t_1}(\Omega_2 - \Omega_1), & t_1 \leqslant t \leqslant t_2 \\ \Omega_2, & t_2 < t \end{cases} \qquad (6.1)$$

式中，$t_1 = 5\mathrm{s}$；$t_2 = 25\mathrm{s}$；Ω_1 为起始转速，即直升机模式旋翼转速；Ω_2 为结束转速，即复合式直升机模式旋翼转速，转速过渡时间取为 20s。

旋翼转速变化如图 6.7 所示，旋翼旋转角加速度随时间变化如图 6.8 所示，角加速度在开始和结束时刻产生突变，由零值突变到−0.555rad/s^2，然后突变为零值。转速变化过程中，旋翼总距和纵横向周期变距随时间变化曲线如图 6.9 所示。采用线性转速变化策略，旋翼转速变化较为简单，旋翼旋转角加速度在转速变化期间为常值，但在转速过渡的开始结束时刻会产生突变。旋翼总距和纵横向周期变距在转速过渡阶段呈现抛物线变化规律，由于旋翼拉力在过渡过程中保持不变，旋翼拉力与转速呈二次方关系，因此总距和纵横向周期变距随旋翼转速降低呈现抛物线变化。

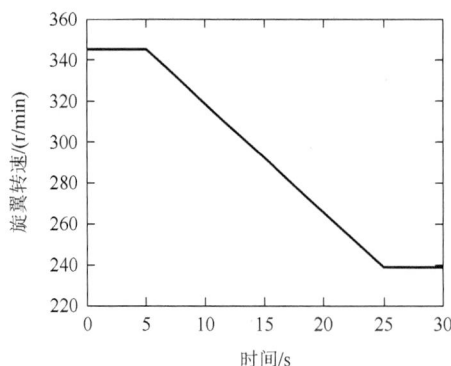

图 6.7　旋翼转速线性变化策略

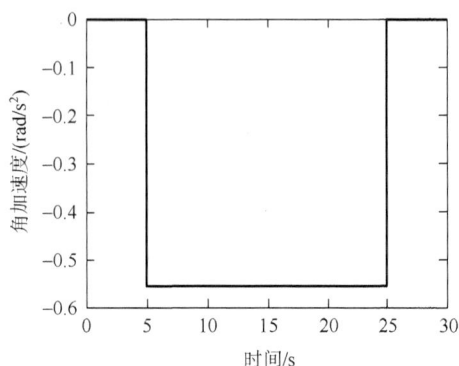

图 6.8　旋翼旋转角加速度时间历程

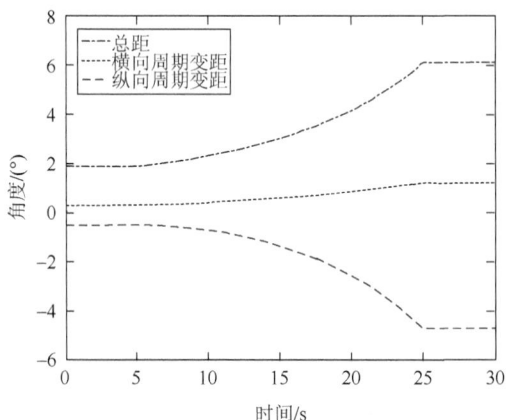

图 6.9　线性转速过渡策略时旋翼操纵时间历程

　　图 6.10 给出旋翼拉力随时间变化曲线，该图表明拉力的平均值几乎不随时间变化，但谐波量随时间变化较为明显，转速降低后瞬态过程有小幅减小，但整体变化不大，低转速时，谐波量变大，但变化量相对较小。图 6.11 给出瞬态开始前旋翼拉力稳态响应 FFT 分析，谐波成分主要包括 17.34Hz 分量，该分量正好约是此时旋翼转速（345r/min，5.75Hz）的 3 倍，由于旋翼有 3 片桨叶，因此该载荷来源于桨叶 3 阶垂向力。图 6.12 给出瞬态结束后旋翼拉力响应 FFT 分析，谐波成分主要包括 11.97Hz 分量，该分量正好约是此时旋翼转速（239r/min，3.98Hz）的 3 倍。旋翼拉力载荷传递规律符合预期。

　　图 6.13 给出桨叶根部挥舞弯矩随时间变化曲线。挥舞方向弯矩变化相对比较平稳，这是因为旋翼桨叶挥舞方向气动阻尼较大，对瞬态挥舞弯矩的抑制较强。

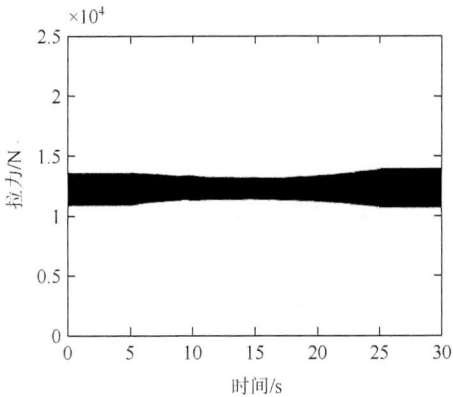

图 6.10　旋翼拉力随时间变化曲线

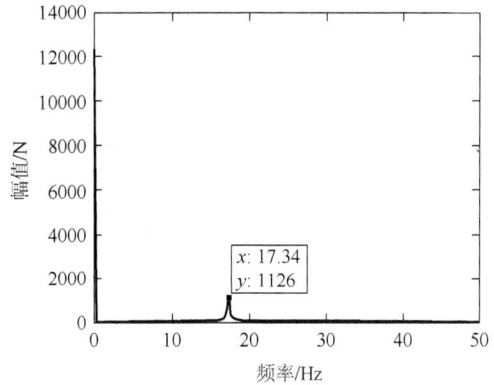

图 6.11　瞬态开始前旋翼拉力稳态响应
FFT 分析

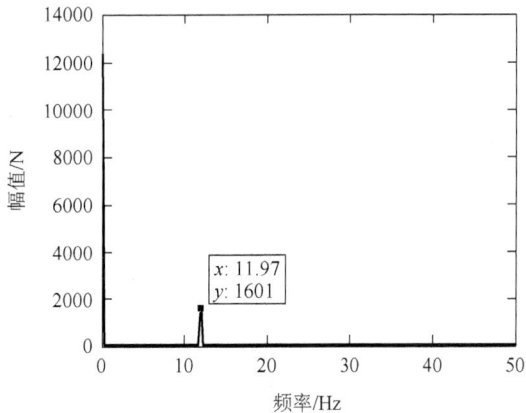

图 6.12　瞬态结束后旋翼拉力响应 FFT 分析

瞬态开始前挥舞弯矩稳态响应 FFT 分析如图 6.14 所示，很明显，桨叶挥舞弯矩中 1 阶分量和 2 阶分量均较大，频率正好为旋翼转速的 1 倍和 2 倍，由于采用刚性旋翼设计，桨叶挥舞弯矩中 1 阶和 2 阶成分较明显。瞬态结束后挥舞弯矩响应 FFT 分析如图 6.15 所示，桨叶挥舞弯矩中 1 阶分量和 2 阶分量均较大，频率正好为旋翼转速的 1 倍和 2 倍，出现了较明显的 3 阶成分，从谐波成分幅值来看，旋翼转速降低后，1 阶和 2 阶载荷增大明显，尤其是 2 阶挥舞弯矩，这是由于旋翼转速降低后，桨叶挥舞方向固有频率更接近 2Ω，需注意低转速时旋翼桨叶的疲劳问题。

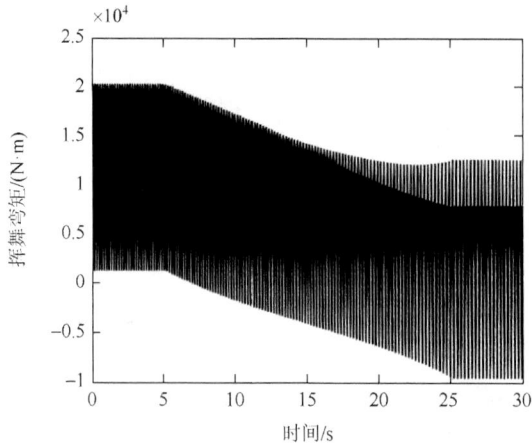

图 6.13　桨叶根部挥舞弯矩随时间变化曲线

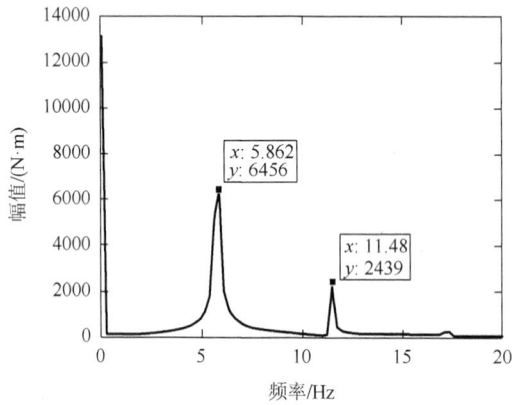

图 6.14　瞬态开始前挥舞弯矩稳态响应 FFT 分析

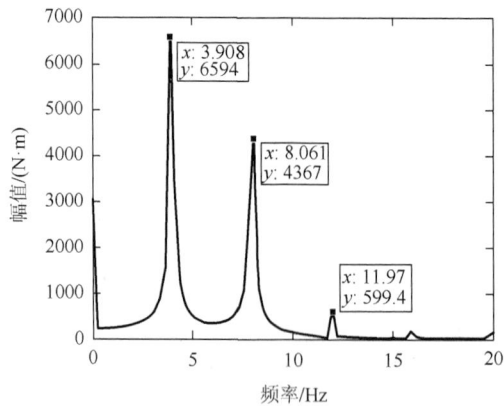

图 6.15　瞬态结束后挥舞弯矩响应 FFT 分析

　　图 6.16 给出桨叶根部摆振弯矩随时间变化曲线。摆振弯矩变化较为剧烈，但幅值较小，在转速突然改变的瞬间，进入和改出瞬态过程，瞬态弯矩值较大，降低旋翼转速，旋翼桨叶根部稳态弯矩值会增大。图 6.17 给出瞬态开始前摆振弯矩稳态响应 FFT 分析，很明显，该稳态时 1 阶谐波量占主导成分，因为此时桨叶摆振固有频率更接近于 1Ω。图 6.18 给出瞬态结束后摆振弯矩稳态响应 FFT 分析，很明显低转速时，摆振方向 2 阶、3 阶和 4 阶载荷显著增大，尤其是 2 阶摆振载荷，明显高于其他阶次，甚至 0 阶分量，将会对桨叶疲劳特性产生严重影响。

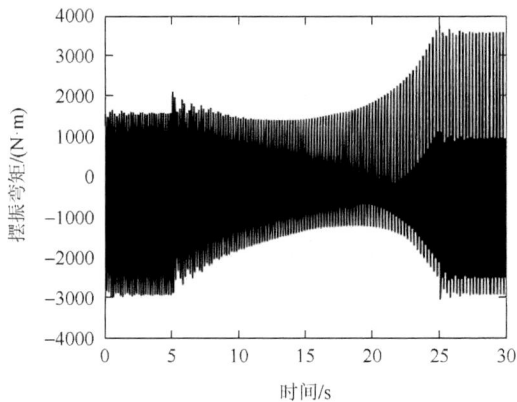

图 6.16　桨叶根部摆振弯矩随时间变化曲线

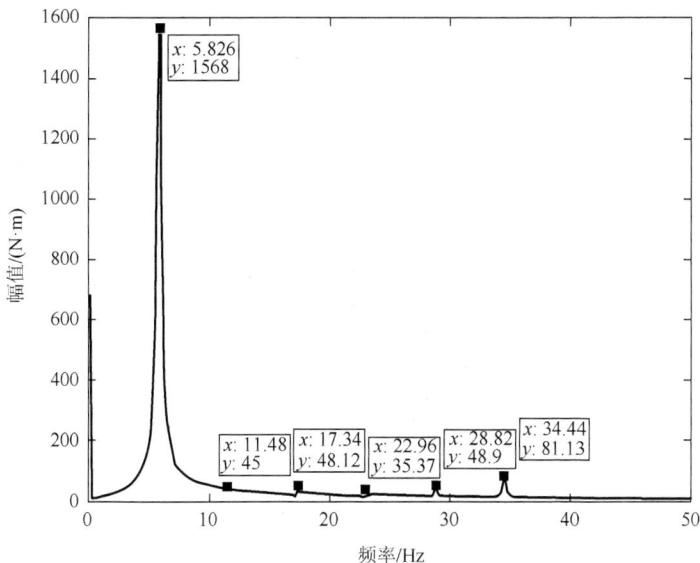

图 6.17　瞬态开始前摆振弯矩稳态响应 FFT 分析

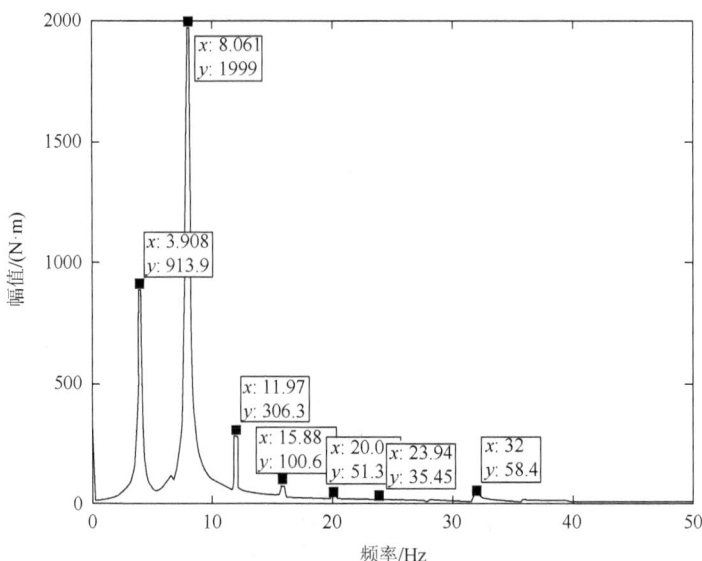

图 6.18 瞬态结束后摆振弯矩稳态响应 FFT 分析

图 6.19 给出桨叶根部扭矩随时间变化曲线。桨叶根部扭矩随转速降低变大，低转速时稳态扭矩明显大，而且扭矩的交变量较大。图 6.20 给出瞬态开始前桨叶根部扭矩稳态响应 FFT 分析，很明显，谐波量中 1 阶、2 阶、3 阶和 4 阶分量明显较大，尤其是 1 阶和 2 阶分量，该分量频率为旋翼转速的整数倍，由于桨叶扭转方向固有频率非常高，扭转方向过大载荷与共振无关。图 6.21 给出瞬态结束后桨叶根部扭矩稳态响应 FFT 分析，同样，扭转 1 阶、2 阶和 3 阶分量非常大，尤其是 1 阶和 3 阶扭转载荷增大明显。3 阶摆振载荷过大会导致旋翼扭矩谐波载荷显著增大。

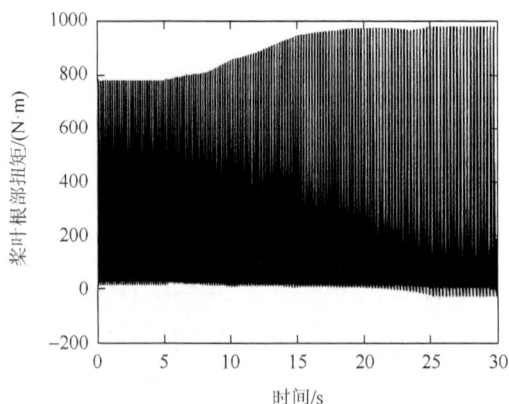

图 6.19 桨叶根部扭矩随时间变化曲线

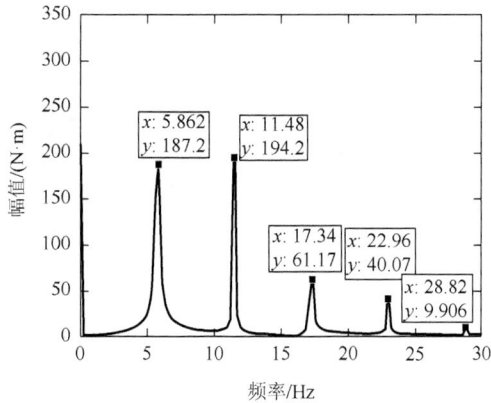

图 6.20　瞬态开始前桨叶根部扭矩稳态响应 FFT 分析

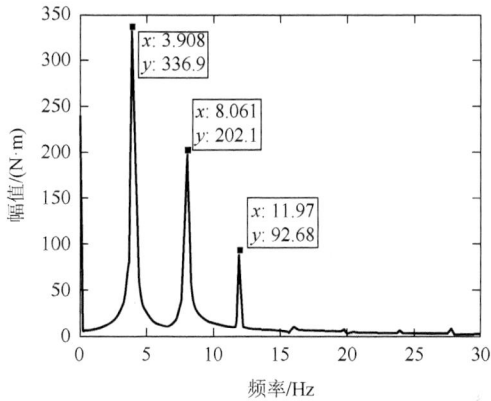

图 6.21　瞬态结束后桨叶根部扭矩稳态响应 FFT 分析

　　图 6.22 给出旋翼扭矩随时间变化曲线，非常明显，在转速过渡阶段，尤其是开始和结束时，旋翼扭矩变化非常剧烈，有可能带来过大的瞬态扭矩。图 6.23 给出瞬态开始前旋翼扭矩稳态响应 FFT 分析，转速为 345r/min 时，旋翼扭矩的 6Ω 分量明显较大，该 6Ω 分量来源于桨叶 6Ω 根部摆振弯矩，由于摆振 2 阶固有频率接近 6Ω，会激起较大幅值的 6Ω 分量，该分量传递给旋翼轴，出现较大的 6Ω 旋翼扭矩分量。图 6.24 给出瞬态结束后旋翼扭矩稳态响应 FFT 分析，结束后旋翼扭矩出现较明显的 3Ω 分量，该分量来源于桨叶根部摆振弯矩，与瞬态开始前谐波分量相比，6Ω 分量明显减少，这是因为摆振频率远离了 6Ω，相应分量减少。瞬态结束后旋翼扭矩存在 6.595Hz 分量，该频率与旋翼转速为 239r/min 时的频率基本一致（摆振 1 阶为 6.79Hz），很明显，刚进入稳态时，摆振 1 阶瞬态分量仍然较大，需要一定时间衰减。

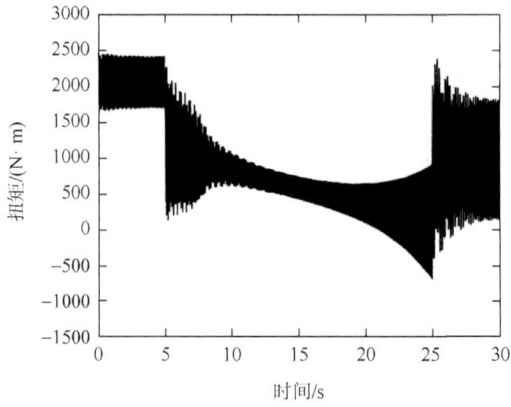

图 6.22　旋翼扭矩随时间变化曲线

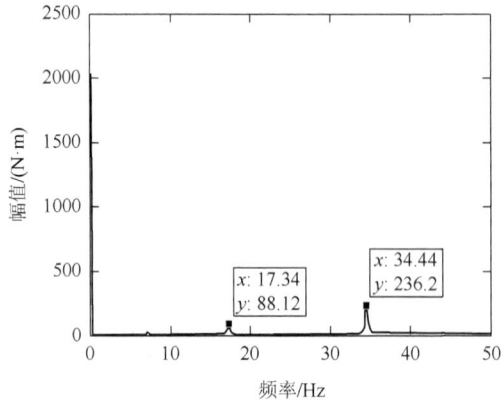

图 6.23　瞬态开始前旋翼扭矩稳态响应 FFT 分析

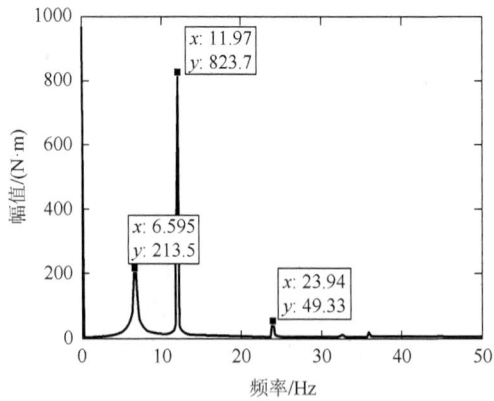

图 6.24　瞬态结束后旋翼扭矩稳态响应 FFT 分析

图 6.25 给出瞬态刚开始 5s 旋翼扭矩 FFT 分析，该图表明，旋翼扭矩瞬态响应成分主要包含 7.084Hz、16.85Hz 和 33.95Hz 分量。7.084Hz 成分频率基本与桨叶摆振固有频率（7.119Hz）相符，很明显，转速的突变量激起了摆振方向的瞬态量，并传递到了扭矩。16.85Hz 分量为 3Ω 分量，33.95Hz 分量为 6Ω 分量，来自桨叶摆振方向 3 阶和 6 阶。图 6.26 给出瞬态刚结束前 5s 旋翼扭矩 FFT 分析，响应中包含 12.46Hz、25.16Hz 和 37.37Hz 等分量，但主要包括的是 12.46Hz 分量，该分量频率接近瞬态结束后旋翼转速 3Ω，因此为摆振方向 3 阶分量传递给旋翼轴。对于刚性旋翼来讲，旋翼桨叶取消了减摆器，可能带来过大的瞬态摆振弯矩并传递到旋翼桨轴。由于转速的降低，旋翼需用扭矩减小，$I_R\dot{\Omega}$（I_R 为旋翼绕旋翼轴的转动惯量）将会带来瞬态过程旋翼扭矩突然变小，此时若发动机输入功率变化跟不上旋翼转速变换，那么很有可能产生严重的后果。

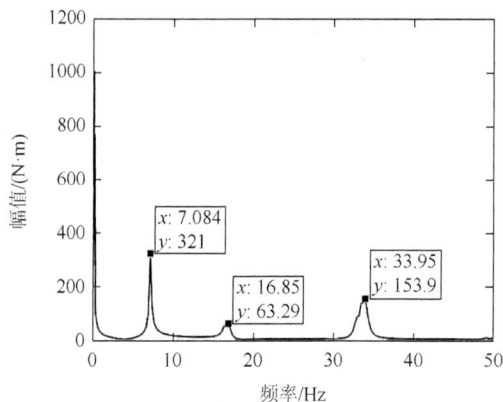

图 6.25　瞬态刚开始 5s 旋翼扭矩 FFT 分析

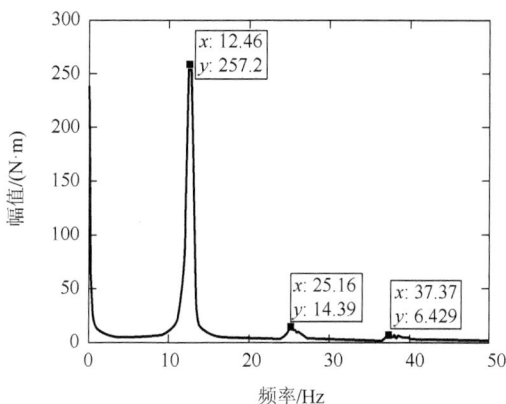

图 6.26　瞬态刚结束前 5s 旋翼扭矩 FFT 分析

由以上分析可知，旋翼转速过渡过程旋翼扭矩的瞬态响应会比较明显，不仅是零阶量，瞬态量也相当大，该过大的瞬态扭矩可能对发动机的工作状态产生严重影响，过大的交变瞬态弯矩有可能造成动力和传动系统的损伤。

6.6　中间平稳过渡策略

采用转速中间平稳过渡变化策略进行转速变化，转速变化范围从直升机模式的 345r/min 变换到复合式直升机模式的 239r/min，旋翼转速可表示为

$$\begin{cases} \Omega_1, & t < t_1 \\ \Omega_1 + \dfrac{\Omega_2 - \Omega_1}{2}\sin\left(\dfrac{t - t_1}{t_2 - t_1}\pi\right), & t_1 \leqslant t < \dfrac{t_1 + t_2}{2} \\ \Omega_1 + \dfrac{\Omega_2 - \Omega_1}{2}\left[2 - \sin\left(\dfrac{t - t_1}{t_2 - t_1}\pi\right)\right], & \dfrac{t_1 + t_2}{2} \leqslant t < t_2 \\ \Omega_2, & t_2 \leqslant t \end{cases} \tag{6.2}$$

式中，t_1 为 5s；t_2 为 25s；Ω_1 为起始转速，即直升机模式旋翼转速；Ω_2 为结束转速，即复合式直升机模式旋翼转速，转速过渡时间取为 20s。

图 6.27 给出旋翼转速中间平稳过渡变化策略，旋翼转速进入瞬态和退出瞬态时均有较大角加速度变化，此角加速度变化大于转速线性过渡角加速度。图 6.28 给出旋翼旋转角加速度随时间变化曲线，瞬态开始时角加速度有剧烈变化，然后减小，在转速过渡中间时刻，角加速度为零，后逐渐增大。图 6.29 给出旋翼总距和纵横向周期变距随时间变化曲线，旋翼操纵量随时间变化相对平稳。

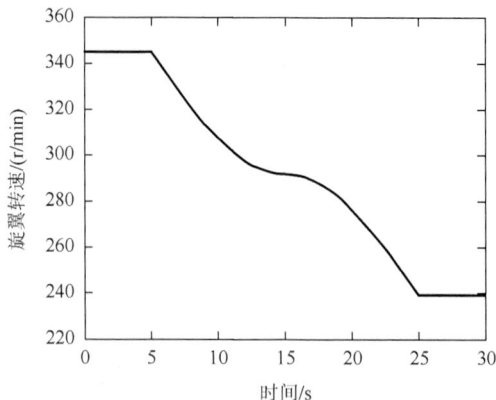

图 6.27　旋翼转速平稳过渡变化策略

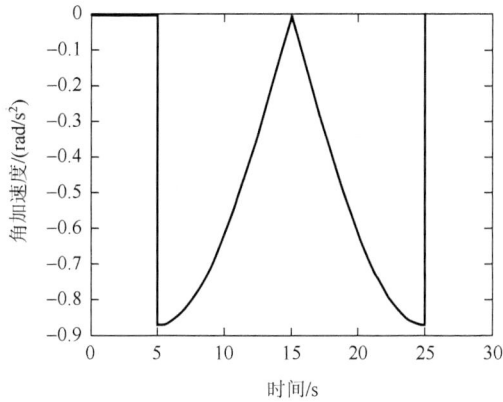

图 6.28　旋翼旋转角加速度随时间变化曲线

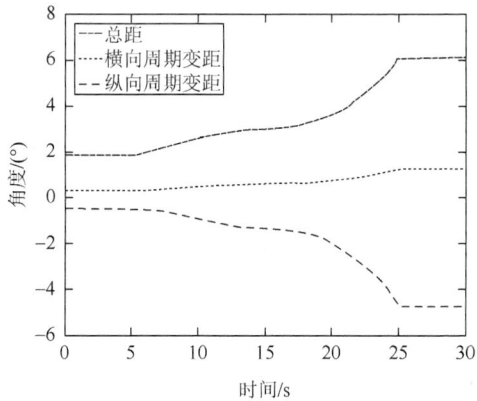

图 6.29　旋翼总距和纵横向周期变距随旋翼转速变化曲线

　　图 6.30 给出旋翼拉力随时间变化曲线,图 6.31 给出桨叶挥舞方向弯矩随时间变化曲线,图 6.32 给出旋翼摆振方向弯矩随时间变化曲线,图 6.33 给出桨叶根部扭矩随时间变化曲线。旋翼拉力、桨叶挥舞弯矩和扭矩相对转速线性过渡变化策略时变化不明显,说明转速变化策略的影响有限。桨叶摆振方向弯矩变化较为明显,主要表现在瞬态开始和结束,以及时间中间段,瞬态开始和结束时,瞬态幅值较大,说明较大的角加速度变化能激起较大幅值的摆振方向弯矩。

　　图 6.34 给出旋翼扭矩随时间变化历程,在进入和改出瞬态过程,瞬态扭矩变化非常明显,说明中间平稳过渡不会降低瞬态响应幅值,由于更大的角加速度变化,瞬态扭矩变化幅值会更大,中间过渡过程,扭矩先增大后减小,中间时刻出现拐点。总体上讲,采用中间平稳过渡并没有达到降低瞬态响应的目的,说明该种策略不适用于旋翼转速变化。

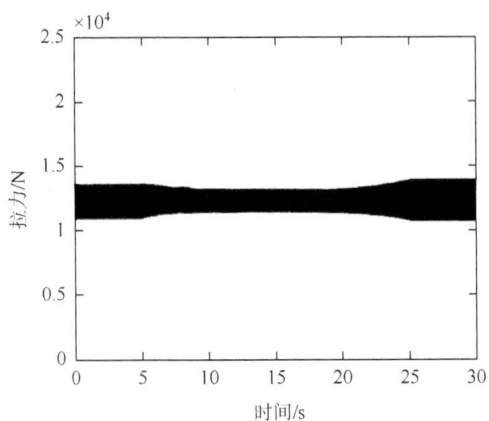

图 6.30　旋翼拉力随时间变化曲线

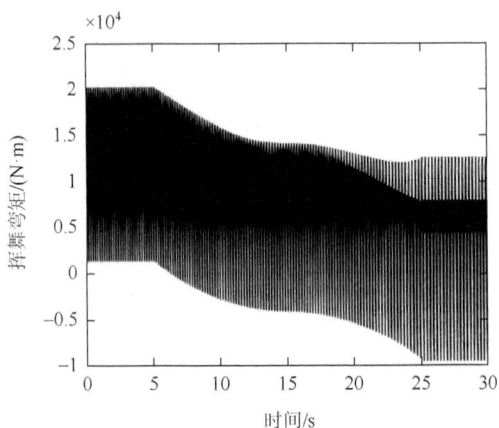

图 6.31　桨叶根部挥舞弯矩随时间变化曲线

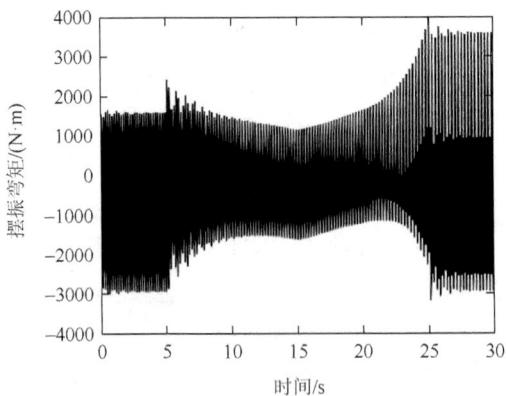

图 6.32　桨叶根部摆振弯矩随时间变化曲线

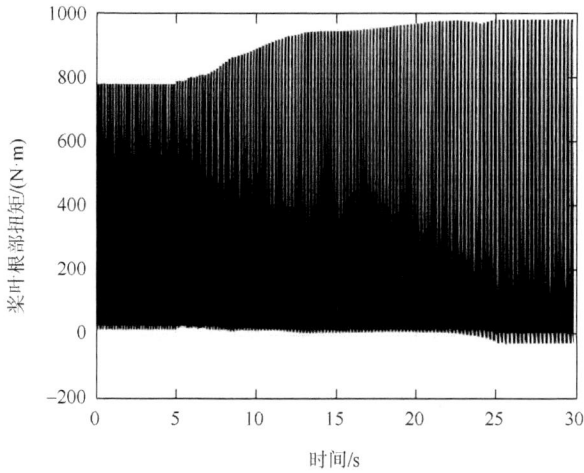

图 6.33　桨叶根部扭矩随时间变化曲线

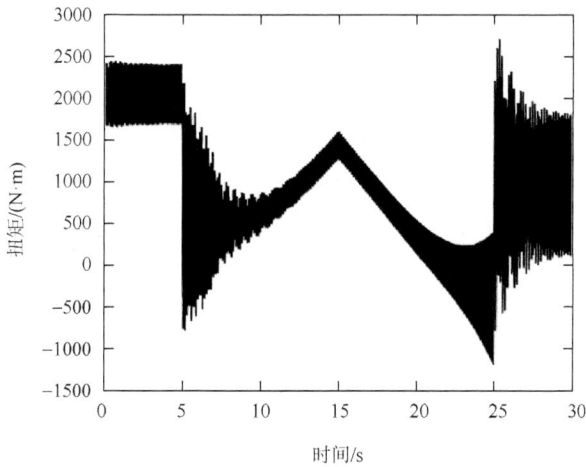

图 6.34　旋翼扭矩随时间变化曲线

　　图 6.35 给出瞬态刚开始 5s 旋翼扭矩 FFT 分析，该图表明瞬态响应成分主要包含 7.084Hz、16.61Hz 和 33.71Hz 分量。7.084Hz 成分频率正好与桨叶摆振固有频率（7.119Hz）基本相符，很明显，转速的突变量激起了摆振方向的瞬态量，并传递到了扭矩。16.61Hz 分量为 3Ω 分量，33.71Hz 分量为 6Ω 分量，来自桨叶摆振方向 3 阶和 6 阶。图 6.36 给出瞬态刚结束前 5s 旋翼扭矩 FFT 分析，响应中包含 12.95Hz、25.65Hz 和 38.1Hz 等分量，但主要包括的是 12.95Hz 分量，该分量频率接近瞬态结束后旋翼转速 3Ω，此为摆振方向 3 阶分量传递给旋翼轴。

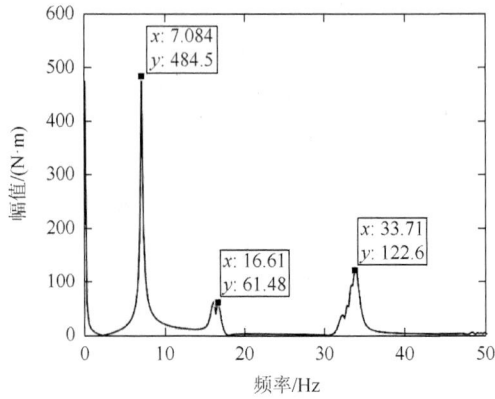

图 6.35　瞬态刚开始 5s 旋翼扭矩 FFT 分析

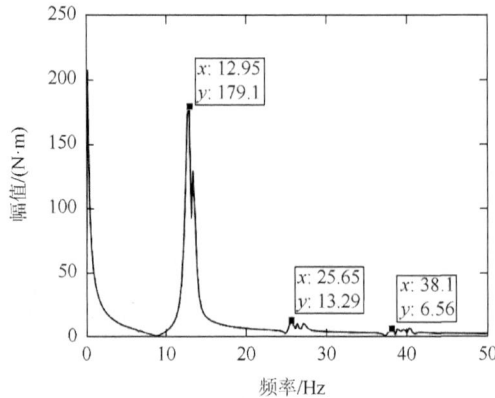

图 6.36　瞬态刚结束前 5s 旋翼扭矩 FFT 分析

6.7　平稳进出过渡策略

采用转速平稳进出瞬态过程策略进行转速变化，转速变化范围从直升机模式的 345r/min 变换到复合式直升机模式的 239r/min，旋翼转速可表示为

$$
\begin{cases}
\Omega_1, & t < t_1 \\
\Omega_1 + \dfrac{\Omega_2 - \Omega_1}{2}\left(\cos\left(\dfrac{t - t_1}{t_2 - t_1}\pi + \pi\right) + 1.0\right), & t_1 \leqslant t \leqslant t_2 \\
\Omega_2, & t_2 < t
\end{cases}
\tag{6.3}
$$

式中，t_1 为 5s；t_2 为 25s；Ω_1 为起始转速，即直升机模式旋翼转速；Ω_2 为结束转速，即复合式直升机模式旋翼转速，转速过渡时间取为 20s。

　　图 6.37 给出旋翼转速平稳进出变化策略，旋翼转速进入瞬态和退出瞬态时均较为平滑。图 6.38 给出旋翼旋转角加速度随时间变化曲线，瞬态开始和结束时角加速度为零，在转速过渡中间时刻，角加速度达到最大值-0.872rad/s^2，后逐渐减小至零。图 6.39 给出旋翼总距和纵横向周期变距随时间变化曲线，旋翼操纵量随时间变化相对平稳。

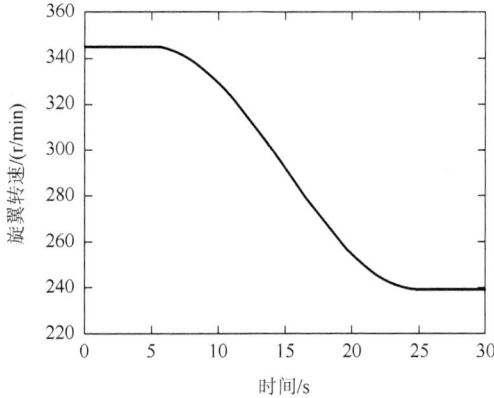

图 6.37　旋翼转速平稳进出变化策略

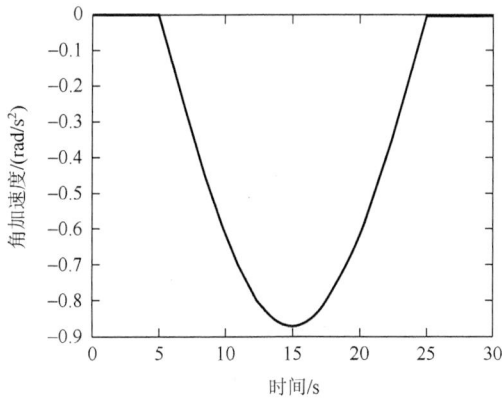

图 6.38　旋翼旋转角加速度随时间变化曲线

　　图 6.40 给出旋翼拉力随时间变化曲线，图 6.41 给出桨叶挥舞方向弯矩随时间变化曲线，图 6.42 给出旋翼摆振方向弯矩随时间变化曲线，图 6.43 给出桨叶根部扭矩随时间变化曲线。旋翼拉力、桨叶挥舞弯矩和扭矩相对转速线性过渡变化策略时变化不明显，说明转速变化策略的影响有限。桨叶摆振方向弯矩变化明显，尤其在进出瞬态过程的时候，平稳进出可降低转速突变带来的瞬态载荷。

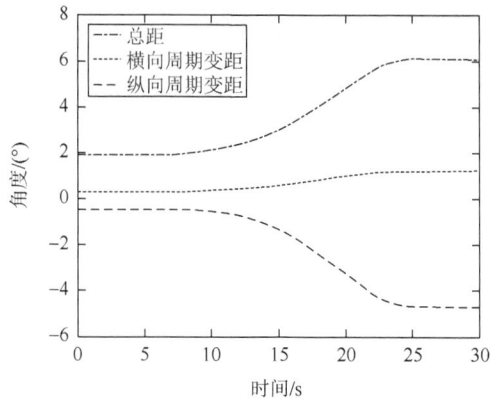

图 6.39　旋翼总距和纵横向周期变距随旋翼转速变化曲线

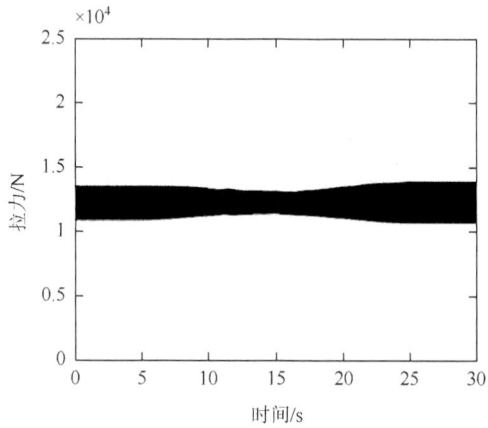

图 6.40　旋翼拉力随时间变化曲线

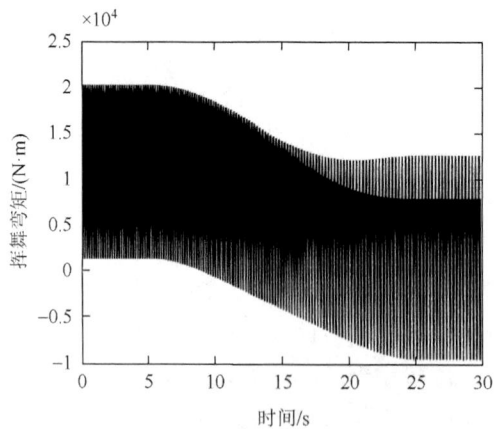

图 6.41　桨叶根部挥舞弯矩随时间变化曲线

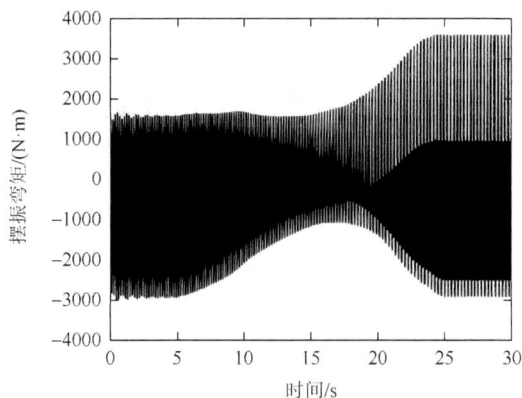

图 6.42　桨叶根部摆振弯矩随时间变化曲线

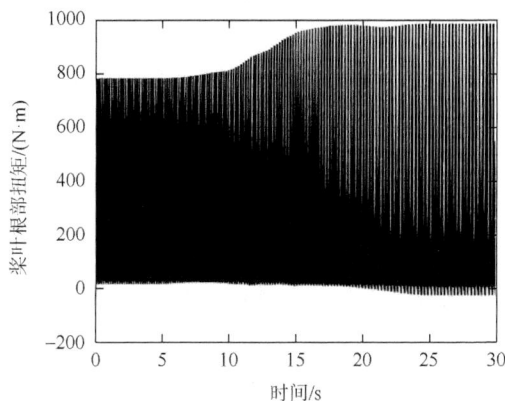

图 6.43　桨叶根部扭矩随时间变化曲线

图 6.44 给出旋翼扭矩时间变化历程，在进入和改出瞬态过程，由于采用了平滑过渡的策略，瞬态扭矩明显被抑制，说明采用平滑过渡可显著降低转速过渡过程瞬态气弹响应。图 6.45 给出瞬态刚开始 5s 旋翼扭矩响应 FFT 分析，该 FFT 图与转速线性变化规律的主要差别在于 7.084Hz 分量基本消失，瞬态旋翼扭矩明显减小，其他谐波分量增大。图 6.46 给出瞬态结束前 5s 旋翼扭矩响应 FFT 分析，响应中 12.21Hz 分量值明显高于线性转速过渡过程时的该阶载荷量，说明采用平稳进出进行转速过渡，可显著降低瞬态气弹响应，但是瞬态过程中谐波分量值有所增大，幅值较为明显。

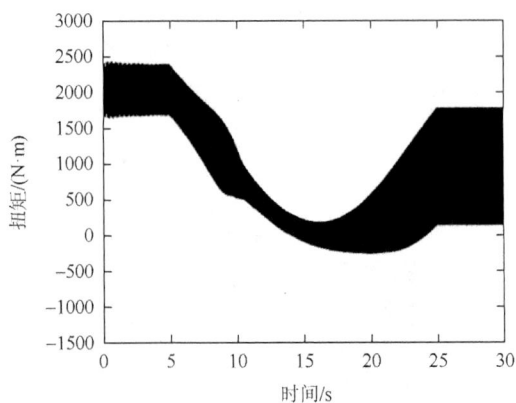

图 6.44　旋翼扭矩随时间变化曲线

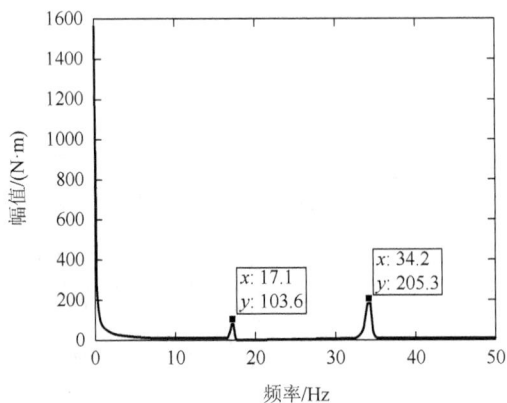

图 6.45　瞬态刚开始 5s 旋翼扭矩响应 FFT 分析

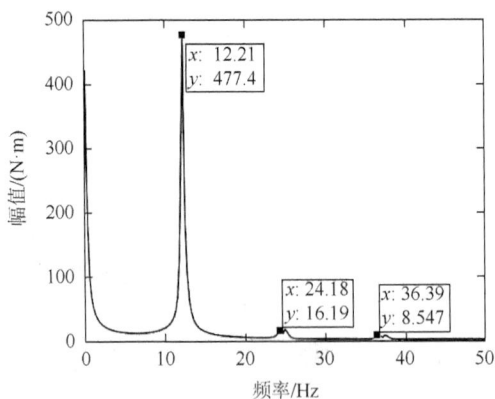

图 6.46　瞬态结束前 5s 旋翼扭矩响应 FFT 分析

6.8　摆　振　阻　尼

　　在旋翼桨叶摆振方向增加阻尼是一种较为有效的抑制瞬态气弹响应的方法（Han et al.，2013）。将桨叶的结构阻尼比由 1%增加至 5%，图 6.47 给出阻尼比为5%时旋翼桨叶根部摆振弯矩的时间历程，与图 6.16 相比，可以看出，阻尼比为5%时，过渡过程开始和结束时，旋翼桨叶根部摆振弯矩减小明显。图 6.48 给出对应旋翼扭矩的时间历程，与图 6.22 相比，不仅是瞬态响应，稳态响应的减少也明显。很明显，增加桨叶结构阻尼可有效抑制瞬态过渡过程气弹响应，当然，给刚性旋翼桨叶增加阻尼并非易事，需谨慎对待。

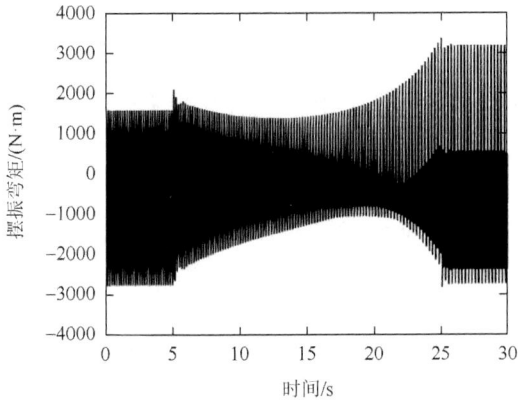

图 6.47　结构阻尼比为 5%时桨叶根部摆振弯矩时间历程

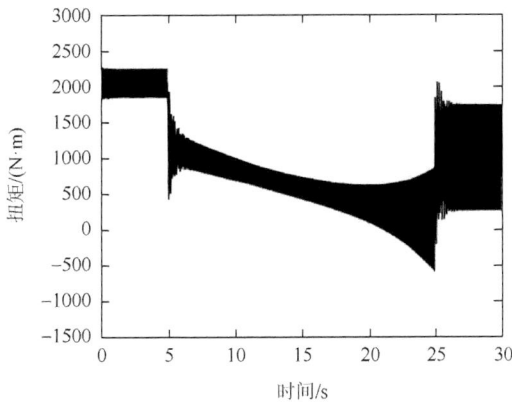

图 6.48　结构阻尼比为 5%时旋翼扭矩时间历程

6.9　本　章　小　结

针对前飞状态高速直升机转速过渡过程旋翼的瞬态气弹响应，探寻了桨叶载荷从旋转坐标系传递到固定坐标系的规律。使用经过验证的旋翼模型预测转速过渡过程旋翼瞬态气弹响应，为了降低瞬态载荷，采用增加旋翼桨叶阻尼和优化旋翼转速策略的方法，并探讨了这些方法的有效性，得到以下结论。

（1）旋翼转速线性进入瞬态时，角加速度在瞬态开始和结束时会发生突变，进而激发摆振方向 1 阶固有频率阶次载荷，传递到旋翼扭矩，使之产生过大的过渡瞬态响应。

（2）采用旋翼转速中间平稳过渡变化策略，旋翼扭矩同样会出现较为剧烈的波动，主要源于刚性旋翼过大的摆振方向载荷，以及角加速度变化带来的扭矩变化。

（3）采用旋翼转速平稳进入或者平稳改出瞬态状态，可显著降低过渡过程瞬态载荷。挥舞弯矩和扭矩的瞬态过程变化较小，主要关注摆振弯矩及其传递到旋翼轴的扭矩。

（4）增加旋翼桨叶结构阻尼可有效抑制瞬态过程摆振弯矩及对应的旋翼扭矩。

第7章 变速旋翼通过摆振共振区时瞬态载荷抑制研究

7.1 研 究 背 景

在飞行过程中优化旋翼转速是提高旋翼飞行器飞行性能的一种潜在途径（Prouty，2004），特别适用于长航时和远航程旋翼飞行器。降低旋翼转速还可降低旋翼噪声，提高传动系统和发动机的寿命。XV-15 倾转旋翼机采用两转速旋翼设计（Maisel et al.，2000），进而导致其在其他旋翼速度下的高振动和负载。V-22 "鱼鹰" 倾转旋翼机同样采用两转速旋翼设计，100%旋翼转速用于直升机模式和从直升机模式过渡到飞机模式，81%的旋翼转速用于前飞螺旋桨模式。A160T 无人直升机的旋翼转速可降至额定旋翼转速的 60%左右，这可带来明显的飞行性能提升（DiOttavio and Friedmann，2010）。大型民用运输旋翼飞行器的三种设计方案采用了旋翼变转速设计（Johnson et al.，2005），其中一种构型的旋翼转速最多可降至全转速的 68.5%。旋翼转速在较宽的范围内运行显然是有益的。

某些变速旋翼通过摆振共振区时（Han and Smith，2013），摆振方向载荷将显著增加。例如，带有偏置摆振铰和铰弹簧的均质旋翼桨叶旋转时摆振固有频率比为

$$\nu_\zeta^2 = \frac{3}{2}\frac{e}{1-e} + \frac{k_\zeta}{I_b\Omega^2(1-e)} \tag{7.1}$$

式中，e 为无量纲铰偏置量；k_ζ 为摆振铰弹簧刚度；I_b 为桨叶绕摆振铰转动惯量；Ω 为旋翼转速。

考虑典型无铰旋翼（$\nu_\zeta = 1.5\text{rev}^{-1}$，$e = 0.1$），当旋翼转速下降 50%时，基阶摆振频率变为 2.94rev^{-1}。典型摆振刚硬旋翼（$\nu_\zeta = 1.4 \sim 1.6\text{rev}^{-1}$）降低 50%旋翼转速时，就会通过 2rev^{-1} 共振区，瞬态载荷将显著增大。当旋翼转速降低到全转速的 70%左右时，X2 高速直升机桨叶共振图表明旋翼将经历 2rev^{-1} 共振区（Blackwell and Millott，2008）。这些潜在严重载荷若传递到传动系统势必会带来传动轴、齿轮或发动机的损伤。必须对这些高的瞬态共振载荷进行控制，以保护旋翼、传动和动力等系统。

　　铰接式或摆振柔软旋翼的摆振阻尼器通常安装在桨叶根部，这些阻尼器可以增强旋翼/机身系统的稳定性，抑制摆振方向瞬态载荷的突然增大。摆振刚硬旋翼通常不存在地面共振和空中共振问题，这些旋翼系统通常不加装摆振阻尼器。在旋翼转速变化较大的情况下，就需要采用某些方法来抑制摆振刚硬旋翼通过共振区时的过高瞬态载荷，这是一个重要且具有挑战性的研究课题。对于摆振刚硬旋翼而言，通常结构阻尼和气动阻尼都很低，由于桨叶根部变形小、桨叶摆振刚度大，难以通过传统的在桨叶根部加装阻尼器的方式提供足够的摆振阻尼。

　　因此，研究人员提出了多种增强桨叶摆振阻尼的想法。Zapfe 和 Lesieutre（1996）引入了分布式惯性阻尼器的想法，利用弦向吸振器给受拉伸载荷的梁结构提供阻尼。Hébert 和 Lesieutre（1998）使用高度分布的动力学调谐吸振器给直升机桨叶提供摆振阻尼，该方法以增加桨叶 3%的质量代价给桨叶提供了足够的阻尼。Kessler 和 Reichert（1998）探讨了独立桨叶控制增加旋翼摆振阻尼的潜力，研究表明，该方法提供摆振阻尼很有前景。Kang 等（2006）开展了嵌入弦向吸振器的旋翼桨叶阻尼特性理论和试验研究，高达 15%的临界阻尼可被提供。Petrie 等（2005）采用嵌入式液弹吸振器来增强桨叶摆振阻尼，结果表明，在满足质量、尺寸和行程约束的条件下，可产生 3%的临界阻尼。Liu 等（2000）使用分段约束阻尼层方法来提高直升机的气动/机械稳定性，研究结果表明该方法可改善直升机"地面共振"和"空中共振"的稳定性。Hu 等（2007）提出了一种半主动线性行程磁流变液弹摆振阻尼器来替代黏弹摆振阻尼器，所建立的阻尼器数学模型与试验数据吻合得较好。Byers 和 Gandhi（2009）提出了径向嵌入式吸振器提供摆振阻尼的方法，该方法的不足在于离心力导致吸振器的静态位移很大。研究人员很少关注通过给摆振刚硬旋翼提供摆振阻尼来控制瞬态载荷方面的研究。

7.2　嵌入式液弹阻尼器

7.2.1　带液弹阻尼器的刚性桨叶建模

　　与降低旋翼桨叶摆振方向稳态载荷所采用的嵌入式弦向装置类似（Han and Smith，2009），采用嵌入式液弹阻尼器进行摆振刚硬旋翼摆振方向载荷控制，见图 7.1。当然，前者采用的是摆振吸振器，用于减小桨叶根部摆振方向稳态摆振载荷；而此处，采用的是摆振阻尼器，给桨叶摆振方向提供阻尼，以降低通过摆振共振区时的摆振方向瞬态峰值载荷。

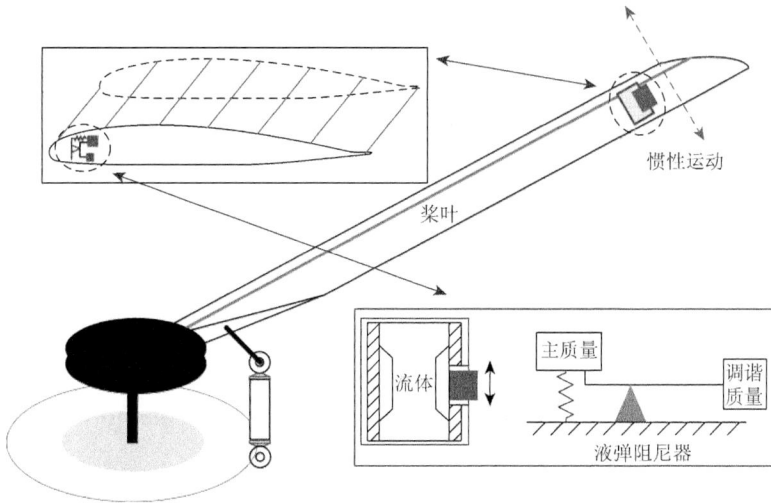

图 7.1　嵌入式弦向阻尼器的配置

液弹阻尼器的数学建模如图 7.2 所示，主质量的惯性运动带动内部流体（调谐质量）运动，内部流体通过狭小剖面时会加速，进而带来动能增大，从而吸收更多的能量，这个效应与杠杆效应类似，调谐质量具有能量放大的作用，调谐面积比 G 表示速度放大关系，如图 7.2 所示。较大的 G 值（在约束范围内）可以用来减少主质量的行程和质量，这是液弹阻尼器相对于弹性阻尼器的主要潜在优势。

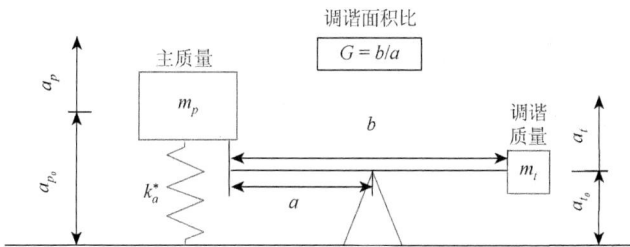

图 7.2　液弹阻尼器的数学建模

液弹阻尼器内部弹性件的频域黏弹特性可表示为

$$k_a^* = k_p(1 + \mathrm{i}\eta) \tag{7.2}$$

式中，k_p 为阻尼器刚度；η 为损耗因子。液弹阻尼器的固有频率为

$$\omega_n = \sqrt{\dfrac{k_p}{m_p + (G-1)^2 m_t}} \tag{7.3}$$

为计算桨叶摆振模式下的阻尼量，采用了带液弹阻尼器的刚性桨叶 2 自由度模型。耦合系统的运动方程为

$$M\begin{bmatrix}\ddot{\zeta}\\\ddot{a}_p\end{bmatrix}+K\begin{bmatrix}\zeta\\a_p\end{bmatrix}=F \tag{7.4}$$

$$M=\begin{bmatrix}\int_e^R m(r-e)^2\,\mathrm{d}r+(m_p+m_t)(r-e)^2 & -\big(m_p-m_t(G-1)\big)(r_a-e)\\[2mm] -\big(m_p-m_t(G-1)\big)(r_a-e) & m_p+m_t(G-1)^2\end{bmatrix} \tag{7.5}$$

$$K=\begin{bmatrix}\int_e^R m(r-e)e\Omega^2\,\mathrm{d}r+k\xi+(m_p+m_t)(r-e)e\Omega^2 & -\big(m_p-m_t(G-1)\big)e\Omega^2\\[2mm] -\big(m_p-m_t(G-1)\big)e\Omega^2 & k_a^*-\big(m_p+m_t(G-1)^2\big)\Omega^2\end{bmatrix}$$

$$\tag{7.6}$$

$$F=\begin{bmatrix}\int_e^R F_\zeta(r-e)\mathrm{d}r+m_p e\Omega^2 a_{p0}+m_t e\Omega^2 a_{t0}\\[2mm] m_p\Omega^2 a_{p0}-m_t(G-1)\Omega^2 a_{t0}\end{bmatrix} \tag{7.7}$$

上述方程可分析耦合系统的特征值和特征矢量，以及桨叶阻尼。典型 1° 幅值桨叶摆振运动可用来计算液弹阻尼器的行程。

准静态条件时，弹性件作用于主质量，流体对阻尼器的静态位移无影响。因此，主质量的静态位移只能通过增大弹性件刚度来减小。旋转时，嵌入式阻尼器会受到较大的离心力，因流体被封装在阻尼器中，阻尼器质心的展向变化会受到限制。

为了预估在通过共振区时能减少多少面内载荷，在时域中使用旋翼模型预测旋翼动响应（Han and Smith，2009；Han et al.，2012）。旋翼载荷的激励频率为旋翼转速的整数倍。通过共振区时，会遇到旋翼的主激励与共振频率相一致的情况。当变转速旋翼通过 2rev^{-1} 共振区时，驱动阻尼器的激励频率 ω 为 2rev^{-1} 旋翼转速 2Ω。相应的单频激励稳态解可以用 $A\mathrm{e}^{i\omega t}$ 表示，其中 A 是响应的幅值。对于单自由度液弹阻尼器模型，其虚部可等效为

$$c_p\omega=\eta k_p \tag{7.8}$$

由模态阻尼比的定义：

$$\zeta(\omega)=\frac{c_p}{2\omega_n\big(m_p+(G-1)^2 m_t\big)} \tag{7.9}$$

模态阻尼与激励频率的关系为

$$\zeta(\omega)=\frac{\eta\omega_n}{2\omega} \tag{7.10}$$

由上面公式可知，临界阻尼随旋翼转速的增加而减小。

7.2.2　加装液弹阻尼器的旋翼动力学建模

旋翼动力学建模可参考文献（Han and Smith，2009；Han et al.，2012）。采用中等变形梁模型来描述旋翼桨叶的弹性变形，基于广义力形式表达方法（Zheng et al.，1999），引入与桨叶铰链和旋翼转动相关的刚性转动。采用二维翼型气动特性查表的非线性准定常气动模型来描述桨叶的气动特性，采用 Pitt-Peters 动态入流模型捕获稳态和瞬态旋翼盘上方诱导速度（Peters and HaQuang，1988）。将液弹阻尼器的单自由度模型与旋翼模型相耦合，耦合方法参考文献（Han and Smith，2009）。为了方便分析，采用液弹阻尼器的时域模型。将结构、运动和气动项组集，得到基于广义力形式的运动方程。采用隐式 Newmark 积分方法计算时域稳态和瞬态气弹响应。采用 15 自由度梁单元对桨叶进行离散（Sivaneri and Chopra，1984），每个旋翼桨叶按有 6 个梁单元处理，如图 7.3 所示。

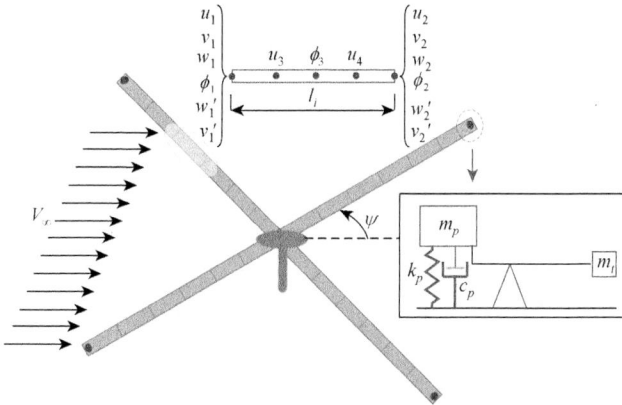

图 7.3　旋翼-阻尼器系统

前飞旋翼通过共振区时，预给定旋翼转速的变化。为了保持拉力和前飞速度，需要提供旋翼桨距随时间变化历程。采用动态风洞配平提供旋翼桨距角的变化历程。稳态时，多个离散转速对应的总距和纵横向周期变距使得旋翼配平到相同的拉力、旋翼一阶挥舞和前飞速度。在旋翼转速变化过程中，采用线性插值计算相邻旋翼转速之间的总距和纵横向周期变距。

7.3　基　准　旋　翼

采用四片均质摆振刚硬无铰旋翼作为算例旋翼。旋翼的参数如表 7.1 所示。

旋翼桨叶频率随旋翼转速的变化如图 7.4 所示，F 代表挥舞频率，L 代表摆振频率，T 代表扭转频率。基频相对于旋翼转速的变化如图 7.5 所示，由图可知，2 阶共振发生在旋翼转速 205 r/min 时（21.5 rad/s）。

表 7.1　基准旋翼参数

参数	数值
桨叶片数	4
旋翼半径	6m
桨叶质量	60kg
预锥角	0°
翼型	NACA 0012
旋翼额定转速	300r/min
挥舞弯曲刚度	$1.68\times10^{5}\text{N·m}^{2}$
摆振弯曲刚度	$1.85\times10^{6}\text{N·m}^{2}$
扭转刚度	$8.157\times10^{4}\text{N·m}^{2}$

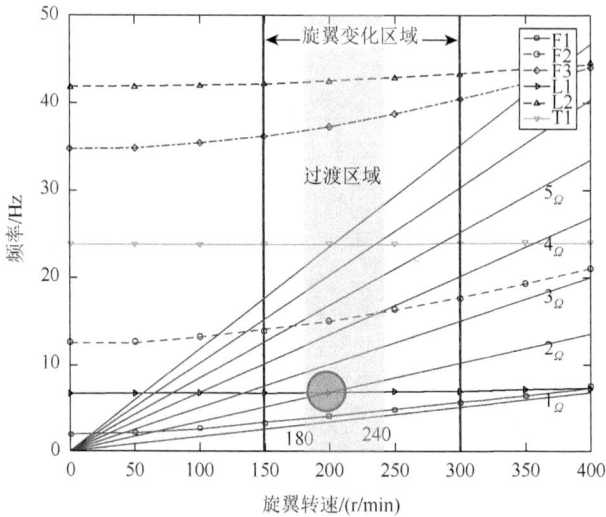

图 7.4　旋翼桨叶频率随旋翼转速的变化

计算状态来流速度按旋翼额定转速对应前进比 $\mu = 0.15$ 给定。在基阶摆振模态中给定 1%的临界阻尼，以体现结构较低水平的内在阻尼。旋翼转速变化时，前飞速度保持不变，但前进比发生变化。旋翼转速及其随时间变化率的时间历程如

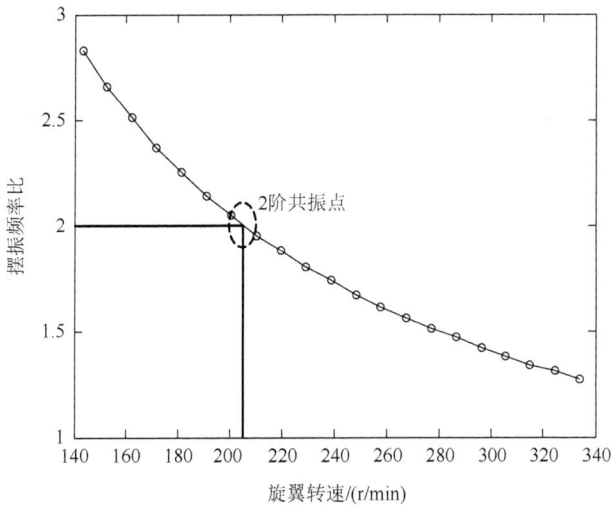

图 7.5　基本摆振频率与旋翼转速

图 7.6 所示。在前 5s 和后 5s，旋翼处于稳态，瞬态过程从 5s 开始到 15s 结束。旋翼转速的变化率先增大后减小，旋翼转速变化前后，拉力系数不变，转速变化前拉力系数为 0.006。基准条件下，旋翼纵向挥舞配平到 1°（$\beta_{1c} = 1°$），横向挥舞配平到 0°（$\beta_{1s} = 0°$）。旋翼挥舞、拉力和前进比对阻尼器性能的影响将在随后的内容中讨论。旋翼操控量根据预先给定的稳态配平确定，每 10r/min 计算一次。桨距控制输入随旋翼转速的变化如图 7.7 所示。

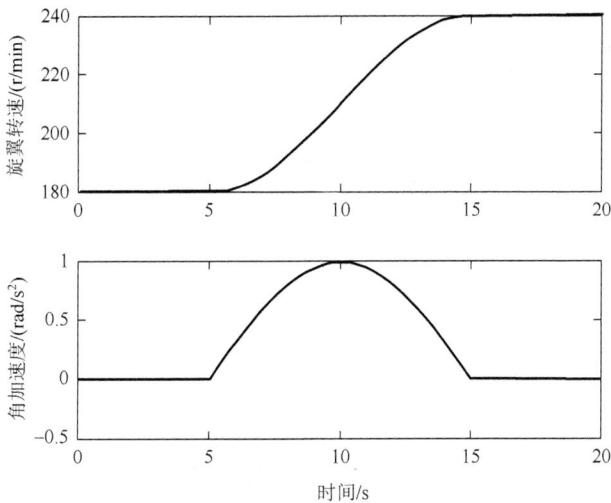

图 7.6　旋翼转速与角加速度的时间历程

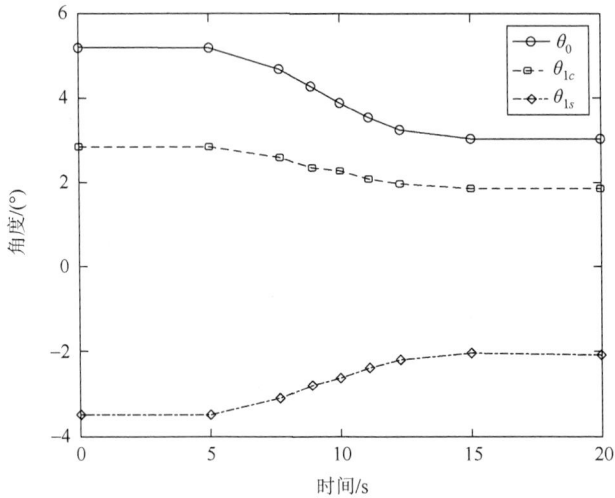

图 7.7　旋翼操纵时间历程

　　单片桨叶根部摆振弯矩的时间历程如图 7.8 所示。通过共振区时，根部摆振弯矩被显著放大。过渡过程峰-峰弯矩大约是稳态值的 4 倍，过大的瞬态载荷会对桨叶的安全系数甚至疲劳寿命（旋翼每次通过 205r/min 就会出现低周疲劳载荷）产生显著影响。FFT 分析表明，共振频率（6.839Hz/410.4r/min）正好是那时刻旋翼转速的两倍，正如预期的那样。旋翼桨叶根部摆振弯矩在旋翼轴上合成，构成旋翼扭矩，图 7.9 给出旋翼扭矩随时间变化历程，由图可知，过渡过程旋翼扭矩

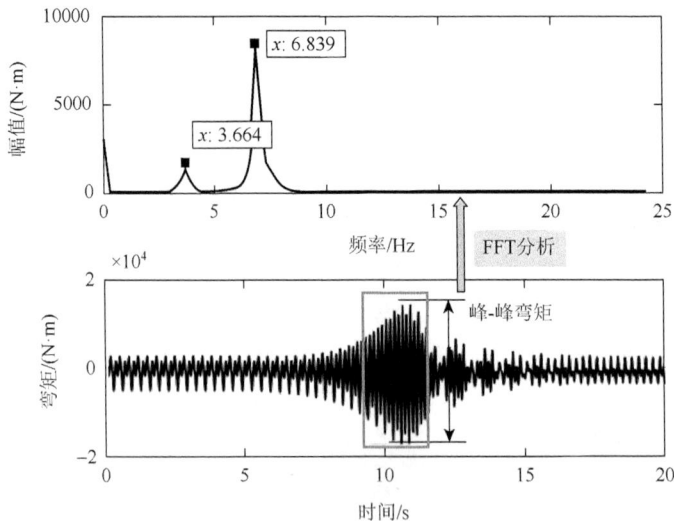

图 7.8　基准摆振根弯矩和 FFT 分析（1.0°纵向挥舞）

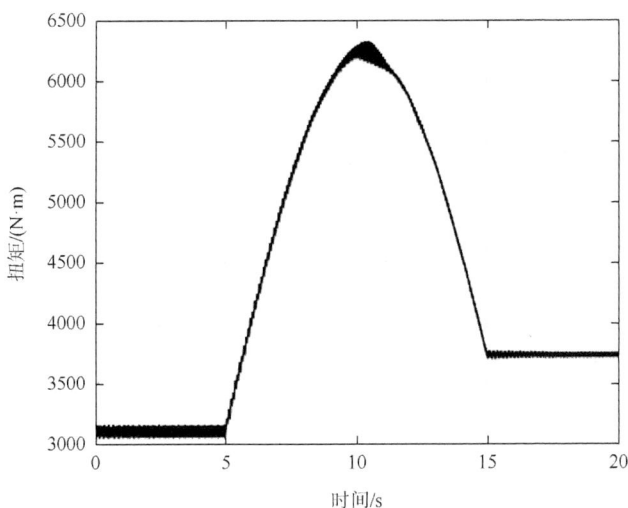

图 7.9　旋翼扭矩时间历程

以整体的加减速变化，这主要来源于过渡过程旋翼转速的角加速度，而内在的高频波动较小，在摆振弯矩剧烈波动对应时刻有所波动，但波动幅值相对较小，说明瞬态摆振弯矩传递到旋翼扭矩量相对较小。

旋翼拉力和桨尖位移的时间历程如图 7.10 所示。旋翼拉力平稳、稳定过渡，桨尖动态位移的变化不大。旋翼转速较高时，由于离心力的增加，桨尖稳态位移随旋翼转速的增加而减小。

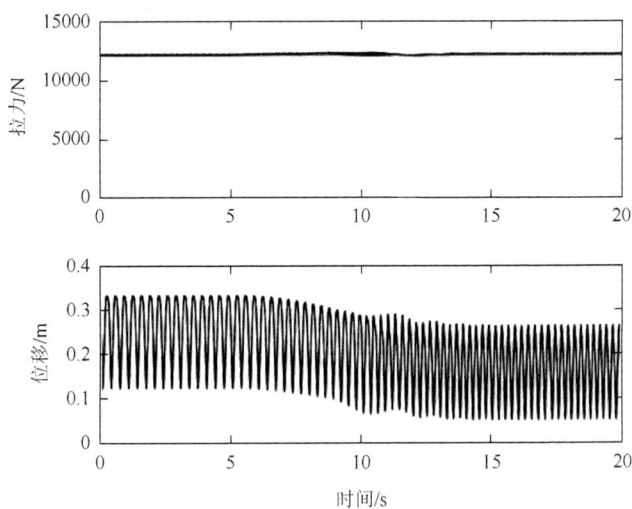

图 7.10　旋翼拉力和桨尖位移的时间历程

7.4 嵌入式弦向阻尼器

为了确定阻尼器的基本参数，阻尼器的主质量和调谐质量的总质量被限定为桨叶质量的 5%，由于桨叶翼型空腔空间有限，主质量的行程被限制在桨叶弦长的 5% 以内。对于液弹阻尼器，调谐面积比 G 是一个关键参数，从实际应用的角度出发，在基准设计中使用调谐面积比 $G = 40$。

通过优化确定液弹阻尼器的参数，包括调谐频率、损耗因子、主质量、调谐质量和调谐面积比等，以满足设计目标，设计流程图如图 7.11 所示。较小的阻尼器质量、较大的调谐面积比以及位于桨尖位置是首选，以最小化阻尼器的质量。阻尼器参数如表 7.2 所示。采用桨叶和液弹阻尼器组成的 2 自由度模型分析阻尼器的性能。

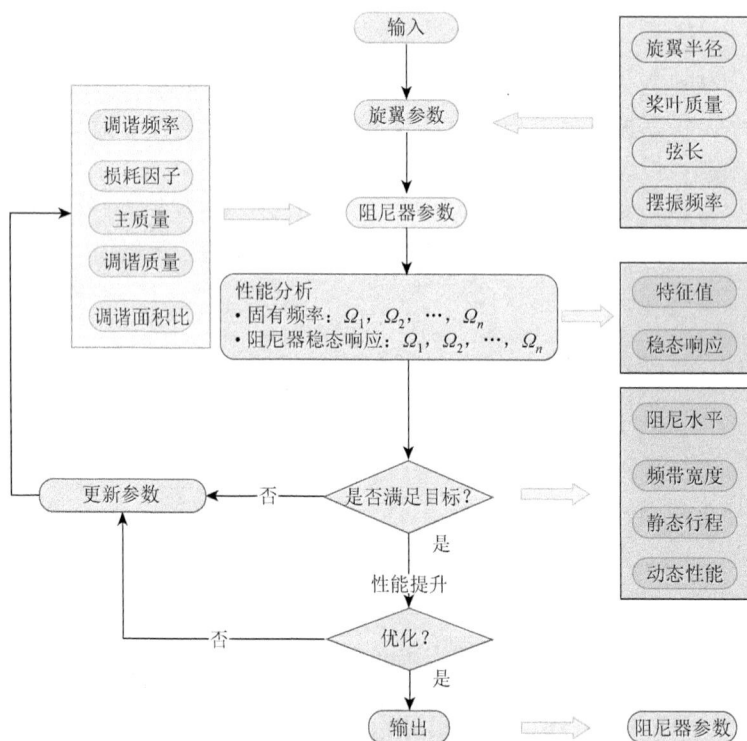

图 7.11 设计流程图

当损耗因子为 0.4 时，桨叶和阻尼器摆振频率、桨叶摆振阻尼比随旋翼转速的变化如图 7.12 所示。桨叶摆振阻尼比随旋翼转速先增大后减小。阻尼器的调谐频率直接影响桨叶阻尼，桨叶的阻尼峰值随调谐频率的增加而减小。由于共振发生在 205r/min 的旋翼转速，阻尼器调谐到 7.2Hz。不同损耗因子时，桨叶摆振阻尼比和阻尼器的动态行程随旋翼转速的变化如图 7.13 所示。当损耗因子为 0.3 时，桨叶摆振阻尼比最大值大于 8%。在谐振旋翼转速附近的转速范围内，所配置的阻尼器性能优于其他选择。在 180~230r/min 的转速范围内，桨叶的临界阻尼比在 6% 以上。阻尼器的行程随损耗因子的增加而减小，损耗因子为 0.3 时，调谐到 7.2Hz 的阻尼器的性能最佳。

表 7.2　嵌入式弦向阻尼器参数

变量	参数
主质量	1.0kg
调谐质量	1.0kg
调谐面积比	40
阻尼器径向位置	桨尖

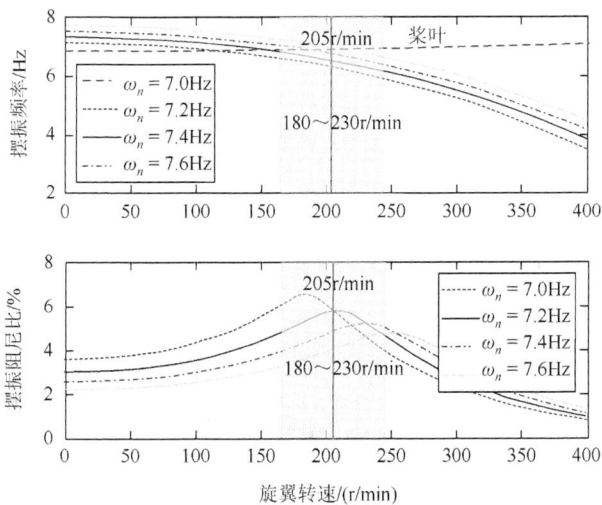

图 7.12　桨叶阻尼比和摆振频率随旋翼转速的变化（$\eta = 0.4$）

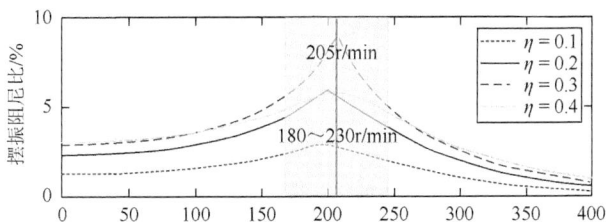

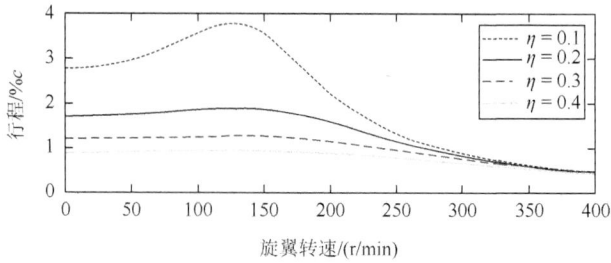

图 7.13　对于不同的损耗因子桨叶阻尼比、动态行程随旋翼转速的变化

7.5　基于嵌入式阻尼器的瞬态载荷控制

通过对比有无阻尼器时的旋翼瞬态响应，评价阻尼器的性能。例如，阻尼器的最大位移必须保持在设计范围以内。为了验证简单模型的有效性，采用基于弹性桨叶的旋翼模型分析调谐频率和损耗因子对阻尼器性能的影响。

液弹阻尼器的主质量、调谐质量和调谐面积比见表 7.2。由于旋翼经过 2 阶共振区，阻尼器的激励频率是旋翼转速的两倍。为了进行比较，弯矩比定义为有阻尼器时瞬态过程中摆振根部弯矩峰-峰值与无阻尼器时根部弯矩峰-峰值之比。无量纲化行程定义为阻尼器的行程除以桨叶弦长。

调谐频率是传统的吸振器、隔离器或嵌入式摆振阻尼器的最为重要参数之一。弯矩比和行程随调谐频率与损耗因子的变化分别如图 7.14 和图 7.15 所示。阻尼器

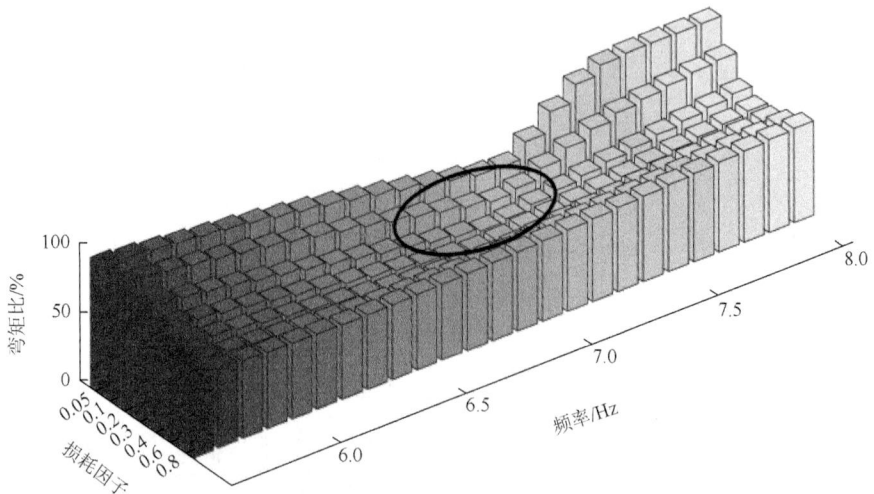

图 7.14　随调谐频率和损耗因子变化的弯矩比

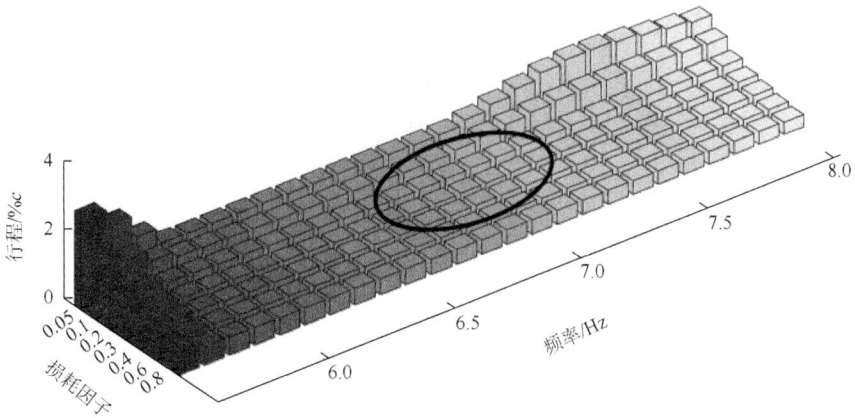

图 7.15　随调谐频率和损耗因子变化的阻尼器行程

的位移是阻尼器与桨叶的相对运动，当用弦长的百分比表示时，很容易确定阻尼器的位移是否局限于桨叶以内。随着损耗因子的增加，弯矩比先减小后增大，在 5.6～8.0Hz 的频率范围内，弯矩比也是先减小后增大。随着损耗因子的增加，行程单调减小。当阻尼器调谐到频率为 7.0Hz、损耗因子为 0.2 时，峰-峰值弯矩减少了 65.0%，对应的行程是 0.72%c。当阻尼器调谐到 6.9Hz、损耗因子为 0.3 时，峰-峰值弯矩减少了 64.7%，行程减小到 0.58%c。考虑到在较宽的速度范围内的效率，较大的损耗因子要比较小的损耗因子好。在最佳参数附近，调谐频率变化 0.5Hz、损耗因子变化 0.1 时，峰-峰值弯矩可减少约 50%。在后面的分析中，将阻尼器频率调谐到 6.9Hz、损耗因子为 0.3。这些参数与简单 2 自由度模型预测的参数非常接近，说明用简单模型确定阻尼器参数是准确和有效的。

　　桨叶根部摆振弯矩和阻尼器行程的时间历程如图 7.16 所示。相对于无阻尼器的情况，在前 5s 或后 5s 内有阻尼器时桨叶根部弯矩稳态响应增大，通过共振区时，根部摆振弯矩峰-峰值为前 5s 的 1.076 倍。瞬态过程中，阻尼器的行程比稳态时行程小。当阻尼器频率调谐到 6.5Hz、损耗因子 0.05 时，根部弯矩的对比和阻尼器行程如图 7.17 所示。前 5s 的桨叶根部稳态摆振弯矩小于使用上述阻尼器时的稳态响应，阻尼器降低了过共振区时瞬态响应，峰-峰值弯矩减小 27.0%。很明显，该阻尼器的性能不如调谐频率为 6.9Hz、损耗因子为 0.3 的阻尼器。最后 5s 内的稳态响应变化较小。从前面的观察结果可以清楚地看出，需要特别注意液弹阻尼器对稳定载荷的负面效应。即使将阻尼器的参数调到最佳值，稳定弯矩也会增大。在长航时变速旋翼直升机中，高的瞬态载荷一次才经历几秒钟，但桨叶需要承受数小时的稳态载荷。必须权衡液弹阻尼器对瞬态和稳态载荷影响的利弊。

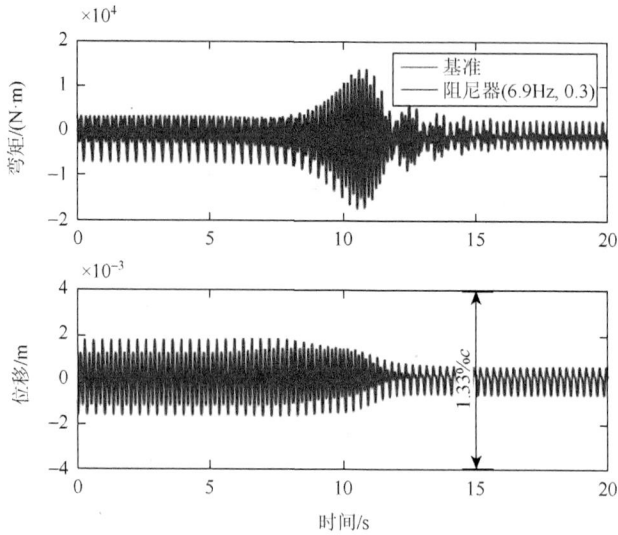

图 7.16　弯矩对比和阻尼器行程（6.9Hz，损耗因子为 0.3）

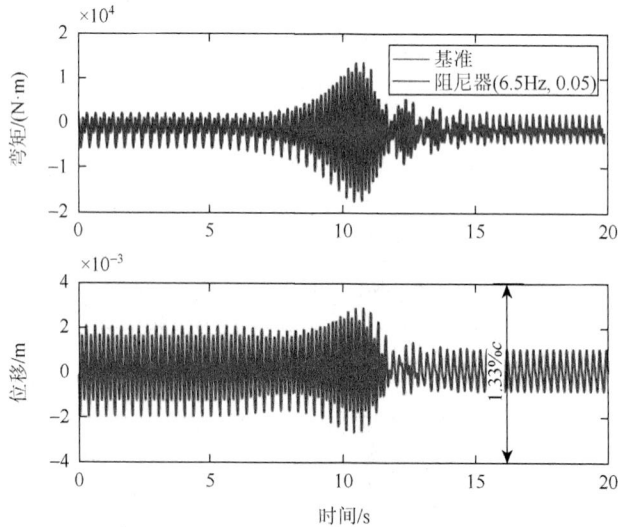

图 7.17　弯矩响应和阻尼器行程的比较（6.5Hz，损耗因子为 0.05）

7.6　参　数　研　究

为了优化液弹阻尼器的性能，需要考虑众多设计和性能参数，这些参数主要包括调谐面积比、损耗因子、阻尼器质量、桨叶挥舞、过共振区的持续时间、旋翼拉力和前飞速度等。

　　图 7.18 给出了弯矩比、行程和弹性刚度随调谐面积比的变化关系。对于所有状况，阻尼器被调到 6.9 Hz、损耗因子为 0.3。随着调谐面积比的增加，弯矩比几乎不变；然而，当调谐面积比从 10 变化到 100 时，阻尼器行程减少了 90.8%；所需的弹性刚度随调谐面积比增加而增大。在设计液弹阻尼器时尽量采用较大的调谐面积比。弯矩比、行程和弹性刚度随主质量的变化关系如图 7.19 所示。主质量

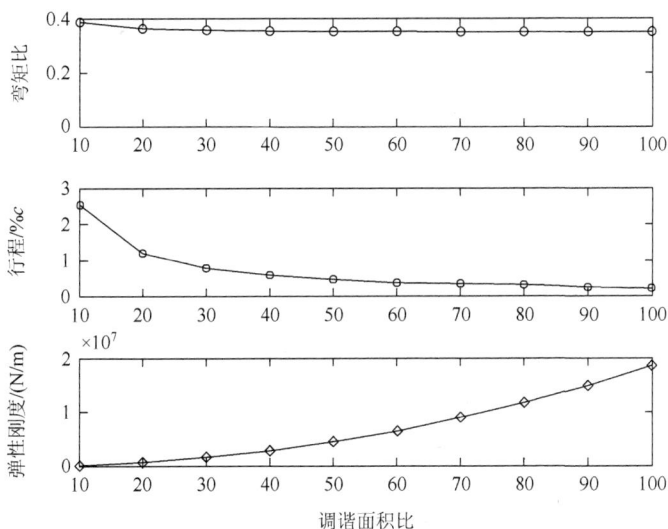

图 7.18　弯矩比、行程和弹性刚度随调谐面积比的变化（$\omega_n = 6.9\text{Hz}$、$\eta = 0.3$）

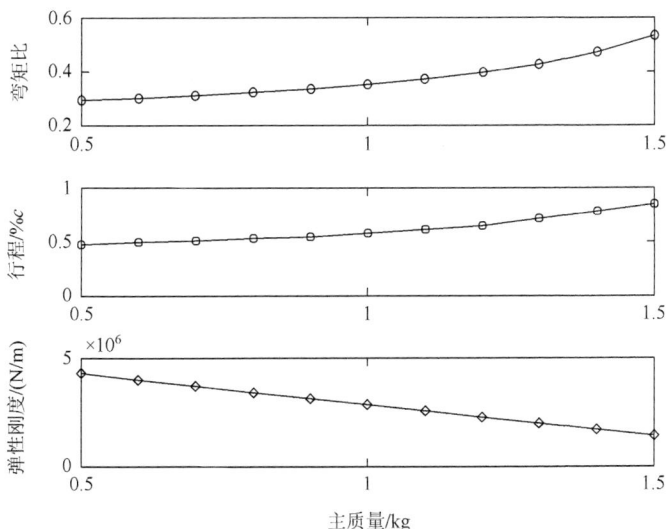

图 7.19　弯矩比、行程和弹性刚度随主质量的变化（$m_p + m_t = 2.0\text{kg}$）

和调谐质量之和保持常值 2.0kg。随着主质量的增加，弯矩比和行程增大，所需的弹性刚度减小，表明阻尼器性能在下降。当将 0.5kg 质量从主质量移到调谐质量时，可额外减少 23.8%的峰-峰弯矩。当试图减轻阻尼器质量时，较大的调谐质量和较小的主质量是首选。

由于存在科氏力耦合，桨叶挥舞运动可产生桨叶摆振方向载荷。当旋翼被配平到不同的纵向挥舞水平时，有无液弹阻尼器时桨叶根部弯矩的时间历程如图 7.20 所示。图 7.21 给出 4 种配平有无阻尼器时桨叶根部摆振弯矩峰-峰值。

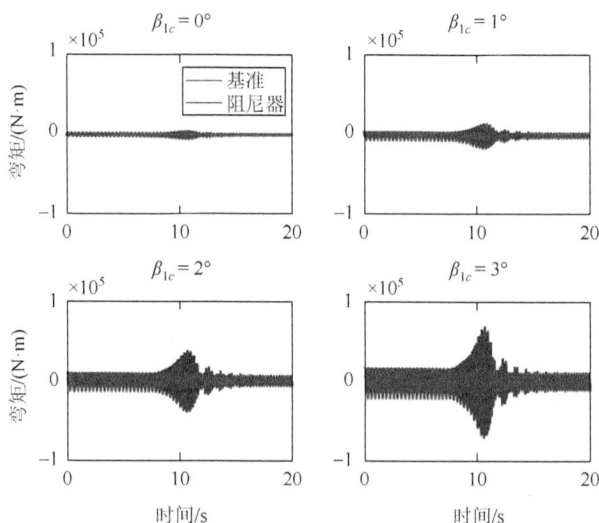

图 7.20　不同纵向挥舞时桨叶根部摆振弯矩时间历程

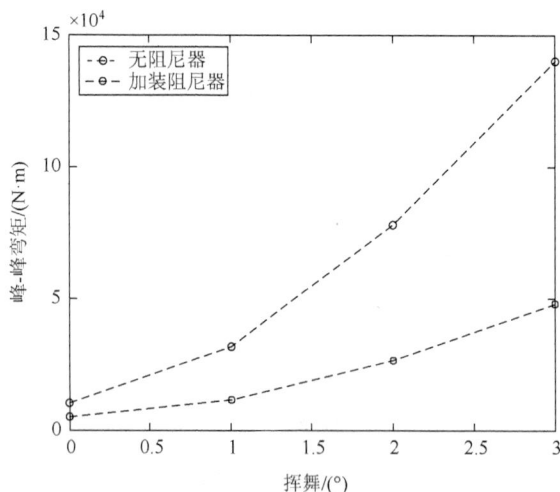

图 7.21　不同纵向挥舞时桨叶根部摆振弯矩峰-峰值

瞬态载荷随挥舞显著增加，阻尼器可以很好地抑制通过共振区时的摆振方向瞬态载荷。纵向挥舞为 3.0°时，旋翼桨叶根部弯矩减小 65.7%。相应的阻尼器位移时间历程如图 7.22 所示。阻尼器行程随挥舞而增大。当摆振角调整到 3.0°时，桨叶行程达到桨叶弦长的 2.22%。

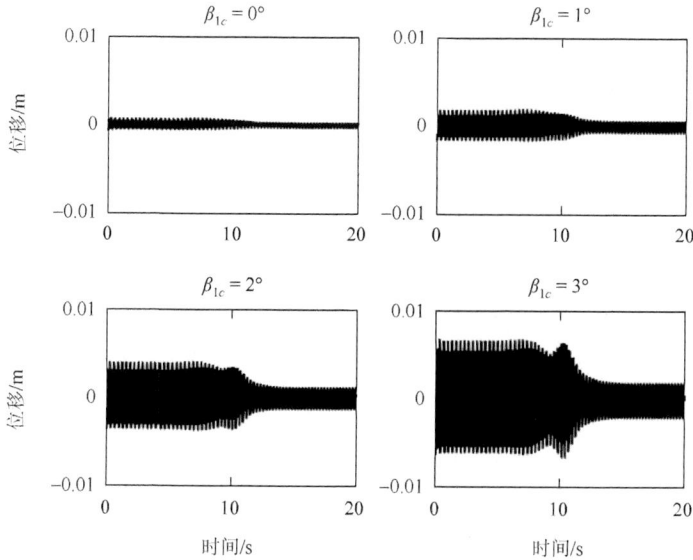

图 7.22 不同纵向挥舞时阻尼器位移的时间响应

图 7.23 给出 4 种配平有无阻尼器时旋翼扭矩的时间历程。很明显，旋翼挥舞较小时，旋翼扭矩的波动较小，主要影响来源于旋翼角加速度的影响，而当旋翼挥舞较大时，旋翼扭矩在过共振区时显著增大，这将会对动力和传动系统产生重要影响。图 7.24 给出纵向挥舞 3°时，旋翼扭矩的时间历程及过共振区时响应的 FFT 分析，过共振区时 14.17Hz 扭矩分量占主导地位。由于 14.17Hz 约为过共振区时旋翼转速的 4 倍（205r/min、3.42Hz），这表明 4 阶摆振方向瞬态弯矩传递到旋翼轴形成了旋翼瞬态扭矩。刚体桨叶的挥舞/摆振耦合动力学方程可表示为

$$\begin{cases} I_\beta\ddot{\beta}+I_\beta\Omega^2 v_\beta^2\beta - I_{\beta\zeta}\Omega\beta\dot{\zeta} = F_\beta \\ I_\zeta\ddot{\zeta} + I_\zeta\Omega^2 v_\zeta^2\zeta + 2I_{\beta\zeta}\Omega\beta\dot{\beta} = F_\zeta \end{cases} \tag{7.11}$$

由式（7.11）中挥舞方程，2 阶摆振运动可以激起 2 阶挥舞运动（与稳态挥舞 β_0 耦合），在摆振运动方程中，2 阶挥舞运动通过科氏力项（$\beta\dot{\beta}$）可激起 4 阶摆振运动。因此，1 阶挥舞可激发 2 阶摆振、2 阶摆振激发 2 阶挥舞、2 阶挥舞激发 4 阶摆振，对于 4 片桨叶旋翼，4 阶摆振根部弯矩传递到旋翼轴形成旋翼扭矩，从而使得 1 阶挥舞能影响 4 阶扭矩。正常情况下其对扭矩影响较小，但在通过 2 阶

摆振共振区时，响应被显著放大，进而带来挥舞较大时过大的旋翼瞬态扭矩。加装桨尖阻尼器可显著降低通过 2 阶摆振共振区时旋翼瞬态扭矩。

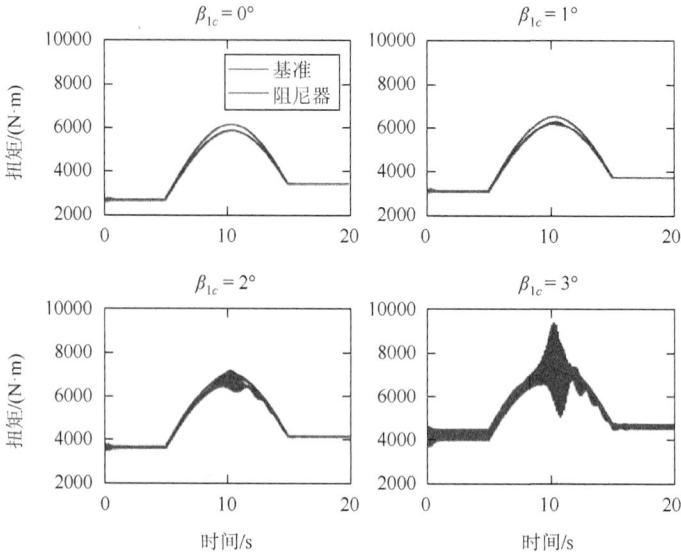

图 7.23　不同纵向挥舞时旋翼扭矩的时间响应

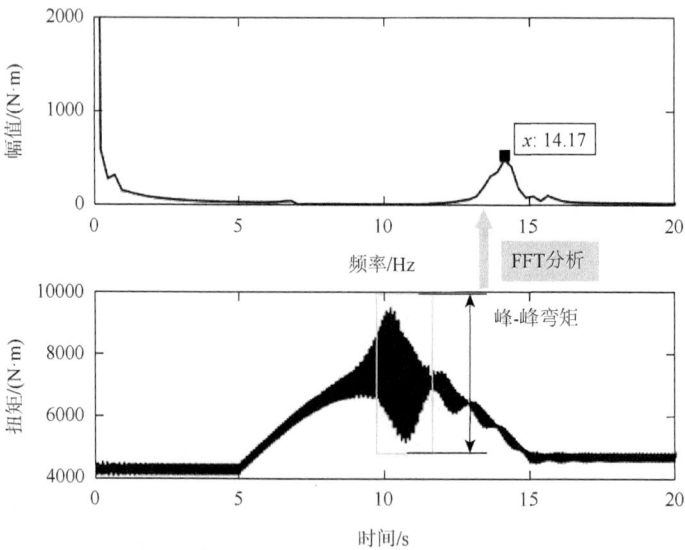

图 7.24　旋翼扭矩和 FFT 分析（3.0°纵向挥舞）

通过摆振共振区时，不同过渡时间对桨叶根部摆振弯矩时间历程的影响如

图 7.25 所示。随着过渡时间的增加，阻尼器可以很好地抑制瞬态载荷。当过渡
时间为 20s 时，阻尼器可减小摆振峰-峰弯矩 66.3%。相应的阻尼器位移时间历程
如图 7.26 所示。瞬态过程时的阻尼器行程比前面过渡时间为 5s 时的行程要小。
阻尼器的最大行程小于桨叶弦长的 1%。

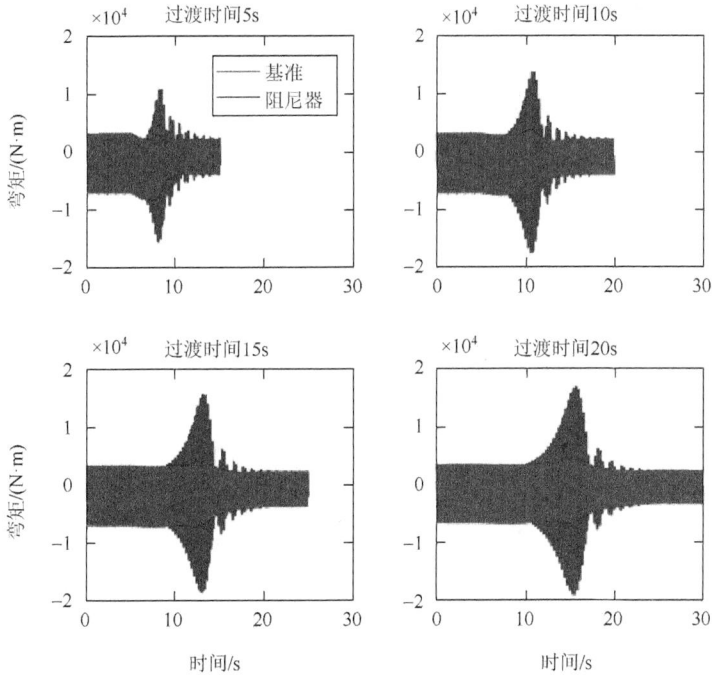

图 7.25　不同过渡时间桨叶根部摆振弯矩时间历程

　　桨叶根部摆振弯矩比和阻尼器行程随前飞速度的变化如图 7.27 所示。对于不
同的前飞速度，弯矩比的变化均小于 5.0%。前飞速度由 34 km/h 增加到 136 km/h
时，阻尼器行程增加 31.3%。弯矩比和行程随旋翼拉力的变化如图 7.28 所示。当

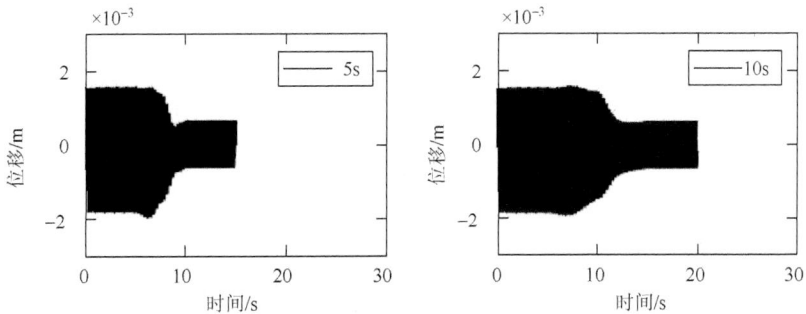

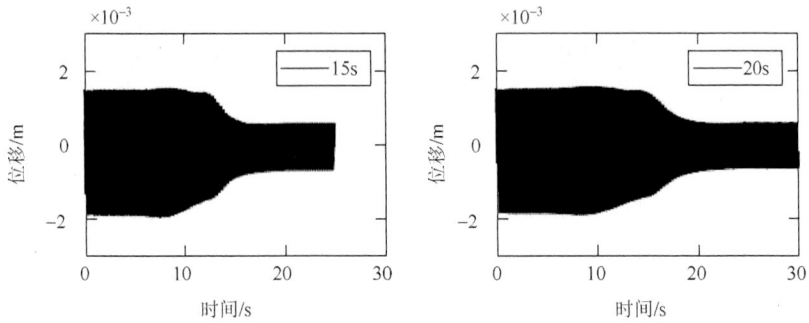

图 7.26　不同过渡时间阻尼器位移时间历程

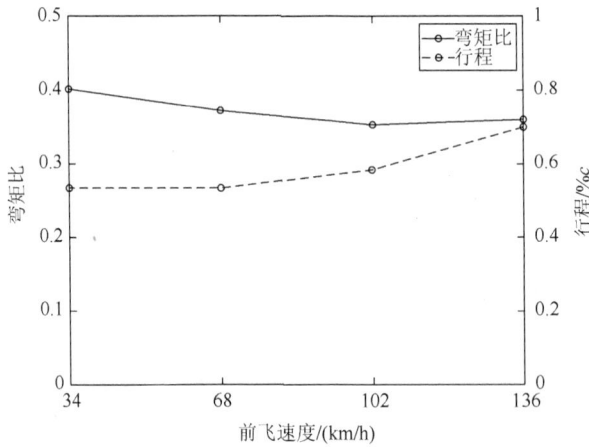

图 7.27　弯矩比和行程随前飞速度的变化

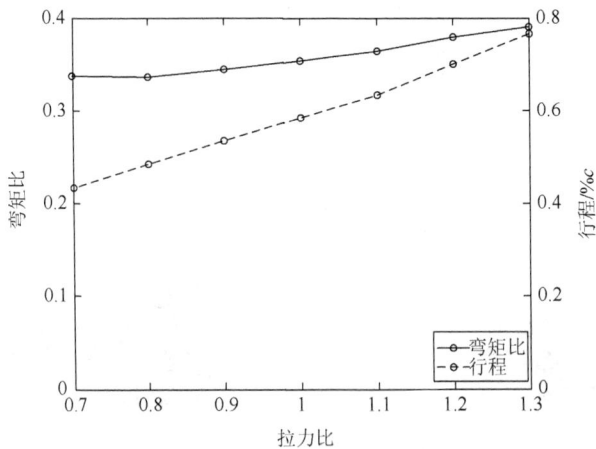

图 7.28　弯矩比和行程随旋翼拉力的变化

旋翼拉力增加 30% 时，弯矩比变化小于 5.0%。阻尼器的行程随着旋翼拉力的增加而增大。当旋翼拉力增加 30% 时，阻尼器的行程小于桨叶弦长的 1.0%。在所研究的各种飞行状态下，阻尼器的性能变化较小，阻尼器的行程变化被限制在较低的值（1.0% 弦长）。

7.7　本章小结

嵌入式弦向液弹阻尼器是一种抑制变转速旋翼瞬态载荷的潜在方法，本章主要探讨了液弹阻尼器抑制摆振刚性变转速旋翼通过摆振 2 阶共振区时摆振方向瞬态载荷。采用刚体桨叶耦合阻尼器 2 自由度系统模型，确定了嵌入式弦向液弹阻尼器的关键参数，主要包括质量、损耗因子、调谐频率和调谐面积比等。在此基础上，单自由度嵌入式弦向液弹阻尼器模型耦合弹性桨叶模型，构建了加装液弹阻尼器的旋翼模型，探讨了典型摆振刚硬旋翼通过摆振共振区时的瞬态摆振载荷，分析了液弹阻尼器在抑制摆振方向瞬态载荷的能力，并进行了关键参数分析，主要包括调谐频率、损耗因子、调谐面积比、调谐质量、桨叶挥舞运动、过渡时间和飞行状态等对阻尼器性能的影响。研究表明，液弹阻尼器可有效抑制旋翼过摆振共振区时瞬态根部弯矩，具体结论如下所述。

（1）嵌入式弦向液弹阻尼器可将通过共振区时桨叶根部瞬态峰-峰值摆振弯矩降低到稳态水平。

（2）为了提升液弹阻尼器的性能并限制液弹阻尼器的行程，建议采用较大的调谐面积比和调谐质量。

（3）液弹阻尼器可有效抑制不同挥舞水平和不同过渡时间时旋翼桨叶摆振方向瞬态载荷。

（4）纵向挥舞通过科氏力与摆振运动相耦合，在通过摆振 2 阶共振区时能激起过大的旋翼瞬态扭矩，桨叶摆振方向桨尖液弹阻尼器可显著降低该瞬态扭矩。

（5）当旋翼被配平到不同前飞速度或拉力时，液弹阻尼器的性能变化较小，行程被限制于较低水平。

（6）简单的 2 自由度模型为液弹阻尼器关键参数的确定提供了一种有效的方法。

参 考 文 献

陈华健, 徐国华, 史勇杰. 2020. 直升机动态着舰流场下的旋翼气动载荷分析. 南京航空航天大学学报, 52 (2): 232-239.

陈华健, 徐国华, 史勇杰, 等. 2019. 舰船流动控制对直升机着舰流场的影响研究. 飞行力学, 37 (5): 24-29.

韩东, 高正, 王浩文, 等. 2006. 跷跷板旋翼舰面瞬态气弹响应分析及抑制方法. 航空动力学报, 21 (4): 700-705.

韩东, 高正, 王浩文, 等. 2007. 铰接式旋翼舰面瞬态气弹响应及参数研究. 空气动力学学报, 25 (1): 7-11, 18.

韩东, 王浩文, 高正. 2006. 直升机桨叶扬起下坠碰撞动响应计算. 航空学报, 27 (5): 795-798.

康浩, 高正. 2000. 舰面直升机旋翼瞬态气弹响应分析. 航空动力学报, 15 (1): 67-70.

梅凤翔, 刘端, 罗勇. 1991. 高等分析力学. 北京: 北京理工大学出版社.

钱江, 赵芸可, 王金玲, 等. 2022. 面向舰载机起降安全的舰船空气流场控制技术分析. 舰船科学技术, 44 (14): 170-176.

宋彬, 周云. 2023. 前飞状态旋翼变转速过程瞬态载荷过冲研究. 航空科学技术, 34 (5): 14-24.

孙传伟, 高正, 孙文胜. 1999. 舰面流场对直升机着舰时悬停操纵的影响. 南京航空航天大学学报, 31 (6): 614-619.

汪成豪, 江鹏远, 龚晨, 等. 2021. 机库构型对舰船艉流场的影响. 船舶工程, 43 (S2): 89-95.

王浩文, 高正, 郑兆昌. 1999. 前飞状态下直升机旋翼系统气弹响应及稳定性分析. 振动工程学报, 12 (4): 521-528.

王浩文, 高正, 郑兆昌. 2001. 直升机旋翼/机身耦合系统气动/机械稳定性分析. 航空动力学报, 16 (1): 59-62.

王金玲, 郜冶. 2016. 舰船尾部结构对直升机操作区流场的影响. 哈尔滨工业大学学报, 48 (10): 148-154.

杨卫东, 董凌华. 2006. 变转速倾转旋翼机多体系统气弹响应分析. 哈尔滨工业大学学报, 38 (2): 282-286, 324.

张冉, 徐国华, 史勇杰, 等. 2022. 应用 CFD 方法的舰载直升机舰面气弹响应计算与分析. 航空工程进展, 13 (4): 48-56, 64.

赵嘉琛, 韩东, 于雷. 2023. 射流主动流动控制对舰船甲板流场的影响. 哈尔滨工业大学学报, 55 (4): 26-34.

赵嘉琛, 韩东, 于雷, 等. 2020. 舰面流场中起动位置对旋翼瞬态气弹响应影响. 航空动力学报, 35 (1): 144-152.

郑兆昌, 程永明, 任革学. 1999a. 直升机旋翼/机身耦合系统的气弹响应分析 (一) 旋翼系统的建模. 应用力学学报, 16 (1): 33-38.

郑兆昌，程永明，任革学. 1999b. 直升机旋翼/机身耦合系统的气弹响应分析（二）方程的求解. 应用力学学报，16（2）：32-36.

Bardera-Mora R，Matías García J C，García-Magariño A. 2021. Aerodynamic optimization over frigate helicopter flight deck by hangar shape modifications. AIAA Journal，59（4）：1387-1397.

Bardera-Mora R，Meseguer J. 2015. Flow in the near air wake of a modified frigate. Proceedings of the Institution of Mechanical Engineers，Part G：Journal of Aerospace Engineering，229（6）：1003-1012.

Bardera-Mora R，Barcala-Montejano M A，Rodríguez-Sevillano A，et al. 2016. Passive flow control over the ski-jump of aircraft carriers. Ocean Engineering，114：134-141.

Bardera-Mora R，Conesa A，Lozano I. 2016. Simple frigate shape plasma flow control. Proceedings of the Institution of Mechanical Engineers，Part G：Journal of Aerospace Engineering，230（14）：2693-2699.

Blackwell R，Millott T. 2008. Dynamics design characteristics of the Sikorsky X2 Technology^{TM} demonstrator aircraft. The American Helicopter Society 64th Annual Forum，Montreal.

Bottasso C L，Bauchau O A. 2001. Multibody modeling of engage and disengage operations of helicopter rotors. Journal of the American Helicopter Society，46（4）：290-300.

Byers L，Gandhi F. 2009. Embedded absorbers for helicopter rotor lag damping. Journal of Sound and Vibration，325（4/5）：705-721.

Chandrasekaran R，Hodges D H. 2022. Performance advantages and resonance analysis of a variable speed rotor using geometrically exact beam formulations. Journal of the American Helicopter Society，67（4）：1-21.

Chandrasekaran R，Hodges D H. 2023. Load reduction during resonance crossing of a variable-speed rotor. Journal of Aircraft，60（1）：97-119.

Cheney B T，Zan S J. 1999. CFD code validation data and flow topology for the technical cooperation program AER-TP2 simple frigate shape. Report no. LTR-A-035.

Czerwiec R，Polsky S. 2004. LHA airwake wind tunnel and CFD comparison with and without bow flap. 22nd Applied Aerodynamics Conference and Exhibit，Providence，Rhode Island.

Da Cunha Barroso Ramos R L，de Andrade D，Góes L C S. 2009. Individual blade root control of helicopter blade sailing for articulated shipboard rotors. The American Helicopter Society 65th Annual Forum，Grapevine，Texas.

Derhille E，Gallas Q，Verley S，et al. 2023. Coupled experimental and offline simulation study of a helicopter rotor in a frigate airwake with active flow control. Proceedings of the Vertical Flight Society 79th Annual Forum，West Palm Beach.

Dibble R，Ondra V，Titurus B. 2019. Resonance avoidance for variable speed rotor blades using an applied compressive load. Aerospace Science and Technology，88：222-232.

DiOttavio J，Friedmann D. 2010. Operational benefits of an optimal，widely variable speed rotor. The American Helicopter Society 66th Annual Forum，Alexandria，Phoenix.

Fancello M，Morandini M，Masarati P. 2014. Helicopter rotor sailing by non-smooth dynamics co-simulation. Archive of Mechanical Engineering，61（2）：253-268.

Fathi A，Popplewell N. 1994. Improved approximations for a beam impacting a stop. Journal of

Sound and Vibration, 170（3）: 365-375.

Felker F. 1981. Performance and loads data from a wind tunnel test of a full-scale, coaxial, hingeless rotor helicopter. NASA TM 81239.

Findlay D, Ghee T. 2006. Experimental investigation of ship airwake flow control for a US navy flight II-a class destroyer (DDG). Proceedings of the 3rd AIAA Flow Control Conference, San Francisco.

Forrest J S, Hodge S J, Owen I, et al. 2008. An investigation of ship airwake phenomena using time-accurate CFD and piloted helicopter flight simulation. 34th European Rotorcraft Forum 2008, ERF34, 3: 1961-1971.

Forrest J S, Kaaria C H, Owen I. 2016. Evaluating ship superstructure aerodynamics for maritime helicopter operations through CFD and flight simulation. The Aeronautical Journal, 120（1232）: 1578-1603.

Gallas Q, Lamoureux M, Monnier J C, et al. 2016. Flow control and analysis on simplified ship helideck. 34th AIAA Applied Aerodynamics Conference, Washington.

Gallas Q, Lamoureux M, Monnier J C, et al. 2017. Experimental flow control on a simplified ship helideck. AIAA Journal, 55（10）: 3356-3370.

Geyer W P Jr, Smith E C, Keller J A. 1996. Validation and application of a transient aeroelastic analysis for shipboard engage/disengage operations. The American Helicopter Society 52nd Annual Forum, Alexandria.

Geyer W P Jr, Smith E C, Keller J A. 1998. Aeroelastic analysis of transient blade dynamics during shipboard engage/disengage operations. Journal of Aircraft, 35（3）: 445-453.

Go J I, Kim D H, Park J S. 2017. Performance and vibration analyses of lift-offset helicopters. International Journal of Aerospace Engineering, 2017: 1865751.

Greenwell D, Barrett R. 2006. Inclined screens for control of ship air wakes. 3rd AIAA Flow Control Conference, San Francisco.

Groom M, Thornber B, Vio G A, et al. 2016. Isolated rotor engagement and disengagement simulations in ship airwake. 20th Australasian Fluid Mechanics Conference, Perth.

Gunjit B, Chopra I. 1990. Development of UMARC（University of Maryland Advanced Rotorcraft Code）. The American Helicopter Society 46th Annual Forum, Washington.

Han D, Barakos G N. 2022. Transient aeroelastic response of a rotor during rotor speed transition in forward flight. Journal of Aircraft, 59（4）: 1020-1026.

Han D, Smith E C. 2009. Lagwise loads analysis of a rotor blade with an embedded chordwise absorber. Journal of Aircraft, 46（4）: 1280-1290.

Han D, Smith E C. 2013. Lagwise dynamic analysis of a variable speed rotor. Aerospace Science and Technology, 29（1）: 277-286.

Han D, Wang H W, Gao Z. 2012. Aeroelastic analysis of a shipboard helicopter rotor with ship motions during engagement and disengagement operations. Aerospace Science and Technology, 16（1）: 1-9.

Han D, Wang J, Smith E C, et al. 2013. Transient loads control of a variable speed rotor during lagwise resonance crossing. AIAA Journal, 51（1）: 20-29.

Han D, Yu L, Barakos G N. 2019. Transient aeroelastic response control of shipboard rotors during engagements by Gurney flaps. Journal of Aircraft, 56 (2): 837-841.

Hébert C, Lesieutre G. 1998. Rotorcraft blade lag damping using highly distributed tuned vibration absorbers. 39th AIAA/ASME/ASCE/AHS/ASC Structures, Structural Dynamics, and Materials Conference and Exhibit. Long Beach, CA, USA. AIAA, AIAA1998-2001.

Hodges D H, Dowell E H. 1974. Nonlinear equations of motion for the elastic bending and torsion of twisted nonuniform rotor blades. NASA TN D-7818.

Hopkins A S, Ormiston R A. 2006. An examination of selected problems in rotor blade structural mechanics and dynamics. Journal of the American Helicopter Society, 51 (1): 104.

Hu W, Wereley N M, Chemouni L, et al. 2007. Semi-active linear stroke magnetorheological fluid-elastic helicopter lag damper. Journal of Guidance, Control, and Dynamics, 30 (2): 565-575.

Hurst D W, Newman S J. 1985. Wind tunnel measurements of ship induced turbulence and the prediction of helicopter rotor blade response. 11th European Rotorcraft Forum, London.

Johnson W. 1998. Rotorcraft dynamics models for a comprehensive analysis. Proceedings of the American Helicopter Society 54th Annual Forum, Washington.

Johnson W. 2013. Rotorcraft Aeromechanics. Cambridge: Cambridge University Press.

Johnson W, Yamauchi G K, Watts M E. 2005. NASA heavy lift rotorcraft systems investigation. NASA TP-2005-213467.

Jones M P, Newman S J. 2007. A method of reducing blade sailing through the use of trailing edge flap. Proceedings of the American Helicopter Society 63rd Annual Forum, Virginia Beach.

Kääriä C H, Wang Y X, Curran J, et al. 2010. AirDyn: An airwake dynamometer for measuring the impact of ship geometry on helicopter operations. 36th European Rotorcraft Forum 2010, Paris.

Kääriä C H, Wang Y X, White M D, et al. 2013. An experimental technique for evaluating the aerodynamic impact of ship superstructures on helicopter operations. Ocean Engineering, 61: 97-108.

Kang H, Smith E C. 1998. Transient response analysis of gimballed tiltrotors during engage and disengage operations. 39th AIAA/ASME/ASCE/AHS/ASC Structures, Structural Dynamics, and Materials Conference and Exhibit, Long Beach.

Kang H, Smith E C. 1999. Transient response investigation of gimballed tiltrotors during engage and disengage operations. Chinese Journal of Aeronautics, 12 (3): 154-159.

Kang H, He C, Carico D. 2004. Modeling and simulation of rotor engagement and disengagement during shipboard operations. The American Helicopter Society 60th Annual Forum, Baltimore.

Kang H, Smith E C, Lesieutre G A. 2006. Experimental and analytical study of blade lag damping augmentation using chordwise absorbers. Journal of Aircraft, 43 (1): 194-200.

Keller J A. 1997. An experimental and theoretical correlation of an analysis for helicopter rotor blade and droop stop impacts. Philadelphia: The Pennsylvania State University.

Keller J A. 2001. Analysis and control of the transient aeroelastic response of rotors during shipboard engagement and disengagement operations. Philadelphia: The Pennsylvania State University.

Keller J A, Smith E C. 1999a. Analysis and control of the transient shipboard engagement behavior of rotor systems. The American Helicopter Society 55th Annual Forum，Montreal.

Keller J A，Smith E C. 1999b. Experimental and theoretical correlation of helicopter rotor blade-droop stop impacts. Journal of Aircraft，36（2）：443-450.

Keller J A，Smith E C. 2000. Control of the transient aeroelastic response of rotors during shipboard engagement operations. The American Helicopter Society Aeromechanics Specialists Meeting，Atlanta.

Keller J A，Smith E C. 2003. Active control of gimballed rotors using swashplate actuation during shipboard engagement operations. Journal of Aircraft，40（4）：726-733.

Keller J A，Smith E，Knarr C，et al. 1997. Experimental/theoretical correlation of analysis for helicopter rotor blade/droop stop impacts. 38th Structures，Structural Dynamics，and Materials Conference，Kissimmee.

Kentfield J. 1993. The potential of Gurney flaps for improving the aerodynamic performance of helicopter rotors. International Powered Lift Conference，Santa Clara.

Kessler C，Reichert G. 1998. Active control to augment rotor lead-lag damping. The Aeronautical Journal，102（1015）：245-258.

Khouli F，Afagh F F，Langlois R G. 2016. Design，simulation，and experimental results for flexible rotors in a ship airwake. Journal of Aircraft，53（1）：262-275.

Khouli F，Wall A S，Afagh F F，et al. 2012. Influence of ship motion on the aeroelastic response of a Froude-scaled maritime rotor system. Ocean Engineering，54：170-181.

Khouli F，Wall A S，Langlois R G，et al. 2008. Investigation of the feasibility of a proposed hybrid passive and active control strategy for the transient aeroelastic response of helicopter rotor blades during shipboard engage and disengage operations. The American Helicopter Society 64th Annual Forum，Montreal.

LaSalle N R，Snyder M R，Kang H S. 2013. Passive flow control for ship air wakes. Proceedings of the American Helicopter Society 69th Annual Forum，Phoenix.

Leishman J G. 2006. Principles of Helicopter Aerodynamics. 2nd ed. Cambridge：Cambridge University Press.

Leishman J G，Beddoes T S. 1989. A semi-empirical model for dynamic stall. Journal of the American Helicopter Society，34（3）：3-17.

Leone P F. 1964. Theoretical and experimental study of the flap droop stop impact transient aero-elastic response of a helicopter rotor blade. Journal of the American Helicopter Society，9（1）：32-37.

Liu Q，Chattopadhyay A，Gu H Z，et al. 2000. Use of segmented constrained layer damping treatment for improved helicopter aeromechanical stability. Smart Materials and Structures，9（4）：523-532.

Maisel M，Giulianetti D，Dugan D C. 2000. The history of the XV-15 tilt rotor research aircraft: From concept to flight. NASA SP-2000-4517，National Aeronautics and Space Administration.

Mortimer P C，Johnson C，Sirohi J，et al. 2020. Experimental and numerical investigation of a variable-speed rotor for thrust control. AIAA AVIATION 2020 FORUM，VIRTUAL EVENT.

Mueller A W，Childress O S，Hardesty M. 1987. Helicopter main-rotor speed effects on far-field acoustic levels. NASA-TM-100512，National Aeronautics and Space Administration.

Newman S J. 1989. A theoretical model for predicting the blade sailing behaviour of a semi-rigid rotor helicopter. 15th European Rotorcraft Forum, Amsterdam.

Newman S J. 1992. The application of a theoretical blade sailing model to predict the behaviour of articulated helicopter rotors. The Aeronautical Journal, 96 (956): 233-239.

Newman S J. 1995. The verification of a theoretical helicopter rotor blade sailing method by means of windtunnel testing. The Aeronautical Journal, 99 (982): 41-51.

Newman S. 1999. The phenomenon of helicopter rotor blade sailing. Proceedings of the Institution of Mechanical Engineers, Part G: Journal of Aerospace Engineering, 213 (6): 347-363.

Newman S. 2004. The safety of shipborne helicopter operation. Aircraft Engineering and Aerospace Technology, 76 (5): 487-501.

Öhrle C, Frey F, Thiemeier J, et al. 2021. Compound helicopter X3 in high-speed flight: Correlation of simulation and flight test. Journal of the American Helicopter Society, 66: 012011.

Owen D R J, Hinton E. 1980. Finite Elements in Plasticity: Theory and Practice. Swansea: Pineridge Press: 431-436.

Peters D A, HaQuang N. 1988. Technical note: Dynamic inflow for practical applications. Journal of the American Helicopter Society, 33 (4): 64-68.

Petrie J S, Lesieutre G A, Smith E C. 2005. Design and model testing of helicopter rotor blade lag fluid elastic embedded chordwise inertial dampers. American Helicopter Society 61st Annual Forum, Grapevine, TX, American Helicopter Society, Alexandria.

Polyzos N D, Vouros S, Goulos I, et al. 2020. Multi-disciplinary optimization of variable rotor speed and active blade twist rotorcraft: Trade-off between noise and emissions. Aerospace Science and Technology, 107: 106356.

Prouty R W. 2004. Should we consider variable rotor speeds?. Vertiflite, 50 (4): 24-27.

Rao S S. 2018. Mechanical Vibrations. 6th ed. Harlow: Pearson Education, Inc.

Reichert G. 1981. Helicopter vibration control: A survey. Vertica, 5 (1): 1-20.

Riazi M, Afagh F, Langlois R. 2013. Blade sailing phenomenon modeling for feedback control. 54th AIAA/ASME/ASCE/AHS/ASC Structures, Structural Dynamics, and Materials Conference, Boston.

Roper D M, Owen I, Padfield G D, et al. 2006. Integrating CFD and piloted simulation to quantify ship-helicopter operating limits. The Aeronautical Journal, 110 (1109): 419-428.

Ruddell A J. 1981. Advancing Blade Concept (ABC) technology demonstrator. USAAVRADCOM-TR-81-D-5.

Sekula M K, Russell C R. 2022. Time-frequency analysis of experimental and analytical hub loads of a rotor undergoing a rotor speed change. Proceedings of the Vertical Flight Society 78th Annual Forum, Fort Worth.

Shafer D, Ghee T. 2005. Active and passive flow control over the flight deck of small naval vessels. 35th AIAA Fluid Dynamics Conference and Exhibit, Toronto.

Shafer D, Ghee T. 2005. Active and passive flow control over the flight deck of small naval vessels. 35th AIAA Fluid Dynamics Conference and Exhibit. Toronto, Ontario, Canada. AIAA, AIAA2005-5265.

Shi Y J, He X, Xu Y, et al. 2019. Numerical study on flow control of ship airwake and rotor airload during helicopter shipboard landing. Chinese Journal of Aeronautics, 32 (2): 324-336.

Sivaneri N T, Chopra I. 1984. Finite element analysis for bearingless rotor blade aeroelasticity. Journal of the American Helicopter Society, 29 (2): 42-51.

Smith E C, Keller J A, Kang H. 1998. Recent developments in the analytical investigation of shipboard rotorcraft engage and disengagement operations. Proceedings of 15th RTO AVT Symposium on Fluid Dynamics of Vehicles Operating near or in the Air-Sea Interface, Amsterdam.

Snyder M, Kang H S, Burks J. 2012. Comparison of experimental and computational ship air wakes for a naval research vessel. 30th AIAA Applied Aerodynamics Conference, New Orleans.

Straub F K, Sangha K B, Panda B. 1994. Advanced finite element modeling of rotor blade aeroelasticity. Journal of the American Helicopter Society, 39 (2): 56-68.

Sugawara H, Tanabe Y. 2019. Numerical investigation of rotor/wing aerodynamic interactions at high advance ratios. Journal of Aircraft, 56 (6): 2285-2298.

Wall A S, Afagh F F, Langlois R G, et al. 2008. Modeling helicopter blade sailing: Dynamic formulation and validation. Journal of Applied Mechanics, 75 (6): 061004.

Wall A S, Khouli F, Afagh F F, et al. 2008. Modelling helicopter blade sailing: Model validation using experimental data. Proceedings of the American Helicopter Society 64th Annual Forum, Montréal.

Wall A S, Langlois R G, Afagh F F. 2007. Modeling helicopter blade sailing: dynamic formulation in the planar case. Journal of Applied Mechanics, 74 (6): 1104-1113.

Wang C, Kim J. 1996. New analysis method for a thin beam impacting against a stop based on the full continuous model. Journal of Sound and Vibration, 191 (5): 809-823.

Willmer M A P. 1963. The motion of helicopter blades at low rotor speeds in high winds. R. A. E. TM No. Naval 181.

Xu K W, Su X C, Bensow R, et al. 2022. Drag reduction of ship airflow using steady Coanda effect. Ocean Engineering, 266: 113051.

Xu K W, Su X C, Xia Y T, et al. 2023. Active flow control of the airflow of a ship at yaw. Ocean Engineering, 273: 113961.

Zapfe J, Lesieutre G. 1996. Broadband vibration damping in beams using distributed viscoelastic tuned mass absorbers. 37th Structure, Structural Dynamics and Materials Conference, Salt Lake City.

Zhang J H, Smith E C, Zajaczkowski F. 2017. Analysis of rotor start-up and shutdown on a sea-based oil rig. Journal of Aircraft, 54 (1): 20-35.

Zhao J C, Han D. 2021. Transient aeroelastic response of a rotor on a sea-based oil rig during engagement operations. Aerospace Science and Technology, 118: 107010.

Zheng Z C, Ren G, Cheng Y M. 1999. Aeroelastic response of a coupled rotor/fuselage system in hovering and forward flight. Archive of Applied Mechanics, 69 (1): 68-82.